INFORMATIK

Oberstufe 2

Maschinenkommunikation · Theoretische Informatik

Peter Brichzin
Ulrich Freiberger
Klaus Reinold
Albert Wiedemann

Oldenbourg

Bildnachweis

Seite 5: Fotolia – Seite 7: Hans-Jürgen Feldhaus, Münster – Seite 15: Wikimedia Commons/Eva K./GNU-Lizenz – Seite 31: Imago/Ralph Peters (dig. bearbeitet) – Seite 52: Action Press/Zuma Press Inc . – Seite 59: Interfoto/TV Yesterday – Seite 88.2: AMD; 88.3 Kingston Technology – Seite 89: Asus Computer GmbH – Seite 118.1: Wikimedia Commons/Herbert Klaeren; 118.2: www.informatik.uni-leipzig.de – Seite 119.4: Privatarchiv Dr. Horst Zuse, Berlin; 119.5: H.R. Bramaz/Helga Lade – Seite 121.8: SRI International, Menlo Park, CA USA; 121.9: Intel; 121.10, 11: IBM – 122.12: Action Press; Seite 122 unten: Photoshot/UPPA – Seite 127.2: www.lrz-muenchen.de/Wenzel Schürmann; 127.3: Max-Planck-Gesellschaft/Max-Planck-Institute für Astrophysik – Seite 131, 133: Verwendung der Karten mit Genehmigung der Spielkartenfabrik Altenburg GmbH, © 2010 ASS Altenburger – Seite 139: Carl Weible KG, Schorndorf – Seite 142: Ullstein Bild/Granger Coll. – Seite 144: akg-images.
Coverabbildung: Intel.com
Trotz entsprechender Bemühungen ist es nicht in allen Fällen gelungen, den Rechteinhaber ausfindig zu machen. Gegen Nachweis der Rechte zahlt der Verlag für die Abdruckerlaubnis die gesetzlich geschuldete Vergütung.

Textquellen

S. 5: aus: Lutz Kinkel: Babelfish, bitte kommen! SPIEGEL ONLINE, 4.10.1999 – S. 122 ff.: Arthur W. Burks, Herman H. Goldstine, John von Neumann: Preliminary Discussion of the logical design of an electronic computing instrument. Institute for Advanced Study, Princeton, New Jersey, Juni 1946 – S. 145, Zitat 1: David Hilbert: Neubegründung der Mathematik. Erste Abhandlung. In: Abhandl. Aus dem Math. Seminar d. Hamb. Univ., Bd.1, S. 157-177 (1922) – S. 145, Zitat 2: Hilbert, Ackermann: Grundzüge der theoretischen Logik. Springer Verlag, Berlin/Heidelberg/New York, 6. Aufl. 1972

Es gibt keine größere Illusion als die Meinung, Sprache sei ein Mittel der Kommunikation zwischen Menschen.

ELIAS CANETTI

Elias Canetti war „Europäer": Geboren 1905 in Bulgarien als Sohn spanischstämmiger Juden, als Kind aufgewachsen in Rumänien und England. Zwischen 1912 und 1938 lebte er in Österreich, der Schweiz und Deutschland. Nach der Flucht vor den Nationalsozialisten wurde er britischer Staatsbürger. Das Alter verbrachte er in der Schweiz, wo er 1994 starb.
Die Sprache seiner Werke war Deutsch, die Bandbreite reichte vom Roman bis zu anthropologischen Studien. Ihm wurden zahlreiche Literaturpreise verliehen, mit dem Nobelpreis für Literatur 1981 als Höhepunkt.

Das Papier ist aus chlorfrei gebleichtem Zellstoff hergestellt, ist säurefrei und recyclingfähig.

1. Auflage 2010
Druck 14 13 12 11 10
Die letzte Zahl bezeichnet das Jahr des Drucks.

Alle Drucke dieser Auflage sind untereinander unverändert und im Unterricht nebeneinander verwendbar.

Lektorat: Dr. Hans-Peter Waschi
Umschlag: Lutz Siebert-Wendt
Layout, Satz und Herstellung: Kommunikation + Design Pfeifer, München
Technische Zeichnungen: Ingrid Schobel, München
Bildredaktion: Stefanie Portenhauser
Druck: Himmer AG, Augsburg

ISBN 978-3-637-00830-4

Liebe Schülerin, lieber Schüler,

im Vorjahr haben Sie Ihre Modellierungskenntnisse mit der Untersuchung rekursiver Datenstrukturen abgerundet und im Kontext eines größeren Softwareprojekts angewendet. In diesem Schuljahr erweitern Sie Ihre Kenntnisse um die Grundlagen der technischen und theoretischen Informatik. Dabei werden insbesondere die Mensch-Maschine- und die Maschine-Maschine-Kommunikation sowie die technischen und theoretischen Grenzen des Computereinsatzes untersucht.

Das Buch ist in vier große Bereiche aufgeteilt:

- **Hauptkapitel I: Formale Sprachen** (Kapitel 1 bis 4)
  Um mit einer Maschine kommunizieren zu können, werden sehr einfach aufgebaute, eindeutige Sprachen benötigt, deren Entwurfskonzepte und Grundlagen ihrer Verarbeitung bestimmen, welche Aufträge der Mensch der Maschine erteilen kann.
- **Hauptkapitel II: Kommunikation und Synchronisation von Prozessen** (Kapitel 5 bis 8)
  Die Kommunikation von Maschinen untereinander und die Synchronisation parallel erteilter Aufträge bilden die Grundlagen der Vernetzung von Computern.
- **Hauptkapitel III: Funktionsweise eines Rechners** (Kapitel 9 bis 12)
  In diesem Hauptkapitel werden die grundlegende Arbeitsweise und die typischen Befehlsstrukturen von Prozessoren untersucht. Dazu gehören auch die Konzepte automatischer Umsetzung von Hochsprachen auf die Maschinenebene.
- **Hauptkapitel IV: Grenzen der Berechenbarkeit** (Kapitel 13 und 14)
  Bestimmte Aufgaben lassen sich trotz vorhandenen Lösungswegs und trotz immer schneller werdender Rechner nicht in vertretbarer Zeit mit Computern lösen. Für manche Aufgabenstellungen sind die Lösungen sogar prinzipiell nicht berechenbar.

Die Hauptkapitel werden durch **Texte zum Weiterlesen** ergänzt. Sie zeigen Hintergründe auf und bieten einen Ausblick auf inhaltlich angrenzende Anwendungsbereiche.
Am Ende des Buches gibt es **Werkzeugkästen** mit konkreten Anleitungen für den Umgang mit typischen Programmen. Die Anleitungen sind so formuliert, dass sie lange Zeit aktuell bleiben.

Hinter allen objektorientierten Sprachen stehen die gleichen Grundmuster. Um diese Gemeinsamkeiten zu verdeutlichen, werden programmiersprachliche Elemente in **Pseudocode** angegeben, einer Mischform von natürlicher Sprache und Programmiersprache, die die Grundmuster deutlich hervorhebt und eine Übertragung in beliebige Programmiersprachen zulässt.

Symbole am Seitenrand helfen bei der Orientierung weiter:

? • **Fragen** regen zum Innehalten und Nachdenken an.

15 • **Verweis** auf ein verwandtes Thema im Kapitel mit der angegebenen Nummer.

L4 • **Verweis** auf einen Text zum Weiterlesen entsprechend der angegebenen Nummer.

W2 • **Verweis** auf ein Kapitel im Werkzeugkasten.

Kurzpräsentation • Diese Aufgabe eignet sich zur **Präsentation** durch ein(en) Schüler(team).

• **Merkkästen** fassen die zentralen Inhalte prägnant zusammen. Sie stehen am Kapitelende vor den Aufgaben.

* • **Ergänzungen zum Lehrplan**, die den Inhalt unmittelbar weiterführen, aber nicht behandelt werden müssen. Sie beantworten jedoch Fragen, die einige von Ihnen sich mit Sicherheit stellen werden.

• **Software** aus dem Internet. Die Adressen sind auf Seite 160 angegeben.

Wir wünschen allen Leserinnen und Lesern viel Spaß bei der Informatik!

Peter Brichzin   Ulrich Freiberger   Klaus Reinold   Albert Wiedemann

I Formale Sprachen

1 Aufbau von Sprachen

Unsere Muttersprache können wir meist intuitiv richtig verwenden, ohne dass Gedanken beispielsweise zum Satzaufbau notwendig sind. Beim Erlernen einer Fremdsprache ist die intensive Beschäftigung mit Grammatik und Vokabeln dagegen wichtig, um Fehler zu vermeiden. Dies gilt erst recht für künstliche Sprachen wie Programmier- oder Formelsprachen. Im ersten Kapitel machen verschiedene Beispiele bewusst, welche wichtige Rolle Syntax und Semantik bei Sprachbeschreibung und Sprachverwendung haben.

Arten von Sprachen

Sprache begegnet uns täglich in unterschiedlichen Kontexten. Die Abbildungen 1 zeigen einige Beispiele dazu.

***1a** SMS*

Konversation eines Hessen mit dem Sprachdialogsystem der Deutschen Bahn

DB: „Bitte nennen Sie Ihren Abfahrtsbahnhof."
Antwort: „Ei isch möscht von Hamburg-Aldonah los!"
DB: „Möchten Sie von Eichenberg abfahren?"
Antwort: „Nein"
DB: „Bitte nennen Sie Ihren Abfahrtsbahnhof."
Antwort: „Isch möscht von Hamburg-Aldonah los!"
DB: „Möchten Sie von Nimes abfahren?"
Antwort: „Nein"
DB: „Bitte nennen Sie Ihren Abfahrtsbahnhof."
Antwort: „Hamburg-Aldonah!!!"
DB: „Bitte nennen Sie ihren Zielbahnhof."
Antwort: „Isch möscht gern nach Wissbadde."
DB: „Sie möchten also nach Altmorschen fahren?"
Antwort: „Nein!"
DB: „Bitte nennen Sie ihren Zielbahnhof."
Antwort: „Wissbadde-Hauptbahnhof"
DB: „Sie möchten also von Hamburg-Altona nach Wiesbaden-Hauptbahnhof fahren?"
Antwort: „Ja, des is des."
DB: „An welchem Tag möchten Sie gerne abfahren?"
Antwort: „Ei am sippzehnde August möscht isch gern los."
DB: „Um welche Uhrzeit möchten Sie abfahren?"
Antwort: „Am allerliebste um värzehn Uhr."
DB: „Sie möchten also am 10. August um 14 Uhr abfahren?"
Antwort: „Noi, des stimmt jetzt nit!"
DB: „Es gibt die folgende Verbindung: [...]"

***1b** Konversation mit dem Sprachdialogsystem der Deutschen Bahn*

```
void Weiterschalten()
{
    if (ampelphase == "rot")
    {
        RotgelbSetzen();
    }
    else
    {
        if (ampelphase == "rotgelb")
        {
            GruenSetzen();
        }
        else
        {
            if (ampelphase == "gruen")
            {
                GelbSetzen();
            }
            else
            {
                RotSetzen();
            }
        }
    }
}
```

***1c** Quelltext einer Methode*

Welchen Zweck haben Sprachen in gesprochener und schriftlicher Form? ?

Sprache dient zur Kommunikation. Dabei überträgt der „Sender“ Information in die Repräsentationsform Sprache und übermittelt diese dem „Empfänger“. Der Empfänger kann die Zeichenfolge, die Lautfolge oder die Gebärden interpretieren und daraus wieder Information gewinnen.

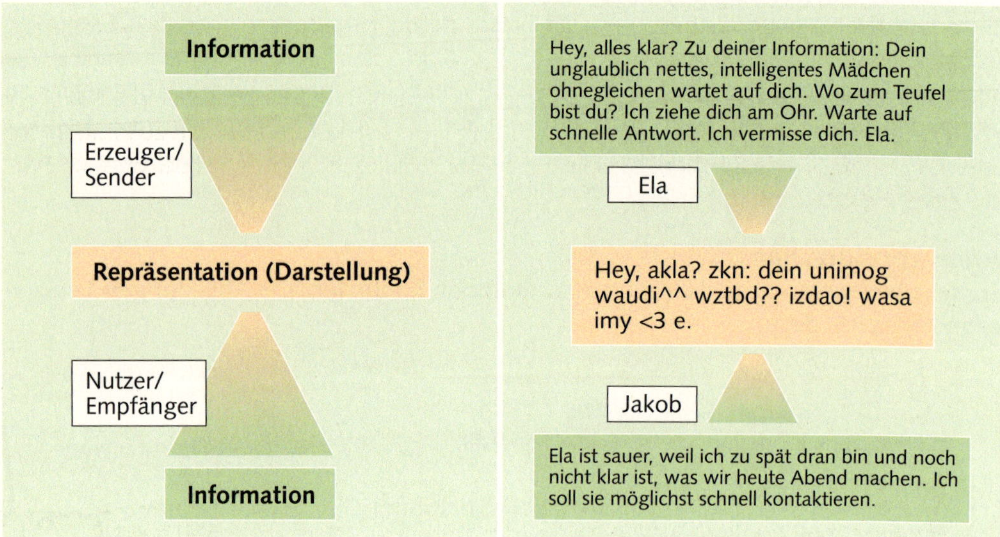

2 *Prinzip des Informationsaustausches und konkrete Darstellung bei einer SMS*

Abbildung 3 zeigt in Ergänzung zu Abbildung 1 weitere Beispiele für den Einsatz unterschiedlicher Sprachen in verschiedenen Kontexten.

Banks of Ohio
Traditional 19th Century

Come my love let's take a walk
Just a little way away
While we walk along we'll talk
Talk about our wedding day

(Chorus)
Only say that you'll be mine
And in our home we'll happy be
Down beside where the waters flow
Down on the banks of the Ohio
...

3a *Text des Volkslieds Banks of Ohio*

3b *Kfz-Kennzeichen*

3c *Reaktionsgleichung der Kernspaltung von Uran*

$$^{235}_{92}\mathrm{U} + {}^{1}_{0}\mathrm{n} \longrightarrow {}^{89}_{36}\mathrm{Kr}^* + {}^{144}_{56}\mathrm{Ba} + 3 \cdot {}^{1}_{0}\mathrm{n}$$

? Welche Sprachen kommen in den Abbildungen 1 und 3 vor? Welche weiteren Sprachen gibt es? Wie können die oben aufgeführten Sprachen klassifiziert werden?

Bei Sprachen wird zwischen **natürlichen** und **künstlichen Sprachen** unterschieden. Natürliche Sprachen wie Deutsch, Englisch oder Spanisch sind von Menschen genutzte Sprachen, die sich historisch entwickelt haben und sich auch weiterentwickeln. Es gibt circa 5000 verschiedene natürliche Sprachen auf der Welt. Neben den sogenannten Hochsprachen zählen dazu auch Dialekte.
Manche Sprachen sind tote Sprachen, d. h. es gibt keine Muttersprachler dazu. Das bekannteste Beispiel dafür ist Latein.
Künstliche Sprachen wurden für einen speziellen Zweck konstruiert. Meist werden sie in eng begrenzten Fachgebieten verwendet, um sehr präzise kommunizieren zu können. Sie verwenden oft Sonderzeichen. Beispiele sind Formelsprachen in den Naturwissenschaften oder Programmiersprachen.

Kommunikation zwischen Menschen

Der Cartoon in Abbildung 4 gibt ein Gespräch an einer Imbissbude wieder.

Welche Fehler würde ein Deutschlehrer an dieser Kommunikation beanstanden? Wie nennt man das Regelwerk für Sprachen allgemein, auf das sich der Deutschlehrer beruft? Warum verläuft die Kommunikation dennoch erfolgreich und der Gast erhält das Gewünschte?

?

Obwohl die Dialogsätze Fehler enthalten, sind die Aussagen aufgrund der Sprachredundanz eindeutig erkennbar. Die formale Korrektheit eines Satzes prüft man anhand eines Regelwerks.
Zu jeder natürlichen Sprache gibt es Regeln zur korrekten Verwendung der Wörter als Satzbestandteile. Dieses Regelwerk heißt › **Grammatik**. Grammatiken natürlicher Sprachen haben im Wesentlichen zwei Bestandteile: die Lehre vom Satzbau, **Syntax** genannt, und die **Wortgrammatik**. Letztere legt u. a. die Konjugation von Verben und die Deklination von Substantiven, Adjektiven und Artikeln fest.
Der linke Satz in Abbildung 4 hat beispielsweise sowohl einen Syntaxfehler (fehlendes Verb) als auch einen Wortgrammatikfehler, weil das Wort „Bratwurst" nicht entsprechend dem Zahlwort „zwei" in den Plural dekliniert ist.

***4** An der Imbissbude*

› altgr. γραμματικη: Sprachlehre

In den sehr einfachen Sätzen S1 bis S3 wird nun ein winziger Ausschnitt aus der Syntax der deutschen Sprache näher betrachtet:

S1 Der Volleyballer schmettert den Ball.
S2 Mara spielt einen Pass.
S3 Mara spielt Saxophon.

Alle drei Sätze sind zusammengesetzt aus einer Folge von Subjekt, Prädikat, Objekt und dem Satzzeichen Punkt. In Form einer ersten Syntaxregel lässt sich dies so notieren:

R1 Satz → Subjekt Prädikat Objekt "."

Der Pfeil → trennt den zu erklärenden Begriff „Satz" von seiner Erklärung; gesprochen werden kann er als „besteht aus".
Subjekt, Prädikat und Objekt sind Platzhalter, zu deren Erklärung weitere Regeln notwendig sind, um letztendlich die Beispielsätze zu erhalten.

Im Gegensatz dazu ist der Punkt bereits ein Zeichen, das auch so in den Beispielsätzen vorkommt. Um solche Sprachbestandteile von Platzhaltern zu unterscheiden, werden sie mit Anführungszeichen markiert.

? Woraus können ein Subjekt, ein Prädikat oder ein Objekt bestehen?

Ein Subjekt kann (in unseren vereinfachten deutschen Sprachbeispielen) aus nur einem Substantiv bestehen oder aus einem Artikel, gefolgt von einem Substantiv. Dies lässt sich wieder als Regel im Stil von R1 formulieren, wobei ein senkrechter Strich | die Auswahlmöglichkeit (das „oder") symbolisiert. Durch analoge Überlegungen ergeben sich auch Regeln für Prädikat und Objekt:

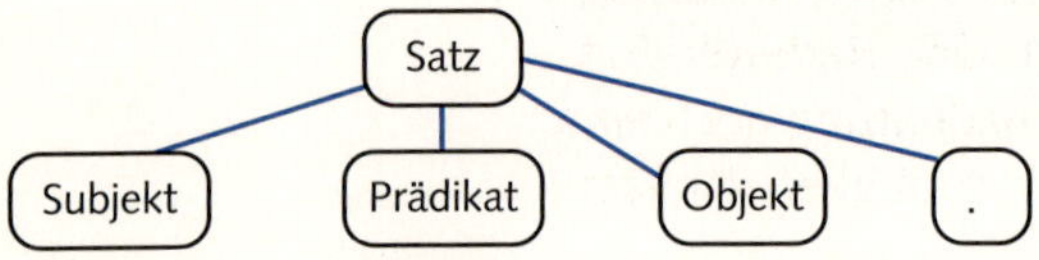

***5a** Anwendung der Regel R1*

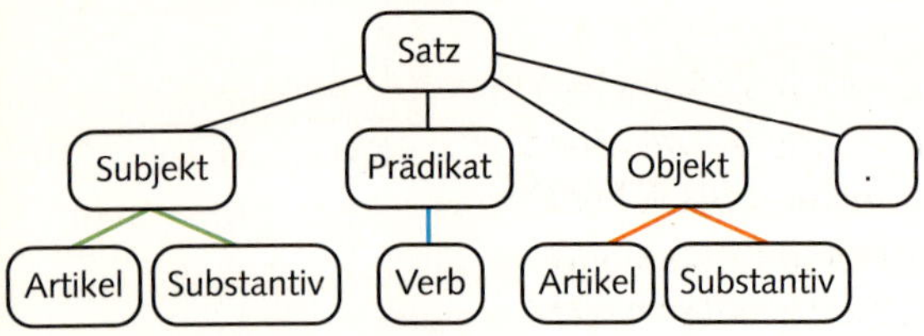

***5b** Anwendung der Regel R2, R3, R4*

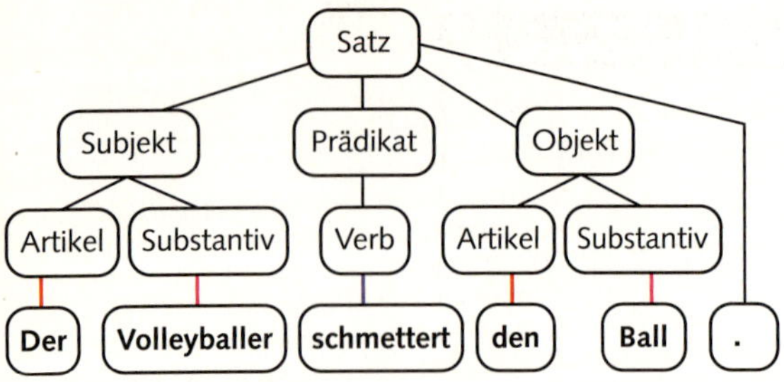

***5c** Anwendung der Regel R5, R6, R7*

R2 Subjekt → Substantiv | Artikel Substantiv
R3 Prädikat → Verb
R4 Objekt → Substantiv | Artikel Substantiv

Um die Beispielsätze erzeugen zu können, fehlt als letzter Schritt nur noch die Regel, durch welche konkreten Wörter die Platzhalter ersetzt werden dürfen. Dazu werden noch drei Ersetzungsregeln ergänzt; sie sind das Lexikon dieser einfachen Sprache:

R5 Artikel → "der" | "den" | "einen"
R6 Substantiv → "Volleyballer" | "Ball" | "Mara" | "Pass" | "Saxophon"
R7 Verb → "spielt" | "schmettert"

Die Regeln R1 mit R7 legen die Syntax unseres „Einfachdeutsch" fest. Abbildung 5 zeigt, wie durch das Anwenden dieser Regeln der syntaktisch korrekte Satz B1 schrittweise aufgebaut wird. Regel R1 legt die Bestandteile des Satzes fest (Abbildung 5a). Die Regeln R2, R3 und R4 erklären die Platzhalter Subjekt, Prädikat und Objekt, wobei jeweils die Regelalternative gewählt wird, die zu B1 führt (Abbildung 5b). Durch das Ersetzen der Platzhalter Artikel, Substantiv und Verb entsprechend der Regeln R5, R6 und R7 erhält man den Beispielsatz B1 (Abbildung 5c). Der entstandene Baum zeigt die syntaktische Struktur von B1, man nennt ihn **Syntaxbaum**. Die inneren Knoten sind Platzhalter, die Blätter sind Worte bzw. Satzzeichen der Sprache.

› engl. terminal: Endstelle, Endstation

Da die Regelanwendung bei den Worten bzw. Satzzeichen der Sprache endet, nennt man diese in der Informatik › **Terminalsymbole**. Deshalb ist jedes Terminalsymbol ein Blatt des Syntaxbaums. In den Ersetzungsregeln sind die Terminalsymbole durch Anführungszeichen markiert.
Im Gegensatz zu den Terminalsymbolen wird jeder Platzhalter entsprechend einer Regel ersetzt, die Regelanwendungen sind an diesen Stellen daher noch nicht beendet. Aus diesem Grunde nennt man die Platzhalter in der Informatik **Nichtterminalsymbole**.

Hinweis:
Korrekterweise müssten Leerzeichen als Trennsymbol zwischen Wörtern in die Regeln aufgenommen werden. Aus Gründen der Übersichtlichkeit wurde hier darauf verzichtet.

Welche syntaktisch richtigen, aber sinnlosen Sätze lassen sich nach den Regeln R1 mit R7 bilden?

Neben den oben genannten Beispielen lassen sich mit R1 bis R7 auch folgende syntaktisch korrekte Sätze bilden:

Der Ball schmettert einen Saxophon.
Pass spielt Mara.

Diese Sätze haben jedoch trotz formaler Korrektheit keinen Sinn, denn neben formalen Aspekten des Satzbaus ist bei der Kommunikation zwischen Menschen die inhaltliche Bedeutung äußerst wichtig. Die **Semantik** legt die Bedeutung von Wörtern, Sätzen bzw. Texten fest. In natürlichen Sprachen treten semantische Mehrdeutigkeiten auf. So kann das deutsche Wort „Bank“ eine Sitzgelegenheit oder ein Geldinstitut sein (Mehrdeutigkeit der Wortsemantik, auch lexikalische Mehrdeutigkeit genannt). Und Redewendungen wie „in den sauren Apfel beißen“ haben neben der wörtlichen Bedeutung noch eine übertragene, hier „notgedrungen etwas Unangenehmes tun“ (Mehrdeutigkeit der Satzsemantik).

Kommunikation Mensch-Maschine

Grundlage der Kommunikation zwischen Mensch und Maschine sind ebenfalls Sprachen. Mit einem automatischen Übersetzungsprogramm kommunizieren wir, indem wir einen Text eingeben, dessen Übersetzung wir wünschen. Abbildung 6 demonstriert die Schwierigkeiten, die beim Übersetzen des Volksliedtitels „Banks of Ohio“ in die deutsche Sprache auftreten. Die tragische Liebesgeschichte, von der das Lied erzählt, ereignet sich nicht in Banken, sondern an den › Ufern des Flusses Ohio.

› engl. banks of Ohio

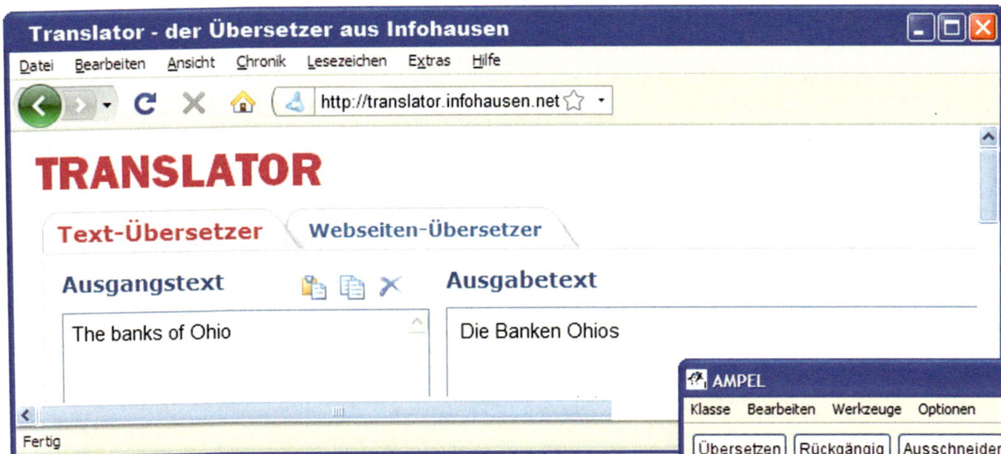

6 *Automatische Übersetzung des Volksliedtitels „Banks of Ohio“*

Softwareentwickler nutzen Computer sehr intensiv, beispielsweise zum Erstellen von Simulationen. Die Kommunikation zwischen dem Programmierer und der Entwicklungsumgebung erfolgt dabei über in einer Programmiersprache verfasste Texte. Hat ein Programmtext Syntaxfehler, so kann die Maschine die Anweisungen nicht ausführen und gibt eine Rückmeldung, an welcher Stelle die Eingabe nicht verstanden wird (Abbildung 7).

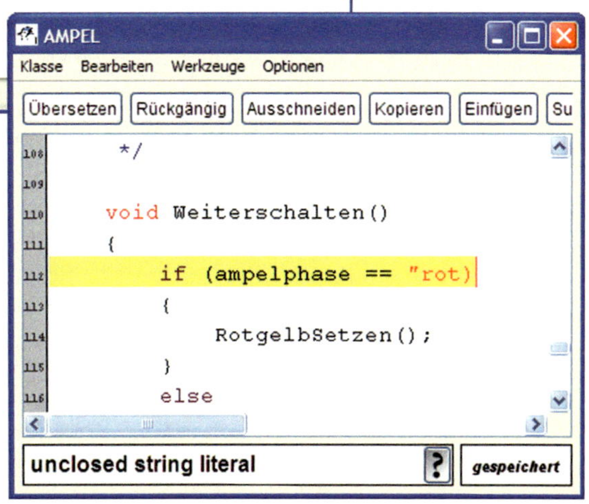

7 *Syntaxfehler in einem Java-Quelltext*

?

Warum sind (kleine) Syntaxfehler bei der Kommunikation zwischen Menschen unproblematisch, können aber bei der Kommunikation zwischen Mensch und Maschine große Probleme verursachen? Warum sind Eingaben mit semantischen oder syntaktischen Mehrdeutigkeiten für Maschinen nicht verarbeitbar, warum führen sie nicht ans Ziel?

Kommunikation erfolgt meist aus einem Kontext heraus. Menschen wählen bei Mehrdeutigkeiten von Wörtern bzw. Sätzen die semantische Interpretation aus, die im Kontext am sinnvollsten ist. Unvollständige Nachrichten bzw. kleinere Fehler können sie dank der Sprachredundanz oft korrigieren, sodass die Kommunikation hinsichtlich des Informationsaustausches trotzdem erfolgreich abläuft.
Maschinen können nicht denken, sie arbeiten nur Handlungsvorschriften ab, die sie von Programmierern erhalten haben. Somit müssen bei der Kommunikation mit Maschinen die Eingaben bzw. Anweisungen korrekt hinsichtlich der Syntax, eindeutig und vollständig sein. Sonst können sie nicht zum gewünschten Ergebnis verarbeitet werden.

Von natürlichen über künstliche zu formalen Sprachen

Das Ziel von Kommunikation ist eine Information zu übermitteln, in diesem Kontext spricht man auch von „Nachrichten übermitteln". Die Bedeutung (Semantik) einer Nachricht ist das Wesentliche. Dabei haben natürliche Sprachen aber Nachteile: Einerseits können Mehrdeutigkeiten vorkommen bzw. es sind sehr ausführliche Formulierungen erforderlich, um eine Eindeutigkeit zu erreichen. Andererseits sind in Texten, die in natürlicher Sprache verfasst wurden, oft sehr viele Redundanzen vorhanden. Deshalb haben viele Wissenschaften wie Informatik, Chemie und Mathematik künstliche Sprachen entwickelt. Diese künstlichen Sprachen sind so angelegt, dass Mehrdeutigkeiten und Redundanzen nicht auftreten können.
Beim Erlernen einer künstlichen Sprache ist es wichtig, die Bedeutung (Semantik) aller verwendeten Zeichen zu kennen. Nur dann ist eine Übersetzung von der künstlichen in die natürliche Sprache möglich. Die Tabelle zeigt drei Beispiele:

Fachgebiet	künstliche Sprache	natürliche Sprache
Chemie	H_2O	Ein Wassermolekül besteht aus zwei Wasserstoffatomen und einem Sauerstoffatom.
Mathematik	$\sum_{i=5}^{21} i^2$ bzw. $5^2+6^2+...+21^2$	Die Summe der Quadrate der Zahlen 5 bis 21.

Informatik	wenn IstZiegel
	    dann RechtsDrehen
	    sonst LinksDrehen
	*wenn
		Wenn vor Robot Karol ein Ziegel liegt, dann soll er sich nach rechts drehen. Andernfalls soll er sich nach links drehen.

Bei der Übersetzung von natürlicher Sprache in künstliche Sprache muss die Syntax der künstlichen Sprache bekannt sein und exakt eingehalten werden. Folgende Tabelle zeigt zwei Beispiele, bei denen die Syntax nicht eingehalten wurde:

Fachgebiet	natürliche Sprache	künstliche Sprache mit Syntaxfehlern
Chemie	Ein Wassermolekül besteht aus zwei Wasserstoffatomen und einem Sauerstoffatom.	^2HO
Informatik	Wenn vor Robot Karol ein Ziegel liegt, dann soll er sich nach rechts drehen. Andernfalls soll er sich nach links drehen.	wenn (IstZiegel) RechtsDrehen sonst LinksDrehen endewenn

Wie bei der natürlichen Sprache ist es auch bei künstlichen Sprachen möglich, dass syntaktisch korrekte Ausdrücke semantisch sinnlos sind. Beispielsweise gibt es kein Molekül mit der Formel HO_2 und es gibt kein Kennzeichen wie in Abbildung 3b, weil die Buchstabenfolge „INF" in Deutschland keinem Landkreis bzw. keiner Stadt zugeordnet ist.

Die syntaktische Korrektheit ist für eine Informationsverarbeitung durch Maschinen eine zwingende Voraussetzung (siehe z. B. Abbildung 7). Deshalb gibt es in der Informatik ein eigenes Fachgebiet, die Theorie der **formalen Sprachen**, das sich ausschließlich mit der Syntax, also mit sämtlichen Regeln und deren Anwendung zum Aufbau von korrekten Zeichenfolgen einer künstlichen Sprache, beschäftigt.
Auch wenn in den folgenden Kapiteln die Semantik eine untergeordnete Rolle spielt, hat sie dennoch bei künstlichen Sprachen eine zentrale Rolle. So identifizieren beispielsweise auf Kfz-Kennzeichen die Buchstaben vor den Plaketten Landkreise bzw. Städte und die Zeichenfolge „wenn" in einem Robot-Karol-Programm ist der Beginn einer bedingten Anweisung.

Formale Sprachen

Um die Syntax einer formalen Sprache festzulegen zu können, müssen zunächst alle erlaubten kleinsten Bestandteile dieser Sprache festgelegt werden, ihr **Alphabet**. Ein Alphabet ist eine beliebige endliche nichtleere Menge, deren Elemente **Zeichen** oder **Symbole** genannt werden. Einige Beispiele für Alphabete:

A_1 = {"0"; "1"}
A_2 = {"a"; "b"; "c"; ...; "y"; "z"; " "; "."}
A_3 = {"✈"; "☎"; "📖"; "☺"; "☯"}
A_4 = {"wenn"; "dann"; "sonst"; "endewenn"; "wiederhole"; "endewiederhole"}
A_5 = {"sin"; "cos"; "tan"; "cot"; "sqrt"; "("; ")"; "x"; "+"}

Hinweis:
Beachten Sie, dass in A_5 (und analog in A_4) die Zeichen "sin", "cos" usw. als nicht teilbare Einheiten, sogenannte › **Tokens**, betrachtet werden. Der Buchstabe "s" ist also in A_5 kein gültiges Zeichen. Ausgehend vom englischen Begriff kann man sich jedes Zeichen dieses Alphabets als einen beschrifteten Spielstein vorstellen (Abbildung 8).

› engl. für Zeichen, Spielsteine

Ein erster Schritt vom Alphabet in Richtung formale Sprache sind Zeichenketten. Eine **Zeichenkette** ist eine endliche (eventuell leere) Folge von Zeichen aus dem Alphabet. Häufig werden in der Informatik Zeichenketten als Wörter bezeichnet. Die Zeichenkette mit null Zeichen ist ein besonderes Wort, das man **leeres Wort** nennt. Das Symbol für das leere Wort ist ε.

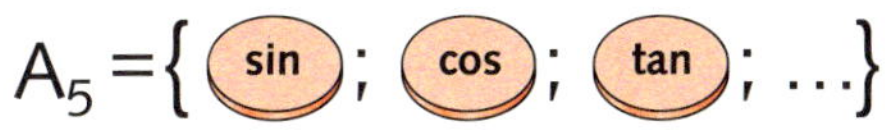

8 Zeichen des Alphabets A_5

Beispiele für Zeichenketten:
Zeichenkette über A_1: k_1 = 1001
Zeichenkette über A_2: k_2 = ich schreibe abitur in informatik.
Zeichenkette über A_3: k_3 = ☺☯☎
Zeichenkette über A_4: k_4 = wenndannwenndannendewennsonstendewenn
Zeichenkette über A_5: k_5 = sin(x)

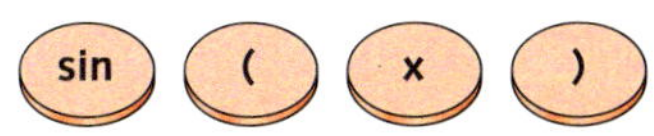

9 Zeichenkette mit der Länge 4 über dem Alphabet A_5

Die **Länge** |k| **einer Zeichenkette** ist eine wichtige Größe, mit der man eine Zeichenkette k charakterisieren kann. Sie ist gleich der Anzahl der Zeichen, die k enthält (Abbildung 9). Für $k = \varepsilon$ gilt $|k| = 0$.

Hinweise:
- Einzelne Zeichen (Token) werden durch Anführungszeichen markiert, wie in den Alphabetdefinitionen auf der Vorseite. Zeichenketten, also aneinandergereihte Tokens, werden dagegen ohne Anführungszeichen notiert.
- Das Alphabet ist identisch zur Menge der Terminalsymbole.
- Die Zeichenkette k_2 ist im Sinne einer formalen Sprache ein einziges Wort, das aus 34 Zeichen besteht (Leerzeichen zählen mit), auch wenn es aus Sicht einer natürlichen Sprache ein Satz mit fünf Wörtern ist. Wegen der unterschiedlichen Bedeutung des Begriffs „Wort" in formalen und natürlichen Sprachen wird in diesem Buch der Begriff „Zeichenkette" verwendet.
- Das leere Wort ist nicht identisch mit einer Zeichenkette, die aus einem Leerzeichen besteht. Ersteres hat die Länge null, letztere die Länge 1.

? Wie viele verschiedene Zeichenketten mit der Länge 3 lassen sich mit dem Alphabet A_1 bilden? Wie viele verschiedene Zeichenketten mit beliebiger Länge lassen sich mit dem Alphabet A_1 bilden?

Die Menge aller Zeichenketten (Wörter), die sich über dem Alphabet A_1 bilden lassen, bezeichnet man als **Wortmenge** A_1^*. Möchte man alle Zeichenketten von A_1^* aufzählen, empfiehlt es sich, als Systematik die Länge zu verwenden:
$A_1^* = \{ \varepsilon; 0; 1; 00; 01; 10; 11; 000; 001; 010; 100; 011; 101; 110; 111; 0000; \ldots\}$
Es wird deutlich, dass es unendlich viele Zeichenketten gibt.

Jede Teilmenge L von A_1^* heißt **formale Sprache** über dem Alphabet A_1.
Beispiele für formale Sprachen über A_1 sind:
$L_1 = \{\}$
$L_2 = \{000\}$
$L_3 = \{0; 1; 10; 11; 100; 101; 110; 111; 1000; 1001; 1010; 1011; 1100; 1101; 1110; 1111; \ldots\}$
= „Menge der natürlichen Zahlen in Binärschreibweise ohne führende Nullen"
$L_4 = \{0; 10; 100; 110\}$ = „Menge aller geraden Zahlen zwischen 0 und 7 in Binärschreibweise ohne führende Nullen"

Hinweise:
- Willkürlich gewählte Teilmengen von A_1^* wie L_1 und L_2 sind auch formale Sprachen, ihnen kann man jedoch keine Bedeutung zuordnen.
- Kann einer formalen Sprache wie L_3 und L_4 eine Bedeutung zugeordnet werden, so kann sie alternativ zur Aufzählung aller Zeichenketten auch durch eine Beschreibung eindeutig festgelegt werden. Weitere Möglichkeiten, eine formale Sprache festzulegen, werden in Kapitel 2 vorgestellt.
- Abbildung 10 zeigt, wie eine Zahl in Binärschreibweise in eine Dezimalzahl umgerechnet wird. Im Gegensatz zum Dezimalsystem, bei dem die Stellen rechts beginnend die Werte eins (= 10^0), zehn (= 10^1), hundert (= 10^2) usw. haben, sind die Stellenwerte im Binärsystem eins (= 2^0), zwei (= 2^1), vier (= 2^2) usw.

Binärzahl	1	0	0	1
Stellenwert	2^3	2^2	2^1	2^0

Umrechnung in eine Dezimalzahl:
$1 \cdot 2^3 + 0 \cdot 2^2 + 0 \cdot 2^1 + 1 \cdot 2^0 = 8 + 1 = 9$

__10__ Binär- und Dezimalschreibweise

Abbildung 11 verdeutlicht die Mengenbeziehung zwischen den Sprachen L_2 bis L_4 und allen über A_1^* möglichen Zeichenketten.

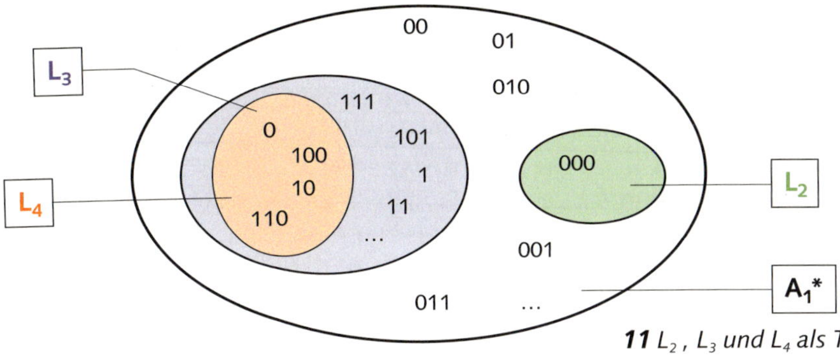

***11** L_2, L_3 und L_4 als Teilmengen aller Zeichenketten über A_1^*.*

Sprache (als Schrift, gesprochen, als Signal, ...) dient als Mittel zur Kommunikation. Eine **natürliche Sprache** ist ein historisch entwickeltes System aus Worten und Sätzen, bei dem auch Mehrdeutigkeiten vorkommen.

Die **Syntax** regelt den Aufbau von Sprache aus Zeichen bzw. den Aufbau von Sätzen aus Wörtern. Die **Semantik** ist die Lehre von der Bedeutung von Zeichen, Wörtern und Sätzen. Eine Syntax kann mithilfe von Regeln festgelegt werden. Jede Regel erklärt ein Nichtterminalsymbol, einen Platzhalter für eine syntaktische Einheit. Regelanwendungen enden bei Terminalsymbolen, den Zeichen der Sprache.

Ein **Syntaxbaum** veranschaulicht die syntaktische Struktur eines Satzes. Die Blätter des Syntaxbaums sind **Terminalsymbole**, die inneren Knoten **Nichtterminalsymbole**.

Ein **Alphabet** (Zeichenvorrat, Terminalsymbole) ist eine beliebige endliche nichtleere Menge, deren Elemente **Zeichen** oder Symbole genannt werden. Eine **Zeichenkette** ist eine endliche (eventuell leere) Folge von Zeichen aus dem Alphabet. Durch die Anzahl der Zeichen einer Zeichenkette ist ihre **Länge** festgelegt.

Eine **formale Sprache** ist eine eindeutig festgelegte Menge von Zeichenketten, die aus Zeichen eines Alphabets zusammengesetzt sind. Formale Sprachen dienen u. a. zur Kommunikation zwischen Mensch und Maschine.

Aufgaben – Arten von Sprachen

1 Verschiedene Sprachen
Erstellen Sie eine Mindmap zu Sprachen. Beschränken Sie sich auf maximal 20 Begriffe.

2 Natürliche Sprachen
Das Kennzeichen natürlicher Sprachen ist, dass sie historisch gewachsen sind und sich weiterentwickeln, sofern sie nicht tot sind.

a Im Standardwerk der deutschen Rechtschreibung sind nicht nur die Orthografieregeln des „Rats für deutsche Rechtschreibung“ zu finden. Die dort enthaltene Menge deutscher Wörter ist als Wortschatz der deutschen Sprache akzeptiert. Suchen Sie als Beleg für die Weiterentwicklung der deutschen Sprache im Standardwerk fünf Wörter, die Ihrer Meinung vor 50 Jahren dort noch nicht standen.

b Welchen „Meilenstein" in der Entwicklung der deutschen Sprache gab es 1996?

c Was sind Anglizismen? Sind sie in der deutschen Sprache erlaubt? Begründen Sie Ihre Antwort.

3 Künstliche Sprachen

In diesem Kapitel wurden drei künstliche Sprachen aus dem naturwissenschaftlich-technischen Bereich vorgestellt. Finden Sie zwei weitere Beispiele und erklären Sie anhand einer konkreten Zeichenfolge deren Syntax und Semantik.

4 Künstliche Sprachen der Informatik

Im Informatikunterricht haben Sie bereits mehrere künstliche Sprachen kennengelernt: HTML, SQL, Java (oder Python oder …), UML, …

a Was bedeuten die Abkürzungen?

b Jede dieser Sprachen hat ein eigenes Einsatzfeld. Geben Sie an, welches!

c Nennen Sie drei weitere Sprachen, die in der Informatik verwendet werden, und ihr Einsatzfeld.

d Was bedeutet die Abkürzung URL? Begründen Sie, warum auch der URL eine künstliche Sprache ist.

Aufgaben – Syntax und Semantik

5 Syntax der deutsche Sprache

a Wie viele verschiedene syntaktisch korrekte Sätze können mit den Syntaxregeln R1 bis R7 gebildet werden? Begründen Sie Ihr Ergebnis.

b Zeichnen Sie den Syntaxbaum zum Beispiel S2 („Mara spielt einen Pass.“) und geben Sie die Regeln an, die zum Aufbau von S2 angewendet werden müssen.

c Warum ist der Satz „Mara spielt.“ hinsichtlich der Syntaxregeln R1 bis R7 falsch?

d Ändern Sie eine der Regeln so ab, dass der Satz aus c) syntaktisch korrekt ist.

e Ergänzen Sie die Regeln so, dass auch Sätze mit Adjektiven möglich sind. Geben Sie zwei Beispielsätze mit Adjektiven an, die entsprechend Ihren neuen Regeln syntaktisch korrekt sind.

6 Syntax zweistelliger ganzer Zahlen

a Im Kapitel wurde die Syntax einer sehr vereinfachten deutschen Sprache mithilfe von Regeln erklärt. Finden Sie Regeln, die die Syntax zweistelliger ganzer Zahlen, d. h. alle Zahlen der Menge {–99; –98; –97; …; –10; 10, 11; 12; …; 99} beschreiben.

b Zeichnen Sie den Syntaxbaum zur Zahl –42.

c Nennen Sie alle Terminalsymbole und Nichtterminalsymbole, die in Ihren Regeln vorkommen.

7 Syntax von RGB-Farben

10 Die Farbdefinition in HTML beginnt immer mit dem Gatter-Zeichen, hat dann zwei Ziffern für den Rot-Anteil, zwei für den Grünanteil und zwei für den Blauanteil. Die Farbwerte werden im Hexadezimalsystem festgelegt. (Die Wertigkeit der Stellen ist rechts beginnend eins (= 16^0), sechzehn (= 16^1), zweihundertsechsundfünfzig (= 16^2) usw.) Aus diesem Grunde sind neben den Ziffern "0" bis "9" auch "A" (für zehn), "B" (für elf), "C" (für zwölf), "D" (für dreizehn), "E" für vierzehn und "F" für fünfzehn erlaubt.

12 Beispiel für eine Farbdefinition in HTML und das Ergebnis dieser Farbdefinition, ein Violett

a Finden Sie Regeln, die die Syntax der Definition von Farben in HTML-Dokumenten erklären.

b Nennen Sie alle Terminalsymbole und Nichtterminalsymbole, die in Ihren Regeln vorkommen.
Hinweis:
Wer sich Ergebnisse von Farbdefinitionen ansehen möchte, kann die Begriffe „RGB", „applet" und „hexadecimal" in eine Suchmaschine eingeben und die so gefundenen Applets nutzen.

8 Syntaxfehler mit schwerwiegenden Folgen
Folgender Satz der deutschen Sprache ist syntaktisch falsch:
„Diese nicht Passage weil hat hochzuklettern Felswand steile ist einfach eine sie."
Erläutern Sie, warum nur durch das Korrigieren der syntaktischen Fehler noch keine eindeutige Semantik herstellbar ist.

9 Missverständnis
Bei einem Interview mit einem deutschen Fernsehsender verabschiedete sich George Lucas (Regisseur von Star Wars, Krieg der Sterne) mit dem Satz: „May the force be with you!"
Der Simultandolmetscher übersetzte dies mit: „Am 4. Mai sind wir bei Ihnen."
Worauf beruht der Übersetzungsfehler?

10 Syntaktische und semantische Mehrdeutigkeit
Erklären Sie jeweils die Mehrdeutigkeit der folgenden nicht eindeutigen Ausdrücke der deutschen Sprache:
a Berechne den Wert der Funktion e hoch x plus 3 an der Stelle 5.
b Wachstube
c Schimmel
d Softwareentwickler überzeugt
e siehe Abbildung rechts
f Der Computer stürzt ab.
Nennen Sie drei weitere Beispiele.

***13** Wer begeht Straftaten?*

11 Semantik von Arbeitszeugnissen
In Arbeitszeugnissen dürfen insbesondere zum Verhalten keine direkt negativen Aussagen formuliert werden. Da Arbeitgeber dennoch zu wahren Aussagen verpflichtet sind, bedient man sich spezieller Formulierungen, die positiv klingen, jedoch Defizite beschreiben.
Recherchieren Sie zwei Bemerkungen in Arbeitszeugnissen, die Defizite beschreiben, und ihre Bedeutung.

12 Fehlersuche
Begründen Sie, welche der folgenden Zeichenketten syntaktisch bzw. semantisch fehlerhaft sind.

a Molekülformel:	i) C^4H	ii) CH_4	iii) C_4H
b Schreibweise von Isotopen:	i) ${}^{233}_{95}U$	ii) ${}^{92}_{235}U$	iii) ${}^{238}U_{92}$

Formale Sprache

13 Zeichenkette, Länge, formale Sprache

Gegeben ist das Alphabet A = {"sin"; "cos"; "sqrt"; "("; ")"; "x"; "+"}.

a Welche der folgenden Zeichenketten lassen sich nicht über dem Alphabet A bilden? Begründen Sie knapp!
i) sincos ii) tan(x) iii) $(\sin(x))^2+(\cos(x))^2$ iv) sqrt(sin(x)+cos(x))

b Geben Sie 15 mögliche Zeichenketten der Länge 2 über dem Alphabet A an. Berechnen Sie die Anzahl aller möglichen Zeichenketten der Länge 2.

c Notieren Sie die formale Sprache der korrekten mathematischen Ausdrücke über A, wobei die Länge jeder Zeichenkette genau drei sein muss.

d Geben Sie ein alternatives Alphabet A' an, mit dem sich ebenfalls die Zeichenkette sin(x) bilden lässt. A' soll nicht einfach eine Teilmenge von A sein und die Zeichenkette sin(x) soll hinsichtlich A' eine von 4 verschiedene Länge haben.

14 RGB-Farbe als formale Sprache

In Aufgabe 7 ist die Syntax von RGB-Farbdefinitionen in HTML-Dokumenten beschrieben.

a Begründen Sie, dass es sich dabei um eine formale Sprache über dem Alphabet A_{RGB} handelt, und geben Sie als Teil der Erklärung das Alphabet A_{RGB} an.

b Nennen Sie zwei Zeichenketten aus der Wortmenge A_{RGB}^*, die nicht zu dieser formalen Sprache gehören.

c Welche Länge(n) haben alle Elemente dieser formalen Sprache?

Aufgabe – Alles klar?

15 Aufbau von Sprachen

a Was bedeuten die Begriffe Syntax und Semantik? Erklären Sie sie mit einem Beispiel jeweils aus einer natürlichen und einer künstlichen Sprache.

b Was ist ein Terminal-, was ein Nichtterminal-Symbol? Erklären Sie an einem Beispiel.

c Warum sind natürliche Sprachen nicht für die Kommunikation zwischen Mensch und Maschine geeignet?

d Was versteht man unter einer Zeichenkette, was unter ihrer Länge?

e Warum ist die Beschriftung auf Autokennzeichen eine formale Sprache, obwohl diese Sprache im Allgemeinen nicht zur Kommunikation zwischen Mensch und Maschine genutzt wird?

2 Grammatiken formaler Sprachen

Im letzten Kapitel wurde deutlich, dass natürliche Sprachen nicht für die Kommunikation zwischen Mensch und Maschine geeignet sind und deshalb zur Eingabe von Informationen in Rechensysteme formale Sprachen verwendet werden. Eine formale Sprache muss vor dem Beginn der Kommunikation festgelegt werden. Eine Festlegung durch die Aufzählung der zur formalen Sprache zugehörigen Zeichenketten ist nicht sinnvoll, da die Anzahl der Zeichen in der Regel sehr hoch ist. Alternative Möglichkeiten zur eindeutigen Festlegung formaler Sprachen werden in diesem Kapitel vorgestellt.

E-Mail-Adresse

Mit dem Internet haben sich elektronische Nachrichten neben Telefonaten und Briefen als Kommunikationsform etabliert. Im Gegensatz zur Postanschrift und Telefonnummer kann man sich seine eigene E-Mail-Adresse innerhalb gewisser Grenzen selbst aussuchen. Die Grenzen hierfür sind bestimmt durch Festlegungen der Syntax einer E-Mail-Adresse. Die Syntaxregeln basieren einerseits auf internationalen Standards (RFC 819), andererseits auf Vorgaben der Organisationen (› NIC), die Domänennamen verwalten, und der › Internetdienstanbieter. Die Vorschriften an die Syntax können abhängig von NIC und Provider geringfügig variieren. In diesem Kapitel gelten folgende Vorgaben:

› NIC, network information center

› engl.: provider

- Eine E-Mail-Adresse besteht aus einer Benutzerkennung, dem @-Zeichen und dem Namen einer Internet-Domäne.
- Für die Benutzerkennung dürfen Kleinbuchstaben, Zahlen und als Sonderzeichen Punkt, Ausrufezeichen, Binde- und Unterstrich verwendet werden. Sie muss mindestens ein Zeichen lang sein.
- Die Internet-Domäne setzt sich zusammen aus mindestens einer Unterdomäne, gefolgt von einer › Top-Level-Domain. Die Bestandteile der Internet-Domäne sind jeweils durch einen Punkt getrennt.
- Die Top-Level-Domain darf nur aus Buchstaben zusammengesetzt sein: mindestens zwei, höchstens vier.
- Jede Unterdomäne darf Buchstaben, Zahlen und den Bindestrich enthalten. Die minimale Zeichenkettenlänge ist zwei; an erster und letzter Stelle ist kein Bindestrich erlaubt.

› höchste Ebene der Domänennamenshierarchie, z. B. "de" für Deutschland, "org" für nichtkommerzielle Organisationen oder "name" für Privatpersonen

Nach diesen Vorgaben sind folgende E-Mail-Adressen korrekt:
jenni@zirb.nich.de   jenni.zirbnich@simsoftlab.net   jz@ssl.net   f112358@4leonardo.ch

Die E-Mail-Adressen der nächsten Zeile sind syntaktisch falsch:
cody@-sim-soft-lab-.net   peter.cody@s.s.l.net   peter@cody@sim_soft_lab.at

Gegen welche Vorgaben verstoßen die „falschen" E-Mail-Adressen?

?

Grammatik einer formalen Sprache

Die Syntaxregeln für E-Mail-Adressen wurden oben in natürlicher Sprache formuliert, in der damit auch eine Menge von Zeichenketten, d. h. eine formale Sprache, beschrieben wurde. Wie im letzten Kapitel dargestellt, bringt die natürliche Sprache die Gefahr von Mehrdeutigkeit mit sich, sie ist oft nicht präzise genug und kann Redundanzen enthalten. Aus diesen Gründen ist eine Syntaxbeschreibung in natürlicher Sprache nicht dafür geeignet, über Computerprogramme die syntaktische Korrektheit einer E-Mail-Adresse zu überprüfen oder gültige E-Mail-Adressen zu generieren. Auch eine Aufzählung aller Elemente dieser formalen Sprache ist nicht möglich,

da die Anzahl der Elemente unendlich ist.
Wie beim Beispiel „Einfachdeutsch“ des letzten Kapitels kann die Syntax mithilfe von Regeln eindeutig festgelegt werden. Diese Art der Syntaxfestlegung wird im Folgenden aufgegriffen und vertieft.

?

Welche Terminal- und welche Nichtterminalsymbole sind in Regeln zur Festlegung der Syntax von E-Mail-Adressen notwendig? Wie wird die erste Regel lauten, mit der die Erzeugung einer gültigen Zeichenkette begonnen wird?

Die vorne gelisteten Vorgaben an E-Mail-Adressen lassen sich schrittweise in Regeln umwandeln. Im ersten Aufzählungspunkt wird der grundlegende Aufbau einer E-Mail-Adresse beschrieben, es ergibt sich daraus die erste Regel:

R1 E-Mail-Adresse = Benutzerkennung "@" Domäne .

Dabei sind E-Mail-Adresse, Benutzerkennung und Domäne Nichtterminalsymbole (Platzhalter), die durch weitere Regeln genauer erklärt werden müssen. Das Zeichen "@" ist ein Terminalsymbol, d. h. bereits Bestandteil einer gültigen Zeichenkette der formalen Sprache. Das erste Nichtterminal, bei dem mit der Erzeugung einer gültigen Zeichenkette begonnen wird, hier E-Mail-Adresse, nennt man **Startsymbol**.

Neben den Nichtterminal- und Terminalsymbolen kommt in jeder Regel das Zeichen „=“ vor. Es trennt das zu erklärende Nichtterminal (linke Seite) von seiner Erklärung (rechte Seite). In Kapitel 1 wurde dafür das Zeichen „→“ verwendet, das aber für das Schreiben insbesondere in Textverarbeitungssystemen zu unpraktisch ist. Weiter wurde in Kapitel 1 auch das Zeichen „|“ für „oder“ verwendet. Abgeschlossen wird jede Regel mit dem Zeichen „.“, da sonst bei langen Regeln über mehrere Zeilen das Ende schlecht erkennbar wäre.
Dies sind sogenannte **Metazeichen**, die innerhalb der Sprachdefinition konkrete Bedeutungen haben, aber nicht zur erzeugten Sprache gehören.

Auf der rechten Seite von R1 stehen zwei Nichtterminalsymbole, die näher erklärt werden müssen.
Im zweiten Aufzählungspunkt wird vorgegeben, dass die Benutzerkennung mindestens ein Zeichen lang sein muss. Folgende Regel mit dem neuen Nichtterminalsymbol Einzelzeichen passt dazu:

R2 Benutzerkennung = Einzelzeichen | Einzelzeichen Einzelzeichen |
Einzelzeichen Einzelzeichen Einzelzeichen | … .

Es handelt sich hier um eine Wiederholung. Für die **Wiederholung** gibt es als Metazeichen ein Paar geschweifter Klammern, um die Regel kompakter formulieren zu können. Die Formulierung {Einzelzeichen} bedeutet, dass das Nichtterminal Einzelzeichen keinmal, einmal oder mehrfach vorkommen darf. D. h., die Regel

Benutzerkennung = {Einzelzeichen}

ist identisch zu:

Benutzerkennung = ε | Einzelzeichen | Einzelzeichen Einzelzeichen |
Einzelzeichen Einzelzeichen Einzelzeichen | … .

Dabei kommt die leere Zeichenkette ε durch das „keinmal“ zustande.

Leider passt dieses Metazeichen nicht exakt zu unseren Anforderungen, denn „kein Einzelzeichen" als Benutzername ist nicht erlaubt. Stellt man jedoch das Nichtterminalsymbol Einzelzeichen der geschweiften Klammer zusätzlich voran, muss es mindestens einmal vorkommen und die Vorgabe ist erfüllt:

R2 Benutzerkennung = Einzelzeichen { Einzelzeichen} .

Hinweis:
Bei der Formulierung der Wiederholung mithilfe geschweifter Klammern kann innerhalb des Klammernpaares eine beliebige Kombination von Terminalen und Nichtterminalen stehen. So steht der Ausdruck {a Ziffer } für

ε | "a" Ziffer | "a" Ziffer "a" Ziffer | "a" Ziffer "a" Ziffer "a" Ziffer | ...

und {"h" "a" } für die keinmalige, einmalige, zweimalige usw. Wiederholung von „ha".

Ebenfalls im zweiten Spiegelstrich ist vorgegeben, dass für die Benutzerkennung Kleinbuchstaben, Zahlen und als Sonderzeichen Punkt, Ausrufezeichen, Binde- und Unterstrich verwendet werden dürfen.

Wie lässt sich diese Vorgabe als Regel formulieren? **?**

Für diese Regel ist das Metazeichen „|" für **Alternativen** nötig, vgl. unten die Regel R3. Da Buchstaben und Ziffern auch Bestandteil anderer Vorgaben sind, beispielsweise für die Top-Level-Domain, ist es sinnvoll, diese über Nichtterminalsymbole als eigene syntaktische Einheiten zu behandeln.

R3 Einzelzeichen = Buchstabe | Ziffer | "-" | "_" | "." | "!" .
R4 Ziffer = "0" | "1" | ... | "9" .
R5 Buchstabe = "a" | "b" | ... | "z" .

Auch wenn das Zeichen „|" eine kompakte Schreibweise ermöglicht, wäre eine **Aufzählung** aller 26 Buchstaben (keine Umlaute!) noch sehr umfangreich. Deshalb wird hier im Buch das Zeichen „..." verwendet, um alle 26 Grundbuchstaben des lateinischen Alphabets bzw. alle Ziffern des Dezimalsystems knapp darstellen zu können.

Die syntaktische Beschreibung der Benutzerkennung ist damit abgeschlossen, weil alle bisher dort aufgetretenen Nichtterminalsymbole durch Regeln erklärt sind. Deshalb wird die Umwandlung der Vorgaben in Regeln bei der Domäne fortgesetzt.

Wie lässt sich die Vorgabe aus dem dritten Spiegelstrich als Regel formulieren? **?**

Die syntaktischen Einheiten Unterdomäne und Top-Level-Domain (TLD) werden zu Nichtterminalsymbolen. Die Vorgabe „mindestens eine Unterdomäne" lässt sich wieder über das Metazeichen für die Wiederholung umsetzen, wobei diesmal innerhalb der geschweiften Klammer zwei Symbole, das Terminal "." und das Nichtterminal Unterdomäne stehen:

R6 Domäne = Unterdomäne { "." Unterdomäne } "." TLD .

Der vierte Spiegelstrich enthält die Vorgaben für die Top-Level-Domain. Zwei Buchstaben sind Pflicht, der dritte und vierte Buchstabe sind optional. Eine **Option** wird mithilfe eines Paars eckiger Klammern als Metazeichen dargestellt, d. h. die Zeichenkette innerhalb der eckigen Klammern kann (einmal) vorkommen oder weggelassen werden. In unserer Aufgabenstellung muss die Option [Buchstabe] zweimal für die Regel zur Erklärung des syntaktischen Aufbaus der Top-Level-Domain verwendet werden:

R7 TLD = Buchstabe Buchstabe [Buchstabe] [Buchstabe] .

Im letzten Spiegelstrich heißt es, dass neben Buchstaben und Zahlen in einer Unterdomäne als Sonderzeichen nur der Bindestrich enthalten sein darf, dieser jedoch an der ersten und letzten Stelle verboten ist. Daraus folgt, dass das erste und das letzte Zeichen entweder ein Buchstabe oder eine Ziffer sein müssen. Um zu kennzeichnen, welcher Teil der Regel das erste bzw. letzte Zeichen betrifft, muss man den Ausdruck Buchstabe | Ziffer mithilfe eines Paars runder Klammern als Metazeichen **gruppieren**, analog wie in der Mathematik: (Buchstabe | Ziffer).
Nach Vorgabe können zwischen dem ersten und letzten Zeichen der Unterdomäne kein, ein oder mehrere Zeichen (Buchstabe oder Ziffer oder Bindestrich) stehen. Über den Ausdruck {Buchstabe | Ziffer | "-"} kann dies umgesetzt werden: Man beachte, dass innerhalb der geschweiften Klammern nicht nur eine Zeichenfolge, sondern ein Teilausdruck steht, der seinerseits auch Metazeichen enthält. Dies ist auch bei eckigen Klammern möglich.

R8 Unterdomäne = (Buchstabe | Ziffer) { Buchstabe | Ziffer | "-" } (Buchstabe | Ziffer) .

Die eindeutige Festlegung einer formalen Sprache mithilfe von Regeln nennt man Grammatik. Die hier verwendete Beschreibungsform der Regeln, die neben der Alternative und der Gruppierungsklammer auch die Options- und Wiederholungsklammer erlaubt, nennt man › **erweiterte Backus-Naur-Form EBNF** (ISO/IEC 14977).
Neben den Regeln (vgl. Abb. 1) gehören zu einer Grammatik die Menge der Terminalsymbole, die Menge der Nichtterminalsymbole und das Startsymbol. Die Tabelle in Abbildung 2 fasst die bisherigen Erklärungen der Grammatikbestandteile am Beispiel der E-Mail-Adressen und des „Einfachdeutsch" zusammen und ergänzt sie.

› John W. Backus, 1924 – 2007
Peter Naur, * 1924

R1 E-Mail-Adresse = Benutzerkennung "@" Domäne .
R2 Benutzerkennung = Einzelzeichen { Einzelzeichen } .
R3 Einzelzeichen = Buchstabe | Ziffer | "-" | "_" | "." | "!" .
R4 Ziffer = "0" | "1" | ... | "9" .
R5 Buchstabe = "a" | "b" | ... | "z" .
R6 Domäne = Unterdomäne { "." Unterdomäne } "." TLD .
R7 TLD = Buchstabe Buchstabe [Buchstabe] [Buchstabe] .
R8 Unterdomäne = (Buchstabe | Ziffer) { Buchstabe | Ziffer | "-" } (Buchstabe | Ziffer) .

1 Regeln zur Erzeugung einer E-Mail-Adresse

Hinweise:
- Im Gegensatz zu der Grammatik einer natürlichen Sprache ist die Grammatik formaler Sprachen rein auf die Syntax beschränkt. Eine Wortgrammatik (Deklination, Konjugation, ...) wie in natürlichen Sprachen existiert in der Informatik nicht.
- Eine Grammatik enthält mit Nichtterminalsymbolen und Metazeichen Zeichen, die nicht Bestandteil der von ihr festgelegten Sprache sind.
- Auch wenn in dem Beispiel von E-Mail-Adressen jedes Terminalsymbol nur aus einer Ziffer, einem einzelnen Buchstaben oder Sonderzeichen besteht, sind auch „zusammengesetzte" Symbole wie in den Alphabeten A_4 und A_5 aus Kapitel 1 erlaubt.

Bestandteil der Grammatik		
Erklärung	Beispiel im Kontext von E-Mail-Adressen	Beispiel im Kontext von „Einfachdeutsch“
eine Menge von **Nichtterminalsymbolen**, kurz Nichtterminale		
Nichtterminale sind Platzhalter, die einen syntaktischen Bestandteil und damit die Struktur der Sprache festlegen. Sie kommen in den Zeichenketten der Sprache selbst nicht vor. Sinnvollerweise wählt man für die Nichtterminale „sprechende" Namen, d. h. Bezeichner, die einen Rückschluss auf den syntaktischen Bestandteil ermöglichen. Jedes Nichtterminal muss durch eine Regel erklärt werden.	E-Mail-Adresse; Benutzerkennung; Domäne; Einzelzeichen; Buchstabe; Ziffer; Unterdomäne; TLD	Satz; Subjekt; Prädikat; Objekt; …
eine Menge von **Terminalsymbolen**, kurz Terminale (Alphabet)		
Die Terminale sind die lexikalischen Bausteine der Sprache, d. h. die Zeichen, aus denen die Zeichenketten dieser Sprache bestehen dürfen. Die Menge der Terminalsymbole ist identisch zum Alphabet der Sprache.	"0"; "1"; …; "9"; "a"; "b"; …; "z"; "@"; "-"; "_"; "."; "!"	"."; "Volleyballer"; "Ball"; "spielt"; "schmettert"; …
eine Menge von **Regeln**		
Für jedes Nichtterminal wird anhand einer Regel festgelegt, durch welche Kombination aus Terminalen und Nichtterminalen (rechts vom Gleichheitszeichen) es ersetzt werden darf. Bei jeder Regel steht links genau ein Nichtterminal.	s. Abbildung 1	z. B. Satz = Subjekt Prädikat Objekt "." Verb = "spielt" | "schmettert"
Startsymbol		
Das Nichtterminal, mit dem bei der Regelanwendung begonnen werden muss.	E-Mail-Adresse	Satz

***2** Bestandteile einer Grammatik mit Erklärungen*

Produktion gültiger Zeichenketten

Ausgehend vom Startsymbol können durch wiederholte Regelanwendung gültige E-Mail-Adressen erzeugt werden. Diesen Prozess nennt man **Ableitung**. Am Beispiel der E-Mail-Adresse jz@ssl.net wird in Abbildung 3 eine mögliche Ableitung gezeigt. Das Nichtterminal, auf das die Regel angewendet wird, ist jeweils in roter Schriftfarbe markiert.

E-Mail-Adresse

↓ R1 — Begonnen wird mit dem Startsymbol.

Benutzerkennung "@" Domäne

↓ R2 — Bei der Wiederholung in R2 wird der Ausdruck { Einzelzeichen } durch Einzelzeichen ersetzt, sodass das Nichtterminal insgesamt zweimal auftritt.

Einzelzeichen Einzelzeichen "@" Domäne

↓ R3, R3 — Die Regel R3 wird zweimal angewandt.

Buchstabe Buchstabe "@" Domäne

↓ R5, R5 — Die Regel R5 wird zweimal angewandt.

"j" "z" "@" Domäne

↓ R6 — Da es nur eine Unterdomäne gibt, wird der Ausdruck { "." Unterdomäne } weggelassen, d. h. der Ausdruck innerhalb der geschweiften Klammern wird keinmal notiert.

"j" "z" "@" Unterdomäne "." TLD

↓ R8 — Da die Unterdomäne im Beispiel jz@ssl.net aus drei Buchstaben besteht, wird bei Regel 8 jeweils die Alternative Buchstabe gewählt. Bei der Wiederholung wird das Nichtterminal Buchstabe genau einmal benötigt.

"j" "z" "@" Buchstabe Buchstabe Buchstabe "." TLD

↓ R5, R5, R5 — Die Regel R5 wird dreimal angewandt.

"j" "z" "@" "s" "s" "l" "." TLD

↓ R7 — Da die Top-Level-Domain aus drei Buchstaben besteht, wird eine Option wahrgenommen, die andere verworfen.

"j" "z" "@" "s" "s" "l" "." Buchstabe Buchstabe Buchstabe

↓ R5, R5, R5 — Die Regel R5 wird dreimal angewandt.

"j" "z" "@" "s" "s" "l" "." "n" "e" "t"

Es gibt nur noch Nichtterminale, die Ableitung ist beendet.

3 *Ableitung der Zeichenkette jz@ssl.net durch Regelanwendungen. Das Nichtterminal, auf das die Regel angewendet wird, ist rot markiert.*

Hinweise

- Die Ableitung zeigt, dass es gültige Zeichenketten gibt, bei denen einerseits nicht alle Regeln angewendet werden müssen (hier R4), andererseits manche Regeln mehrfach angewendet werden müssen (hier R3 und R5).
- Weil über die Anwendung der Regeln gültige Zeichenketten produziert werden, werden die Regeln häufig als **Produktionsregeln** bezeichnet.

- Weil bei jeder Anwendung einer Regel das Nichtterminal auf der linken Seite einer Regel durch den rechten Teil ersetzt wird, ist alternativ zum Begriff Produktionsregel auch der Begriff **Ersetzungsregel** gebräuchlich. In diesem Sinne kann man das Zeichen „=" innerhalb von Regeln als „wird ersetzt durch" sprechen. Regel R1 würde zum Beispiel lauten: „Das Nichtterminal E-Mail-Adresse wird ersetzt durch das Nichtterminal Benutzerkennung, gefolgt von dem Terminal at-Zeichen (@) und dem Nichtterminal Domäne."

Die Struktur der E-Mail-Adresse jz@ssl.net lässt sich wiederum als Syntaxbaum (Abbildung 4) darstellen. Da dieser Baum bei der Ableitung schrittweise aufgebaut wird, nennt man ihn auch **Ableitungsbaum**. Der Anfang des Aufbaus ist in Abbildung 5 zu sehen. Das Startsymbol ist immer die Wurzel des Ableitungsbaums.

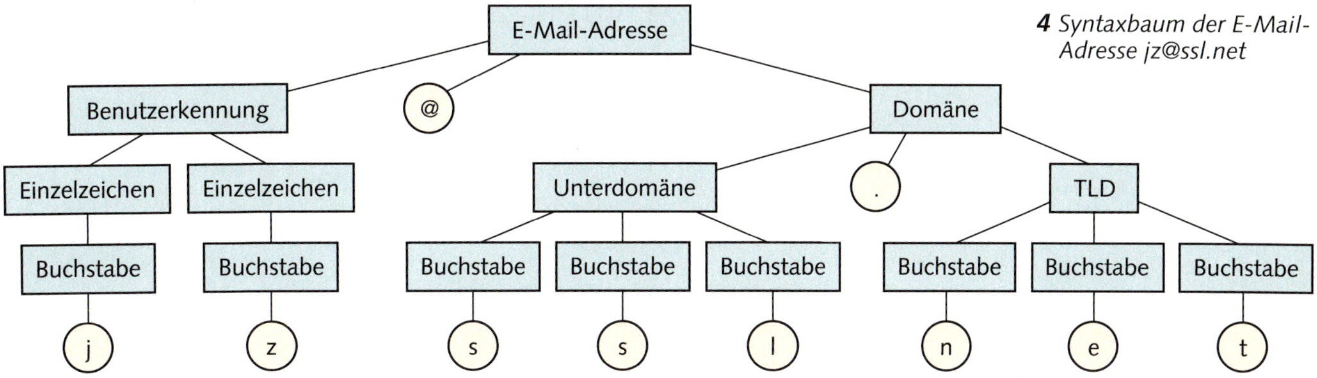

4 Syntaxbaum der E-Mail-Adresse jz@ssl.net

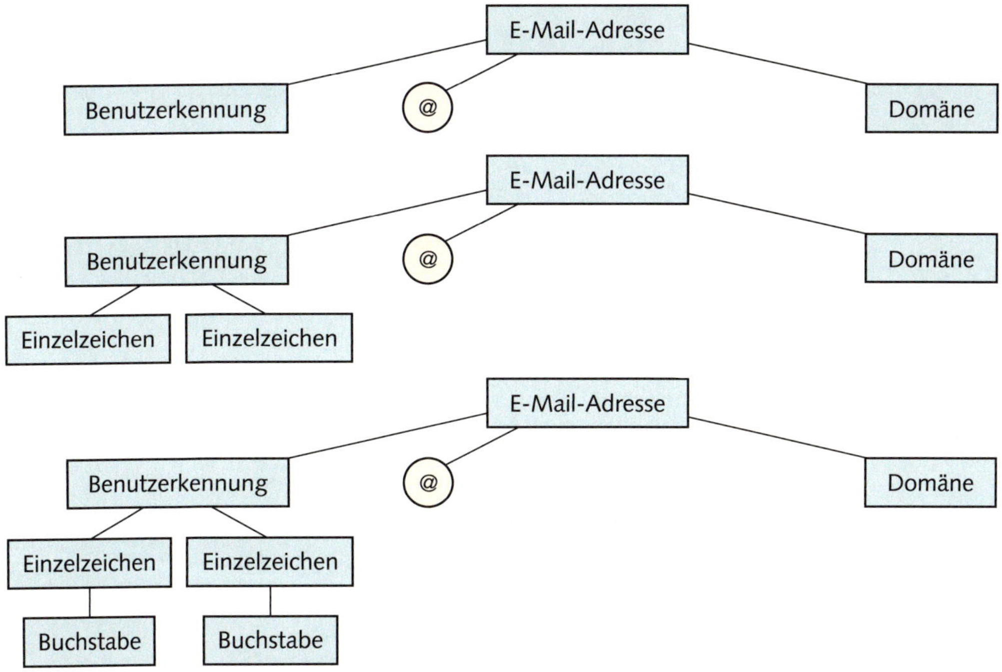

5 Die ersten Schritte der Ableitung der E-Mail-Adresse jz@ssl.net: Aufbau des Syntaxbaums

?

In Abbildung 3 wurden zur Ableitung der Zeichenkette jz@ssl.net die Regeln in der Reihenfolge R1, R2, R3, R3, R5, R5 usw. angewendet. Welche alternative Reihenfolge der Regeln gibt es, die ebenfalls auf die Zeichenkette jz@ssl.net führt? Wie sieht der Ableitungsbaum zu dieser alternativen Reihenfolge aus?

Syntaxdiagramme

Neben einer Festlegung von Syntaxregeln einer formalen Sprache als Text ist auch eine grafische Darstellung als Syntaxdiagramm möglich. Gerade bei umfangreichen Grammatiken ist es oft leichter, mithilfe dieser grafischen Darstellung eine syntaktisch korrekte Zeichenkette zu erstellen. Beide Darstellungen sind gleich mächtig, das bedeutet: Jede formale Sprache, die über eine EBNF festgelegt werden kann, kann auch über ein Syntaxdiagramm festgelegt werden und umgekehrt. Wie EBNF-Regeln in Syntaxdiagramme bzw. Syntaxdiagramme in EBNF-Regeln übersetzt werden können, zeigt Abbildung 6.

EBNF	Erläuterung	Syntaxdiagramm
Terminalsymbol T	Das Terminal ist von einer Ellipse umrandet.	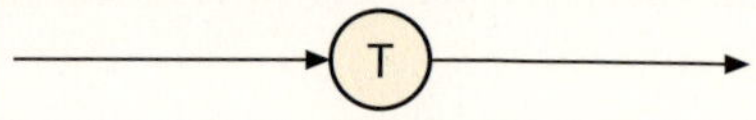
Nichtterminalsymbol N	Das Nichtterminal ist von einem Rechteck umrandet.	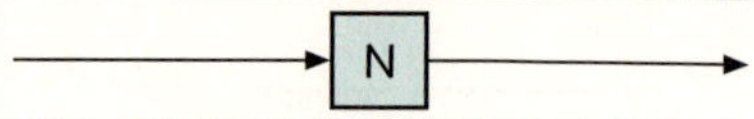
Optionsklammer [a]	a kommt keinmal oder einmal vor.	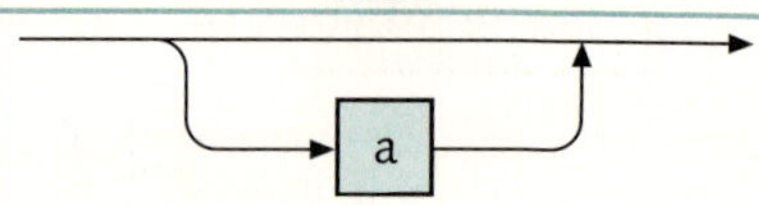
Wiederholungsklammer {a}	a kommt keinmal, einmal oder mehrfach vor.	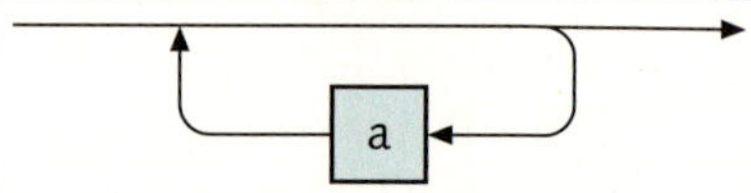
Variante der Wiederholungsklammer a {a}	a kommt mindestens einmal vor, d. h. einmal oder mehrfach.	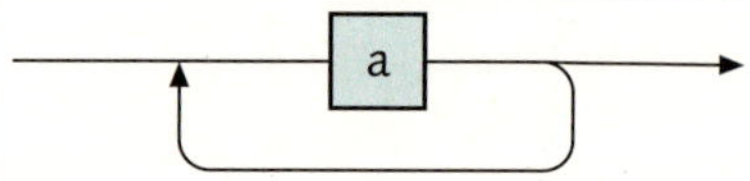
Aneinanderreihung $a_1\ a_2 \dots a_n$		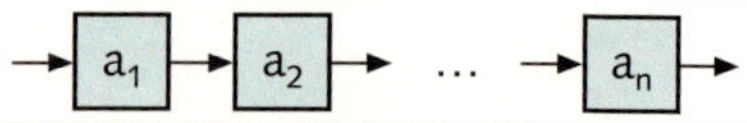
Alternative $a_1 \mid a_2 \mid \dots \mid a_n$		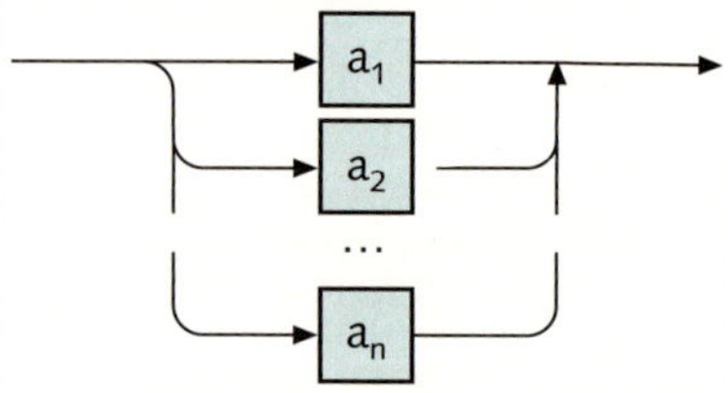
Gruppierungsklammer am Beispiel (a|b) (c|d)	An den Klammerpositionen gibt es nur eine Linie (siehe rote Markierung), eventuell vorher vorhandene Verzweigungen sind wieder zusammengeführt.	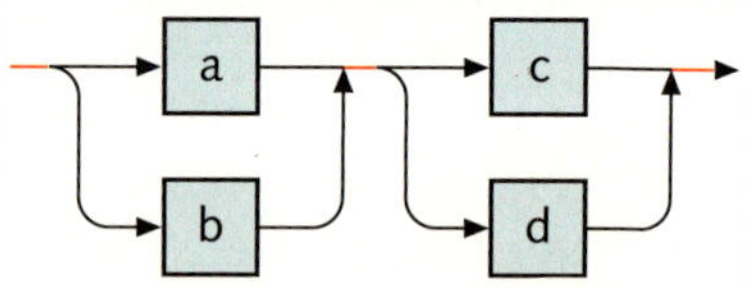
Zeichen „=“ zwischen der linken und rechten Seite einer Regel am Beispiel **N** = a (b|c) .	Im Syntaxdiagramm ist die **linke Seite** der Regel als Überschrift ausgezeichnet; die rechte Seite wird zur Grafik.	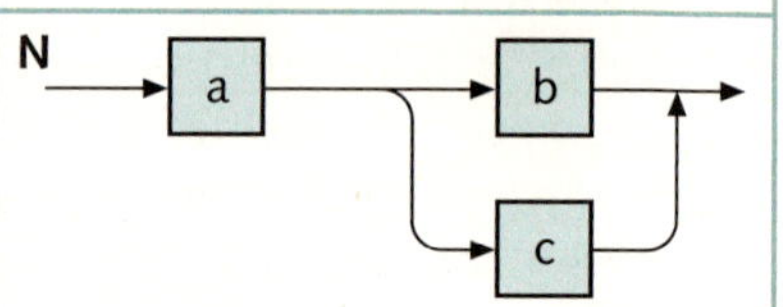

6 *Übersetzungsregeln von der EBNF zum Syntaxdiagramm*

Das Syntaxdiagramm zu den E-Mail-Adressen zeigt Abbildung 7.

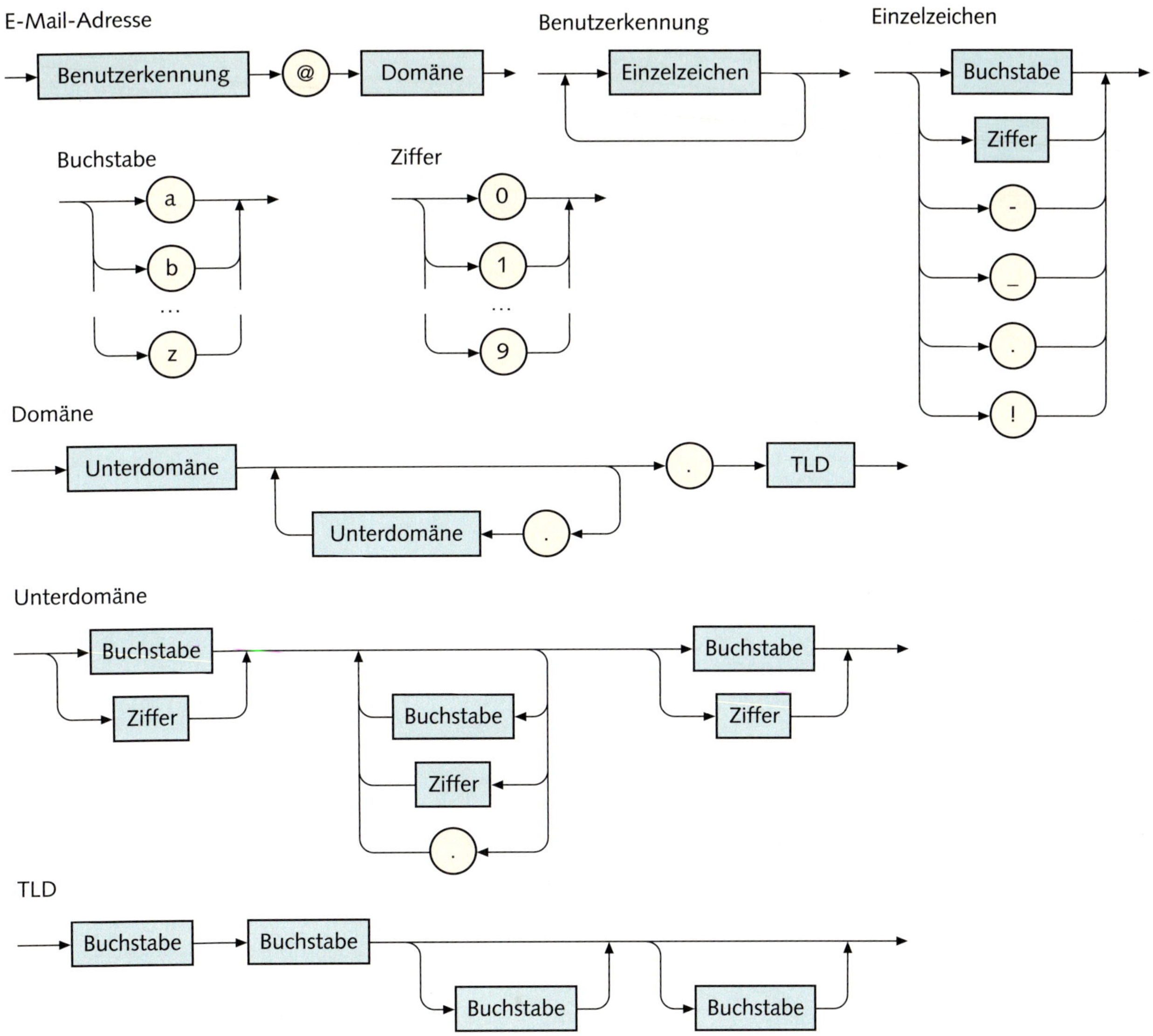

7 *Syntaxdiagramm zu den E-Mail-Adressen*

Möchte man nun mithilfe eines Syntaxdiagramms eine gültige Zeichenkette ableiten, muss man wie folgt vorgehen:

- Man beginnt mit dem Pfeil am linken Rand des ersten Nichtterminals (hier E-Mail-Adresse).
- Entlang der Linien sind alle Wege unter Beachtung der Pfeilrichtung erlaubt.
- Erreicht man ein Nichtterminal, dann „springt" man in den dazu passenden Bereich. Die „Absprungstelle" muss man sich merken, denn ist die Regelanwendung für das Nichtterminal beendet, dann muss man an diese Absprungstelle zurückkehren und dort fortfahren (vgl. Abb. 8).
- Eine Regelanwendung ist beendet, wenn man am rechten Pfeilende angelangt ist.
- Erreicht man ein Terminal, so wird dieses als Bestandteil der gültigen Zeichenkette notiert.
- Befindet man sich am rechten Pfeilende der ersten Regel, dann ist die gesamte Ableitung beendet.

Die ersten Schritte der Ableitung der E-Mail-Adresse jz@ssl.net mithilfe des Syntaxdiagramms aus Abbildung 7 zeigt Abbildung 8.

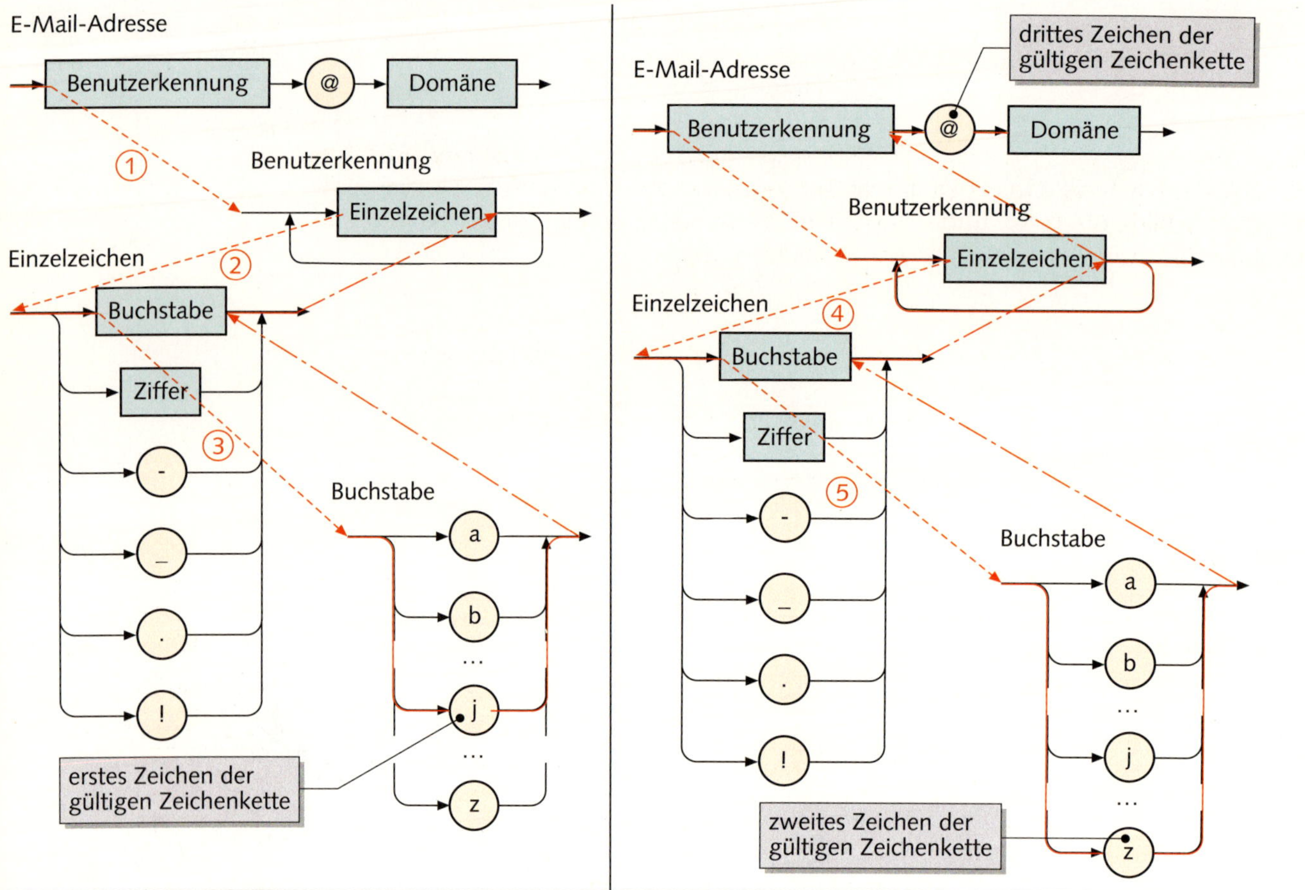

Start bei E-Mail-Adresse

Sprung 1 beim Nichtterminal Benutzerkennung

Sprung 2 beim Nichtterminal Einzelzeichen

Sprung 3 beim Nichtterminal Buchstabe

Terminal "j" ist das erste Zeichen der Zeichenkette.

Nichtterminal Buchstabe ist beendet, es erfolgt der Rücksprung zu Einzelzeichen.

Nichtterminal Einzelzeichen ist beendet, es erfolgt der Rücksprung zu Benutzerkennung

Fortsetzung rechts

Ausführung der Wiederholung innerhalb von Benutzerkennung

Sprung 4 beim Nichtterminal Einzelzeichen

Sprung 5 beim Nichtterminal Buchstabe

Terminal "z" ist das zweite Zeichen der Zeichenkette.

Nichtterminal Buchstabe ist beendet, es erfolgt der Rücksprung zu Einzelzeichen.

Nichtterminal Einzelzeichen ist beendet, es erfolgt der Rücksprung zu Benutzerkennung.

Nichtterminal Benutzerkennung ist beendet, es erfolgt der Rücksprung zu E-Mail-Adresse

Terminal "@" ist das dritte Zeichen der Zeichenkette usw.

__8__ Anfang der Ableitung der E-Mail-Adresse jz@ssl.net mithilfe des Syntaxdiagramms

Semantik formaler Sprachen

Programmiersprachen sind in der Informatik sehr wichtige formale Sprachen.

Warum ist die Semantik bei einer in einer Programmiersprache verfassten Zeichenkette sehr wichtig? Welche Bedeutung hat ein Element der formalen Sprache Java (oder Python oder …)?

Abbildung 9 zeigt die Syntaxregeln einer Programmiersprache zur Steuerung eines Turtle-Objekts. Ein Turtle-Objekt kann man sich entsprechend dem Namen wie eine stifttragende Schildkröte (engl. turtle) vorstellen, die sich über ein Blatt Papier bewegt und mit ihrem Stift Linienspuren hinterlässt (Abbildung 10).

```
R1   Programm       = Sequenz .
R2   Sequenz        = (Anweisung | Wiederholung) { " " (Anweisung | Wieder-
                      holung) } .
R3   Anweisung      = VorwärtsGehen | RechtsDrehen | LinksDrehen .
R4   VorwärtsGehen  = "F" "(" Länge ")" .
R5   RechtsDrehen   = "–" "(" Winkel ")" .
R6   LinksDrehen    = "+" "(" Winkel ")" .
R7   Länge          = Zahl .
R8   Winkel         = Zahl .
R9   Zahl           = Ziffer [Ziffer] [Ziffer] [Ziffer] .
R10  Ziffer         = "0" | "1" | … | "9" .
R11  Wiederholung   = "R" Zahl "[" Sequenz "]" .
```

***9** Syntaxregeln in EBNF für „Schildkrötensprache"*

***10** Beispiel für eine Turtle-Grafik*

Das Terminalsymbol "F" hat in dieser Sprache die Bedeutung, dass an die Schildkröte eine Anweisung zur Bewegung nach vorne (engl. **f**orward) gegeben wird. Die Terminalsymbole "–" bzw. "+" stehen für Anweisungen zu einer Rechts- bzw. Linksdrehung. Auch wenn auf den letzten Seiten die Syntax im Vordergrund stand, so ist für den Programmierer die Semantik der Zeichen entscheidend, um Aufgaben zu lösen.

Jede syntaktisch korrekte Zeichenfolge der formalen Sprache aus Abbildung 9 ist ein in der „Schildkrötensprache" korrektes Programm und hat ebenfalls eine Semantik: Es ist eine vollständige Anweisungsfolge, um eine Grafik zu erstellen. Abhängig vom konkreten Programm kann nun diese Grafik beispielsweise ein einzelnes Dreieck, einzelne Linien oder, wie in Abbildung 10, 18 Quadrate sein. Wählt man andere Programmiersprachen und komplexere Programme, so können diese die Semantik einer Datensuche, einer komplexen Berechnung, einer Simulation usw. haben.

In der Informatik dient eine Grammatik zur eindeutigen Festlegung einer formalen Sprache. Bestandteile einer **Grammatik** sind **Nichtterminale**, **Terminale**, **Regeln** und ein **Startsymbol**.
Ausgehend vom Startsymbol können durch wiederholte Regelanwendung gültige Zeichenketten **produziert** (**abgeleitet**) werden.

Syntaxregeln können mithilfe der erweiterten Backus-Naur-Form (**EBNF**) formuliert werden. In der EBNF sind die Metazeichen | für eine Alternative, [ ] für eine Option, { } für eine Wiederholung und ( ) für eine Gruppierung zugelassen. **Syntaxdiagramme** ermöglichen eine grafische Darstellung von Syntaxregeln.
Jede EBNF lässt sich in ein Syntaxdiagramm übersetzen und umgekehrt.

Aufgaben – Grammatik, EBNF, Syntaxdiagramm

1 Datum

Für Datumsangaben gibt es unterschiedliche Formate; eine Möglichkeit wäre z. B.: „6. Dezember 2010".

a Begründen Sie, warum es sich bei der Menge aller Datumsangaben dieser Form um eine formale Sprache handelt.

b Legen Sie mithilfe einer Grammatik die Syntax des Datums fest. Formulieren Sie die Grammatikregeln mit der EBNF.

c Ergänzen Sie die Grammatik aus b) so, dass optional zum Datum noch eine fünfstellige Zeitangabe (Stunden und Minuten getrennt durch einen Doppelpunkt) hinzugefügt werden kann.

d „6-12-2010" ist ein zu oben alternatives Datumsformat. Warum kann dieses Format semantisch zu Schwierigkeiten führen, insbesondere bei der Kommunikation zwischen Europäern und Nordamerikanern?

2 Grundbestandteile der EBNF

a Schreiben Sie in Ihr Heft zu jeder der folgenden Regeln, was sie bedeutet:

i) F = "a" | "b" | ... |"z" .
ii) G = "A" | "B" | ... |"Z" .
iii) H = F {F} .
iv) J = [G] H .

b Beschreiben Sie in Worten, welche formale Sprache durch die Regeln definiert wird, wenn das Startsymbol J ist. Verdeutlichen Sie Ihre Antwort durch vier Zeichenketten. Dabei sollen zwei dieser Zeichenketten hinsichtlich der natürlichen Sprache Deutsch eine Semantik haben, zwei nicht.

c Zeichnen Sie den Ableitungsbaum zu einem Ihrer Beispiele.

d Bei einer Grammatik ist die Angabe des Startsymbols wichtig. Erläutern Sie dies, indem Sie in Worten auch die anderen drei Sprachen beschreiben, deren Syntax ebenfalls auf den in a) formulierten Regeln basiert, aber als Startzeichen F, G bzw. H hat.

3 Postadresse

Beschreiben Sie den Aufbau einer deutschen Postadresse mithilfe von EBNF.

4 Syntaxdiagramm

Abbildung 11 zeigt zwei Alternativen zum Syntaxdiagramm für eine Domäne in Abbildung 7.

a Ändern Sie die Regel R6 so ab, dass sie zu dem Syntaxdiagramm in Abbildung 11 oben passt.

b Begründen Sie knapp, warum das Syntaxdiagramm in Abbildung 11 oben besser zu der Übersetzungsregel „Variante der Wiederholungsklammer" aus Abbildung 6 passt.

c Begründen Sie, warum das Syntaxdiagramm in Abbildung 11 unten den gleichen Ausdruck beschreibt. Wann ist eine solche Darstellung möglich?

d Zeichnen Sie eine weitere Alternative.

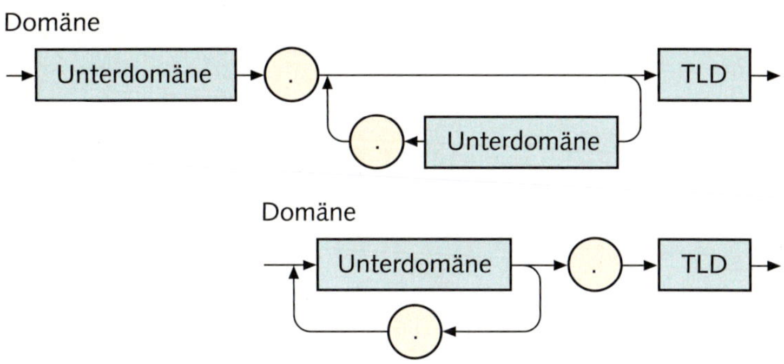

11 *Syntaxdiagramm für eine Domäne*

5 Grammatiken im Vergleich

Betrachten Sie die folgenden beiden Grammatiken über dem Alphabet { "o"; "t" }:

i) Grammatik G: Nichtterminale N = {S}, Startsymbol S,
Produktionsregel S = "o" "t" "t" "o" {"o" "t" "t" "o"}

ii) Grammatik G': Nichtterminale N = {A; B; C; D}, Startsymbol A,
Produktionsregeln A = B C { D C} B
B = "o"
C = "t" "t"
D = "o" "o"

a Welche Sprache S wird durch die Grammatik G festgelegt, welche Sprache S' durch die Grammatik G'? Begründen Sie Ihre Antwort für die Sprache S' durch die Ableitung mindestens zweier gültiger Zeichenketten mithilfe der Grammatik G'.

b Formulieren Sie einen Merksatz, aus dem hervorgeht, wie viele Sprachen durch eine Grammatik festgelegt werden und wie viele Grammatiken es zu einer Sprache gibt.

6 Zahlen

Beschreiben Sie mithilfe von EBNF folgende Zahlenmengen:

a natürliche Zahlen

b ganze Zahlen

c Kommazahlen

d Zahlen in wissenschaftlicher Darstellung mit Zehnerpotenzen

e Binärzahlen

7 Vom Syntaxdiagramm zur EBNF

Mithilfe der Tabelle in Abbildung 6 ist es nicht nur möglich, EBNF-Regeln in ein Syntaxdiagramm zu übersetzen, sondern auch umgekehrt.

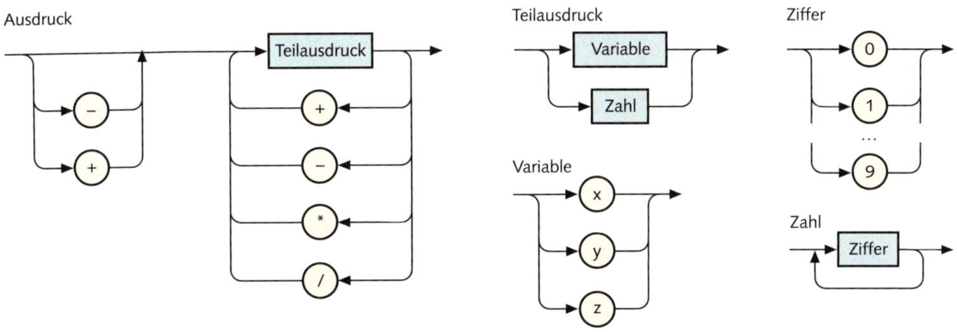

12 *Syntaxdiagramm einer noch nicht weiter beschriebenen formalen Sprache*

a Geben Sie die EBNF-Regeln zum Syntaxdiagramm in Abbildung 12 an.

b Nennen Sie zwei syntaktisch korrekte Zeichenketten der durch das Syntaxdiagramm bzw. die EBNF beschriebenen Sprache. Die Zeichenketten müssen so gewählt sein, dass jeder Teil des Syntaxdiagramms bzw. jede Regel der EBNF mindestens einmal verwendet wurde.

c Welche formale Sprache wird beschrieben? Was ist die Semantik der Option, die in den Regeln vorkommt?

8 Semantik formaler Sprachen

a Entscheiden Sie, welches bzw. welche der folgenden „Schildkrötenprogramm(e)" entsprechend den Regeln in Abbildung 9 syntaktisch falsch ist bzw. sind. Beschreiben Sie den Fehler.

i) R5[R4[F(50) +(90)] F(50)]

ii) F[80] +[120] R9(F[80] –[60]) L[60] F[80]

iii) F(100) +(60) F(90) +(60) F(80) +(60) F(70) +(60) F(60) +(60) F(50) +(60) F(40) +(60) F(30) +(60) F(20) +(60) R19[F(10) –(180)]

iv) R8[R4[F(–100) +(90)] –(20)]

b Geben Sie von den syntaktisch korrekten Programmen die Semantik an.

Aufgaben – Grammatiken im Anwendungszusammenhang

9 Richtlinien für Domänennamen durch die DENIC

Die Vergabe von Namen von Internetdomänen ist streng hierarchisch, d. h. für jede Top-Level-Domain gibt es eine Organisation, die die Namen der darunterliegenden Second-Level-Domains verwaltet (NIC, network information center). Für die Top-Level-Domain "de" heißt die zuständige Organisation DENIC. Ihre Richtlinien kann man unter Link 1 nachlesen. Der folgende Absatz gibt einen Ausschnitt mit leichten Vereinfachungen wieder:

„Eine Domain kann nur bestehen aus Ziffern (0 bis 9), Bindestrichen, den lateinischen Buchstaben A bis Z. Sie darf mit einem Bindestrich weder beginnen noch enden sowie nicht an der dritten und vierten Stelle Bindestriche enthalten. Groß- und Kleinschreibung werden nicht unterschieden. Die Mindestlänge einer Domain beträgt ein Zeichen."

a Was bedeutet „nicht an der dritten und vierten Stelle Bindestriche enthalten"? Überprüfen Sie Ihre Vermutung durch das Eingeben geeigneter Domänen in der Domain-Abfrage von www.denic.de.

b Erstellen Sie eine Grammatik, die die Syntax der Namen von Second-Level-Domains nach den Vorgaben des DENIC beschreibt.

c Recherchieren Sie Vorgaben eines NIC einer anderen Top-Level-Domain, die in mindestens einem Punkt von den Vorgaben der DENIC abweichen.

10 Euro-Geldbetrag

Durch das Syntaxdiagramm in der Abbildung 13 ist die Syntax für Euro-Geldbeträge festgelegt.

a Beschreiben Sie die Vorgaben an die Syntax in Worten.

b Notieren Sie die Syntaxregeln mithilfe der EBNF.

c Notieren Sie verschiedene Euro-Geldbeträge, die syntaktisch korrekt sind. Ihre Beispiele müssen so gewählt sein, dass jeder Pfeil aus dem oberen Teil des Syntaxdiagramms (Nichtterminal „Euro-Geldbetrag") mindestens einmal durchlaufen wurde.

d Notieren Sie zwei Euro-Geldbeträge mit mindestens fünf Zeichen, die syntaktisch falsch sind. Beschreiben Sie den Fehler in Worten.

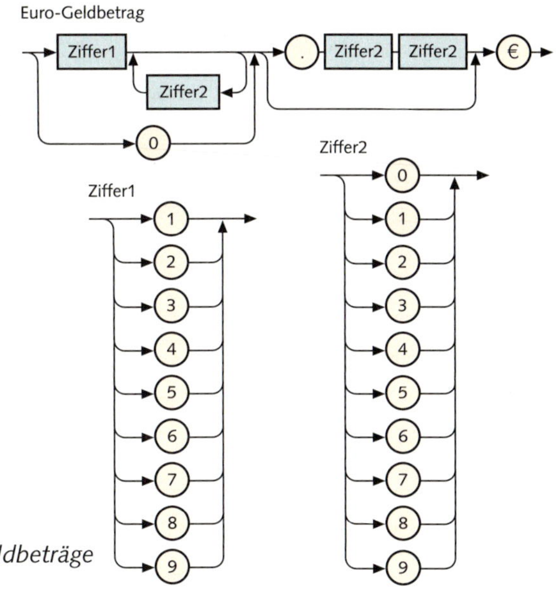

13 *Syntaxdiagramm für Euro-Geldbeträge*

11 Kfz-Kennzeichen

Autokennzeichen in Deutschland (Abbildung 14) haben folgenden Aufbau:

14 *Deutsches Autokennzeichen*

- Als EU-Kennzeichen haben sie links ein blaues Band mit den zwölf gelben Sternen der europäischen Flagge und darunter den Buchstaben D als Ländercode für Deutschland. Dieser Teil soll in der Aufgabe nicht berücksichtigt werden.
- Ein bis drei Buchstaben kennzeichnen den Verwaltungsbezirk, in dem das Fahrzeug angemeldet ist, beispielsweise M für die Stadt München oder BAR für den Landkreis Barnim. Dieser Teil wird Unterscheidungszeichen genannt.
- Ein bis zwei Buchstaben und eine ein- bis vierstellige Zahl (führende Nullen sind nicht erlaubt!) ermöglichen eine Identifikation des Fahrzeugbesitzers innerhalb des Verwaltungsbezirks. Dieser Bestandteil des Kennzeichens wird Erkennungsnummer genannt (obwohl auch Buchstaben dazugehören).
- Unterscheidungszeichen und Erkennungsnummer sind durch Plaketten getrennt. In dieser Aufgabe wird wie bei älteren Kennzeichen ein Bindestrich als Trennzeichen verwendet.

a Entscheiden Sie, welche der folgenden Autokennzeichen syntaktisch falsch sind, und begründen Sie dies knapp.

i) AN – NA 1998 ii) FÜ – R 48484 iii) P1 – JO 42
iv) LAU – T 9999 v) IN – 12 PC

b Begründen Sie, warum das Autokennzeichen TOR – TE 3 syntaktisch korrekt, aber semantisch falsch ist. Zur Begründung benötigen Sie eine kurze Recherche.

c Wie viele verschiedene Kennzeichen sind möglich, wenn die Erkennungsnummer aus einem Buchstaben und vier Ziffern besteht, d. h. im Bereich von A 1000 bis Z 9999 liegt?
Schätzen Sie ab, ob dies für München ausreichend ist.

d Geben Sie eine Grammatik mithilfe der EBNF an, die die Syntax von Autokennzeichen beschreibt.

e Erstellen Sie ein Syntaxdiagramm zu der Grammatik aus d).

f Bis zum 28. Februar 2007 zugelassene Behördenkennzeichen enthalten in der Erkennungsnummer keine Buchstaben, sondern nur Ziffern. Die Unterscheidungszeichen kennzeichnen den Verwaltungsbezirk, in dem die Behörde liegt. Ergänzen bzw. modifizieren Sie Ihre Grammatik aus d) und e), wenn die Ziffernfolge maximal die Länge 4 hat.

g Recherchieren Sie, welche Semantik in der Ziffernfolge der Erkennungsnummer von Behördenkraftfahrzeugen enthalten ist.

h Insgesamt sind auf einem Autokennzeichen maximal acht Zeichen (ohne Trennzeichen) erlaubt. Für Verwaltungsbezirke mit drei Buchstaben hat dies zur Folge, dass dort entweder die Erkennungsnummer nur einen Buchstaben oder höchstens drei Ziffern haben darf. Ergänzen bzw. modifizieren Sie Ihre Grammatik aus e).

i Die Vorgaben/Ausnahmen an Kfz-Kennzeichen sind durch die bisherige Auflistung keineswegs erschöpft. Ausnahmen gelten für die Bundeswehr, die Leitungsebene oberster Bundesbehörden, Landesbehörden und Landtage usw. Umstellungen bei den Behörden erfolgen aktuell durch die seit dem 1. März 2007 gültige Verordnung über die Zulassung von Fahrzeugen zum Straßenverkehr. Recherchieren Sie für einen Spezialfall die Regeln für die entsprechenden Kfz-Kennzeichen und ergänzen Sie entsprechend Ihre Grammatik aus h).

j Über Videoüberwachung und Texterkennung kann eine automatische Nummernschilderkennung zur Erhebung von Mautgebühren (z. B. Brennerpass, Innenstadt von London) und Verkehrsüberwachung (Geschwindigkeits- und Abstandsmessungen) genutzt werden. Den Nutzungsmöglichkeiten dieser Technik stehen Bedenken von Datenschützern gegenüber.
Führen Sie mit Ihrem Banknachbarn eine sachliche Diskussion zum Thema automatische Nummernschilderkennung durch. Einer von Ihnen übernimmt die Rolle eines Polizisten und argumentiert für die Technik, der andere argumentiert als Datenschützer dagegen.

12 SQL

Erstellen Sie eine Sprachbeschreibung von Datenbankabfragen in SQL durch EBNF. Beschränken Sie sich dabei auf sehr einfache Abfragen. Beschreiben Sie Ihre Beschränkungen mit Worten.
Beschreiben Sie in Worten auch knapp die Semantik dieser formalen Sprache.

13 Formale Sprache

a Suchen Sie selbst eine formale Sprache, die Ihnen bereits einmal begegnet ist. Beschreiben Sie diese mithilfe einer Grammatik. (Programmiersprachen sind nicht erlaubt!)

b Recherchieren Sie die Syntax einer Programmiersprache im Internet, einmal als EBNF, einmal als Syntaxdiagramm.

Aufgaben – Alles klar?

14 Grammatiken formaler Sprachen

a Was sind die Bestandteile einer (informatischen) Grammatik?

b Warum wird durch eine Grammatik eine formale Sprache festgelegt?

c Welche Metazeichen gibt es in der EBNF?

d Wie lassen sich die einzelnen Bestandteile der EBNF in ein Sytaxdiagramm übersetzen?

3 Endliche Automaten

Mithilfe einer Grammatik und ihrer Regeln kann man alle Zeichenketten einer formalen Sprache erzeugen. Thema dieses Kapitels ist es nun umgekehrt, durch Automaten zu überprüfen, ob eine Zeichenkette hinsichtlich einer formalen Sprache syntaktisch korrekt ist.

Erkennende Automaten

Formale Sprachen werden durch eine Grammatik, eine EBNF oder ein Syntaxdiagramm festgelegt. Nach der Festlegung einer formalen Sprache tritt die Anforderung, automatisiert durch ein Programm gültige Zeichenketten zu produzieren, nur selten auf. In der Regel erzeugen wir Menschen als Anwender von Computersystemen solche Zeichenketten, um darüber mit der Maschine zu kommunizieren. Beispielsweise verfassen Entwickler Quelltexte in Programmiersprachen, um Software zu erstellen. Die Maschine (in diesem Beispiel das Programm zum Übersetzen der Programmiersprache) muss dann nach Eingabe des Quelltextes als erstes prüfen, ob die Zeichenketten zur formalen Sprache gehören. Nur im Fall der syntaktischen Korrektheit ist die Basis für eine funktionierende Kommunikation gegeben und eine Weiterverarbeitung des Quelltextes zu einem lauffähigen Programm möglich.
Wie kann man mit einem Computer die syntaktische Korrektheit einer Zeichenkette überprüfen? Zu jeder interessierenden formalen Sprache muss dafür ein Programm erstellt werden. Beim Aufruf einer Methode wird als Eingabewert die zu überprüfende Zeichenkette übergeben. Je nachdem, ob die Zeichenkette zur Sprache gehört oder nicht, wird als Rückgabe „true" bzw. „false" ausgegeben. Abbildung 1 veranschaulicht dieses Prinzip am Beispiel der E-Mail-Adresse aus Kapitel 2.

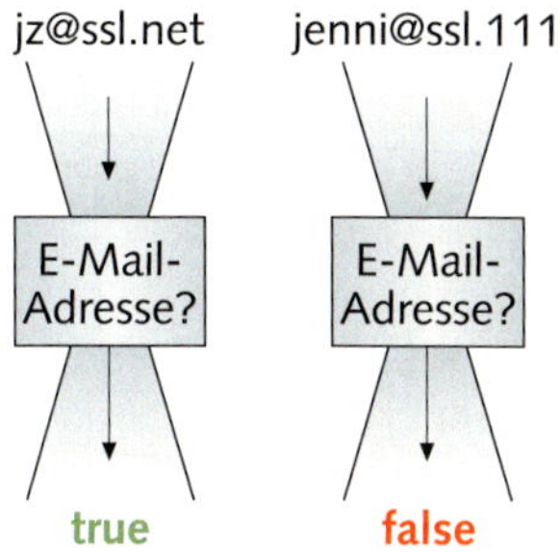

1 Maschine zur Überprüfung, ob ein eingegebenes Wort zur Sprache gehört oder nicht

Zustandsdiagramme wurden schon im Rahmen der objektorientierten Modellierung und Programmierung zur Modellierung von Abläufen verwendet. Sie können auch dazu genutzt werden, Zeichenketten auf syntaktische Korrektheit zu überprüfen. In diesem Fall nennt man sie erkennende Automaten. Abbildung 2 zeigt einen **erkennenden Automaten** zur formalen Sprache einer vereinfachten E-Mail-Adresse. Aus Gründen der Übersichtlichkeit beschränkt sich dieser Automat auf E-Mail-Adressen, die neben der Top-Level-Domain nur eine Unterdomäne haben.

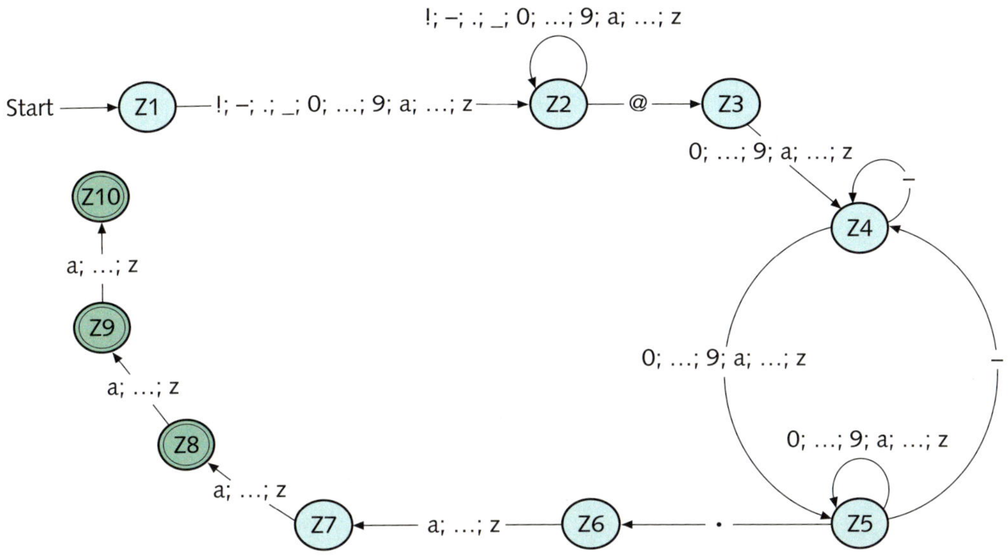

2 Erkennender Automat für vereinfachte E-Mail-Adressen (vgl. auch Abbildung 3)

? Welche Bestandteile des Automaten decken sich mit denen eines Zustandsdiagramms? Wo gibt es Abweichungen?

Die Bestandteile des erkennenden Automaten in Abbildung 2 sind identisch mit denen der Zustandsdiagramme aus der Mittelstufe: Zustände, Zustandsübergänge, ein Startzustand. Neu hinzu kommt eine Menge von Endzuständen. Endet die Syntaxüberprüfung in einem dieser Endzustände, so ist die untersuchte Zeichenkette syntaktisch korrekt, andernfalls nicht. Die Zustandsübergänge sind bei erkennenden Automaten mit Terminalzeichen beschriftet. Wird eines dieser Terminalzeichen eingelesen, so wird der Übergang ausgelöst. Alle für die Sprache erlaubten Terminalsymbole werden im Eingabealphabet zusammengefasst. Da die Menge der Zustände endlich viele Elemente hat, nennt man diesen Automatentyp einen **endlichen Automaten**. In Abbildung 3 sind die Bestandteile eines erkennenden endlichen Automaten mit kurzen Erklärungen und Beispielen zusammengefasst.

Bestandteil	Erklärung	Beispiel E-Mail-Adresse
endliche Menge von Zuständen Z	Bei der Überprüfung, ob die eingegebene Zeichenkette zur Sprache gehört, werden verschiedene Zustände durchlaufen.	Z = {Z1; Z2; Z3; …; Z10} Symbol für einen Zustand: (Z1)
Eingabealphabet A	Menge aller Terminalsymbole	A= {!; -; .; _; @; a; b; …; z; 0; 1; …; 9}
Zustandsübergänge	Die Kanten der Zustandsübergänge sind beschriftet mit Zeichen des Eingabealphabets. Wird eines dieser Terminalzeichen eingelesen, so wird der Übergang ausgelöst. Alle Zustandsübergänge können dem Zustandsdiagramm entnommen werden.	Exemplarischer Zustandsübergang aus Abbildung 2: (Z2) —@→ (Z3) Befindet sich der Automat im Zustand Z2 und wird das Zeichen "@" gelesen, so geht er in den Zustand Z3 über.
Startzustand S	Zustand, bei dem mit der Überprüfung begonnen wird. Hinweis: Das Wort Start wird bei der Kennzeichnung des Startzustands im Diagramm häufig weggelassen.	S = Z1 Symbol: Start → (Z1) → (Z1)
Menge von Endzuständen E	Der Automat stoppt, wenn kein Übergang mehr möglich ist. Ist der Zustand, in dem angehalten wird, als Endzustand ausgezeichnet und wurden alle Zeichen der Zeichenkette gelesen, so wird sie akzeptiert. Andernfalls ist sie nicht in der Sprache enthalten.	E = {Z8; Z9; Z10} Symbol: ((Z9)) (Der Zustand ist doppelt umrandet.)

***3** Bestandteile eines erkennenden endlichen Automaten*

Arbeitsweise eines erkennenden endlichen Automaten

Ein erkennender Automat arbeitet die zu überprüfende Zeichenkette Zeichen für Zeichen ab. Pro Zustandsübergang wird ein Zeichen verarbeitet. Abhängig von diesem Zeichen wird der Folgezustand ausgewählt. Die ursprüngliche Zeichenkette verkürzt sich um dieses Zeichen zu einer Restzeichenkette. Die Überprüfung durch den Automaten ist dann beendet, wenn diese Restzeichenkette leer ist. Abbildung 4 zeigt die Arbeitsweise des Automaten aus Abbildung 2 am Beispiel der Eingabe jz@ssl.net:

aktueller Zustand	zu überprüfende Restzeichenkette	erstes Zeichen in der Restzeichenkette	passender Zustandsübergang und Bemerkung
Z1	jz@ssl.net	j	Z1 — !; –; .; _; 0; …; 9; a; …; z → Z2 Der neue Zustand ist Z2. Die zu überprüfende Restzeichenkette wird um das eingelesene j zu z@ssl.net verkürzt.
Z2	z@ssl.net	z	Der Zustand bleibt Z2. Die zu überprüfende Restzeichenkette wird um das eingelesene z zu @ssl.net verkürzt. Z2 (Schleife): !; –; .; _; 0; …; 9; a; …; z
Z2	@ssl.net	@	Z2 — @ → Z3 Der neue Zustand ist Z3. Die zu überprüfende Restzeichenkette wird um das eingelesene @ zu ssl.net verkürzt.

***4** Anfang der Überprüfung der E-Mail-Adresse jz@ssl.net mithilfe des Automaten aus Abbildung 2*

Abbildung 5 zeigt alle zehn Schritte bei der Überprüfung der Zeichenkette jz@ssl.net als Zustandsfolge. Nach der vollständigen Abarbeitung der Eingabe befindet sich der Automat im Endzustand Z9. Deshalb wird die Zeichenkette als zur Sprache zugehörig akzeptiert.

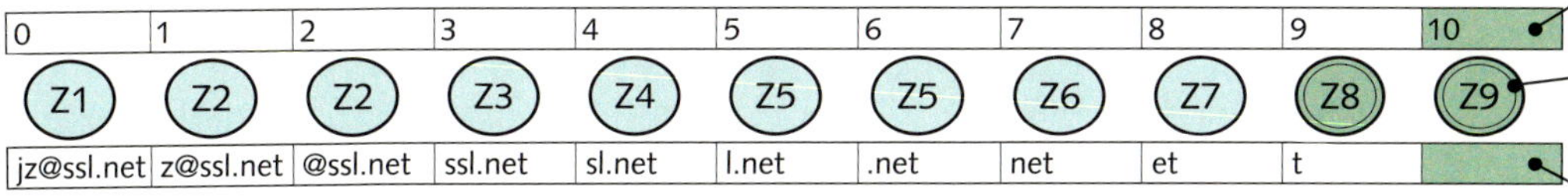

Der Automat akzeptiert die Eingabe nach zehn Schritten,

da er sich in einem Endzustand befindet

und die Restzeichenkette leer ist.

***5** Zustandsfolge und zugehörige Restzeichenkette bei der Überprüfung der Zeichenkette jz@ssl.net – die E-Mail-Adresse wird akzeptiert.*

Ein Beispiel für eine nicht zur formalen Sprache gehörende Zeichenkette ist jenni@ssl.z. Bei der Überprüfung endet der Automat wieder, wenn die Restzeichenkette leer ist. Er befindet sich dann im Zustand Z7 (Abbildung 6). Da dies jedoch kein Endzustand ist, akzeptiert er das Wort nicht.

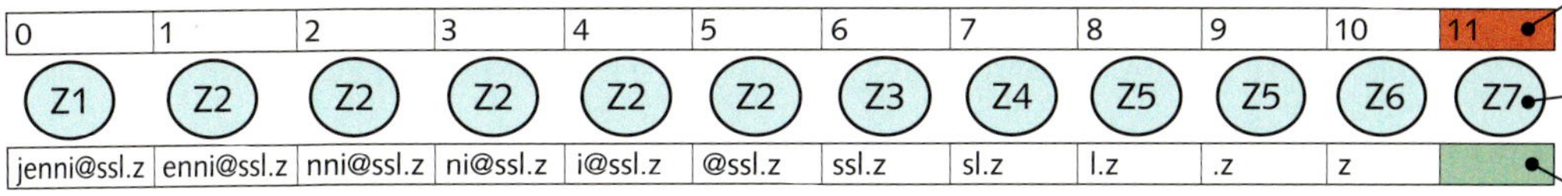

Der Automat lehnt die Eingabe nach elf Schritten ab,

da er sich nicht in einem Endzustand befindet.

Die Restzeichenkette ist leer.

***6** Zustandsfolge und zugehörige Restzeichenkette bei der Überprüfung der Zeichenkette jenni@ssl.z – die E-Mail-Adresse wird nicht akzeptiert.*

Für das Ende einer Überprüfung durch den Automaten gibt es noch eine grundsätzlich verschiedene Variante.

Nach wie vielen Schritten endet die Überprüfung der Zeichenketten jenni@ssl.111 bzw. jz@ssl.netzwerk? Befindet sich der Automat nach dem Ende jeweils in einem Endzustand? Sind die beiden E-Mail-Adressen gültig?

?

Beide E-Mail-Adressen sind nicht gültig, da die Top-Level-Domain Zahlen enthält bzw. länger als vier Buchstaben ist. Bei der Überprüfung dieser beiden Zeichenketten durch den Automaten ist jeweils nach zehn Schritten kein weiterer Zustandsübergang möglich, obwohl die Restzeichenkette nicht leer ist (siehe Abbildung 7 für jz@ssl.netzwerk). Eine durch einen erkennenden Automat überprüfte Zeichenkette wird nicht akzeptiert, wenn der Automat stoppt, bevor die Restzeichenkette leer ist. Somit ist das Anhalten des Automaten in einem Endzustand kein ausreichendes Kriterium.

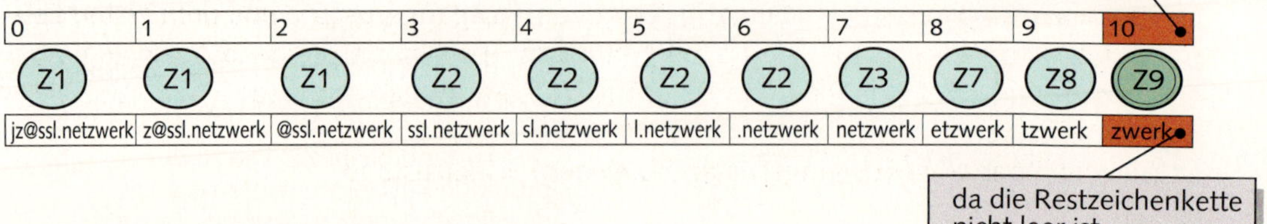

7 Zustandsfolge und zugehörige Restzeichenkette bei der Überprüfung der Zeichenkette jz@ssl.netzwerk – die E-Mail-Adresse wird nicht akzeptiert.

Noch ein Zustand für den Automaten

? Wie muss man den Automaten aus Abbildung 2 ergänzen, sodass das Anhalten in einem Endzustand doch ein ausreichendes Kriterium für die Akzeptanz ist? Wie kann man erreichen, dass der Automat nur nach Abarbeitung aller Zeichen des Eingabeworts stoppt?

Sollte nach dem Erreichen des Endzustands Z10 die Restzeichenkette noch nicht leer sein, dann ist die eingegebene E-Mail-Adresse (z. B. jz@ssl.netzwerk) syntaktisch falsch. Der Endzustand Z10 muss wieder verlassen werden. Der Zielzustand eines Übergangs aus Z10 heraus muss ergänzt werden. Dieser Zustand wird Z11 genannt und er hat die Bedeutung „syntaktisch falsche Eingabe". Auch wenn im Zustand Z6 eine Ziffer gelesen wird, muss ein Übergang nach Z11 erfolgen, weil die Top-Level-Domain nur aus Buchstaben bestehen darf. Ebenso, wenn im Zustand Z1 das Zeichen "@" gelesen wird, denn der Benutzername muss mindestens ein Zeichen haben. Fügt man nach dem gleichen Prinzip weitere Zustandsübergänge hinzu, so ist von jedem Zustand bei jedem Eingabezeichen ein Übergang möglich (Abbildung 8). Ist der Automat einmal in Z11, kann er diesen Zustand nicht mehr verlassen. Aus diesem Grunde spricht man von einem **Fangzustand**. Zur besseren Lesbarkeit wurden alle Übergänge in den Fangzustand rot gekennzeichnet und die Abkürzungen A (für das gesamte Alphabet) und AOB (für das Alphabet ohne Buchstaben) verwendet.
Der Automat stoppt nun immer nach der Abarbeitung aller Zeichen des Eingabeworts.

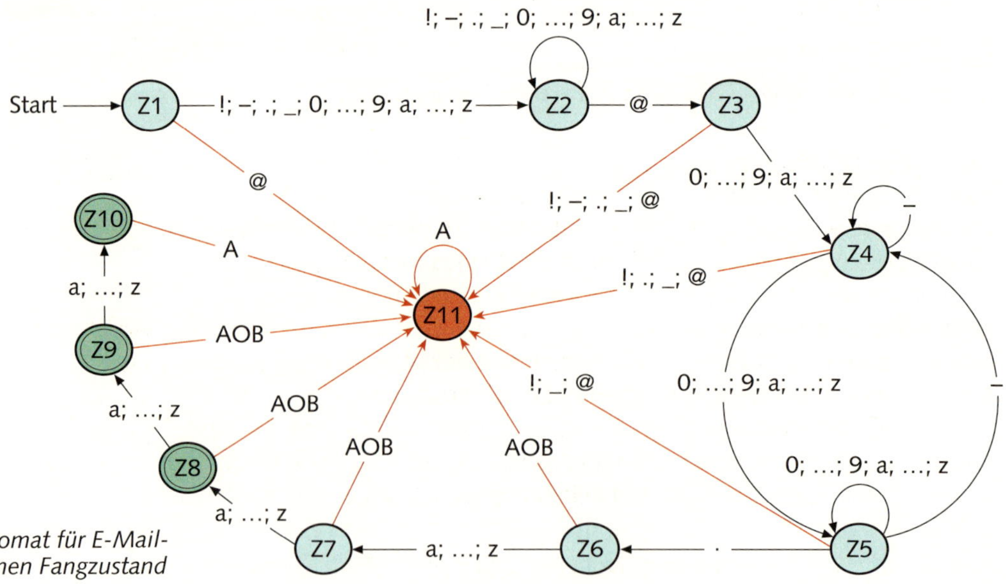

8 Erkennender endlicher Automat für E-Mail-Adressen, ergänzt durch einen Fangzustand

Hinweise:

- Endliche Automaten, bei denen es zu jedem Zustand bei jedem Eingabezeichen einen Zustandsübergang gibt, nennt man **vollständige Automaten**. Vollständige Automaten stoppen immer erst dann, wenn alle Zeichen abgearbeitet sind.
- Der Zielzustand bei einem Übergang hängt vom Ausgangszustand und dem ersten Zeichen der Restkette ab. Damit ist mathematisch gesehen der Zustandsübergang eine Funktion mit zwei Eingabewerten. Statt f(x, z) würde man mit sprechenden Bezeichnern schreiben:
  Zustandsübergang(Ausgangszustand, Zeichen) = Zielzustand

Zusammenhang zwischen Automaten und Grammatik

4

Grammatiken sind die wichtigste Form der eindeutigen Festlegung von formalen Sprachen. Im letzten Kapitel konnten Grammatikregeln in EBNF schematisch in ein Syntaxdiagramm übersetzt werden. Leider ist so eine schematische Übersetzung der Grammatik aus Kapitel 2 (siehe dort Abbildungen 1 und 2) direkt in den endlichen Automaten aus Abbildung 2 nicht möglich. Es gibt jedoch eine andere Grammatik G', die die gleiche formale Sprache wie die Grammatik aus Kapitel 2 festlegt und die der Arbeitsweise des endlichen Automaten so nahe kommt, dass eine direkte Übersetzung möglich ist. Um diese Nähe zu verdeutlichen, werden bei der Grammatik G' als Nichtterminalsymbole nur die Bezeichner für die Zustände gewählt, d. h. N = {Z1; Z2; …; Z11}. Z1 ist der Startzustand bzw. das Startsymbol, die Menge der Terminalsymbole ist T = {"0"; "1"; …;"9"; "a"; "b"; …; "z"; "-"; "_"; "."; "!"; "@"} und es gelten folgende Produktionsregeln:

```
R1'   Z1 = ("a" | "b" | … | "z" | "0" | "1" | … | "9" | "!" | "-" | "." | "_") Z2 | "@" Z11 .
R2'   Z2 = ("a" | "b" | … | "z" | "0" | "1" | … | "9" | "!" | "-" | "." | "_") Z2 | "@" Z3 .
R3'   Z3 = ("a" | "b" | … | "z" | "0" | "1" | … | "9" ) Z4 | ("!" | "-" | "." | "_"| "@") Z11 .
R4'   Z4 =  "-" Z4 | ("a" | "b" | … | "z" | "0" | "1" | … | "9" ) Z5 | ("!" | "." | "_"| "@") Z11 .
R5'   Z5 = ("a" | "b" | … | "z" | "0" | "1" | … | "9" ) Z5  | "-" Z4 | "." Z6 | ( "!" | "_" | "@") Z11 .
R6'   Z6 = ("a" | "b" | … | "z" ) Z7 | ("0" | "1" | … | "9" | "!" | "-" | "." | "_" | "@") Z11 .
R7'   Z7 = ("a" | "b" | … | "z")  Z8 | ("0" | "1" | … | "9" | "!" | "-" | "." | "_" | "@") Z11 | ("a" | "b" | … | "z") .
R8'   Z8 = ("a" | "b" | … | "z")  Z9 | ("0" | "1" | … | "9" | "!" | "-" | "." | "_" | "@") Z11 | ("a" | "b" | … | "z") .
R9'   Z9 = ("a" | "b" | … | "z")  Z10 | ("0" | "1" | … | "9" | "!" | "-" | "." | "_"| "@") Z11 | ("a" | "b" | … | "z") .
R10'  Z10 = ("a" | "b" | … | "z" | "0" | "1" | … | "9" | "!" | "-" | "." | "_"| "@") Z11 .
R11'  Z11 = ("a" | "b" | … | "z" | "0" | "1" | … | "9" | "!" | "-" | "." | "_"| "@") Z11 .
```

***9** Regeln der Grammatik G' zur Erzeugung einer E-Mail-Adresse*

Abbildung 10 zeigt am Beispiel jz@ssl.net, wie mithilfe dieser Grammatik G' gültige E-Mail-Adressen produziert werden können.
Ein Vergleich von Abbildung 10 und Abbildung 5 macht deutlich, dass sowohl die Grammatik als auch der Automat in jedem Schritt genau ein Zeichen verarbeiten. Dabei verkürzt der erkennende endliche Automat zeichenweise von links nach rechts die Zeichenkette, um am Ende entscheiden zu können, ob die E-Mail-Adresse korrekt ist (Abbildung 5). Im Gegensatz dazu verkürzen die Regeln von Grammatiken nicht, sondern bauen Zeichenketten schrittweise auf. Im Beispiel von G' kommt pro Regelanwendung ein Terminalsymbol hinzu, die gültige Zeichenkette wird von links nach rechts zeichenweise aufgebaut (Abbildung 10).

Ableitung	Regel, die angewendet wird
Z1	R1'
j Z2	R2'
jz@ Z3	R2'
jz@ sZ4	R3'
jz@ ssZ5	R4'
jz@ sslZ5	R5'
jz@ ssl.Z6	R6'
jz@ ssl.nZ7	R7'
jz@ ssl.neZ8	R8'
jz@ ssl.net	

***10** Ableitung der E-Mail-Adresse jz@ssl.net mit den Regeln der Grammatik G'*

Implementierung eines endlichen Automaten

Bisher wurde der erkennende Automat nur in Form eines Zustandsdiagramms gezeichnet. Er dient als Konstruktionsplan für ein Programm zum Überprüfen der Zugehörigkeit einer Zeichenkette zu einer Sprache. Im Folgenden wird der Aufbau solcher Programme zur Syntaxüberprüfung am Beispiel der E-Mail-Adressen erklärt.

? Wie wurden in früheren Jahrgangsstufen Zustandsdiagramme umgesetzt? Welche Attribute und Methoden sind für eine Klasse AUTOMAT_E_MAIL sinnvoll?

Bei der Implementierungen von Zustandsdiagrammen ist der aktuelle Zustand ein sehr wichtiges Attribut, weil von seinem Wert das weitere Verhalten des Automaten abhängt. Im Konstruktor muss der Wert von aktuellerZustand auf den Startzustand gesetzt werden. Welcher Zustandsübergang f(x, z) ausgeführt wird, hängt ab vom aktuellen Zustand x und vom aktuell zu verarbeitenden Zeichen z. Es sind also zwei Schritte notwendig:

① Eingrenzen der möglichen Zustandsübergänge aufgrund des aktuellen Zustands – nur die Zustandsübergänge kommen in Betracht, die vom aktuellen Zustand ausgehen.

② Durchführen des Zustandsübergangs abhängig vom aktuellen Zeichen.

Es ist sinnvoll, diese zwei Schritte in unterschiedlichen Methoden auszuführen.

zu ① Die Methode *ZeicheneingabeWeiterleiten* beauftragt abhängig vom aktuellen Zustand jeweils eine darauf spezialisierte Methode, das Zeichen zu verarbeiten und damit den Zustandsübergang durchzuführen. Wenn beispielsweise Z1 der aktuelle Zustand ist, wird die Methode *Z1ZeicheneingabeBearbeiten* aufgerufen, wenn der aktuelle Zustand Z2 ist, die Methode *Z2ZeicheneingabeBearbeiten* usw. Da Automaten mehrere Zustände haben, eignet sich die Mehrfachauswahl für den Rumpf dieser Methode. Das geeignete Auswahlkriterium für diese Mehrfachauswahl ist der Wert des Attributs aktuellerZustand. Die Methode *ZeicheneingabeWeiterleiten* hat als Eingabewert das aktuell zu verarbeitende Zeichen, weil sie dieses in Form eines Eingabewerts an die Methode *ZxZeicheneingabeBearbeiten* weitergeben muss.

Z1	Z2	…	Z11
Z1Zeicheneingabe Bearbeiten(zeichen)	Z2Zeicheneingabe Bearbeiten(zeichen)	…	Z11Zeicheneingabe Bearbeiten(zeichen)

***10** Struktogramm der Methode ZeicheneingabeWeiterleiten(char zeichen)*

zu ② Die Methode *ZxZeicheneingabeBearbeiten* hat als Eingabewert das aktuelle Zeichen. Es wird als Auswahlkriterium einer Mehrfachauswahl verwendet, um über eine Zuweisung den aktuellen Zustand auf den neuen Wert zu setzen.

'@'	'_'	'.'	…	'z'	sonst
aktuellerZustand = 11	aktuellerZustand = 2	aktuellerZustand = 2	…	aktuellerZustand = 2	konsole.Ausgeben ("Unerlaubtes Zeichen wurde eingegeben.") aktuellerZustand = 11

***11** Struktogramm der Methode void Z1ZeicheneingabeBearbeiten(char zeichen)*

Das beschriebene Vorgehen muss nun für alle Zeichen der eingegebenen Zeichenkette durchgeführt werden. Dies geschieht in einer eigenen Methode mit dem Namen *IstEingabeAkzeptiert*. Dort wird die Methode *ZeicheneingabeWeiterleiten* zuerst mit dem ersten Zeichen der Zeichenkette aufgerufen, dann mit dem zweiten usw. Das Sequenzdiagramm in Abb. 12 zeigt die Methodenaufrufe bei der Überprüfung der E-Mail-Adresse jz@ssl.net auf syntaktische Korrektheit.

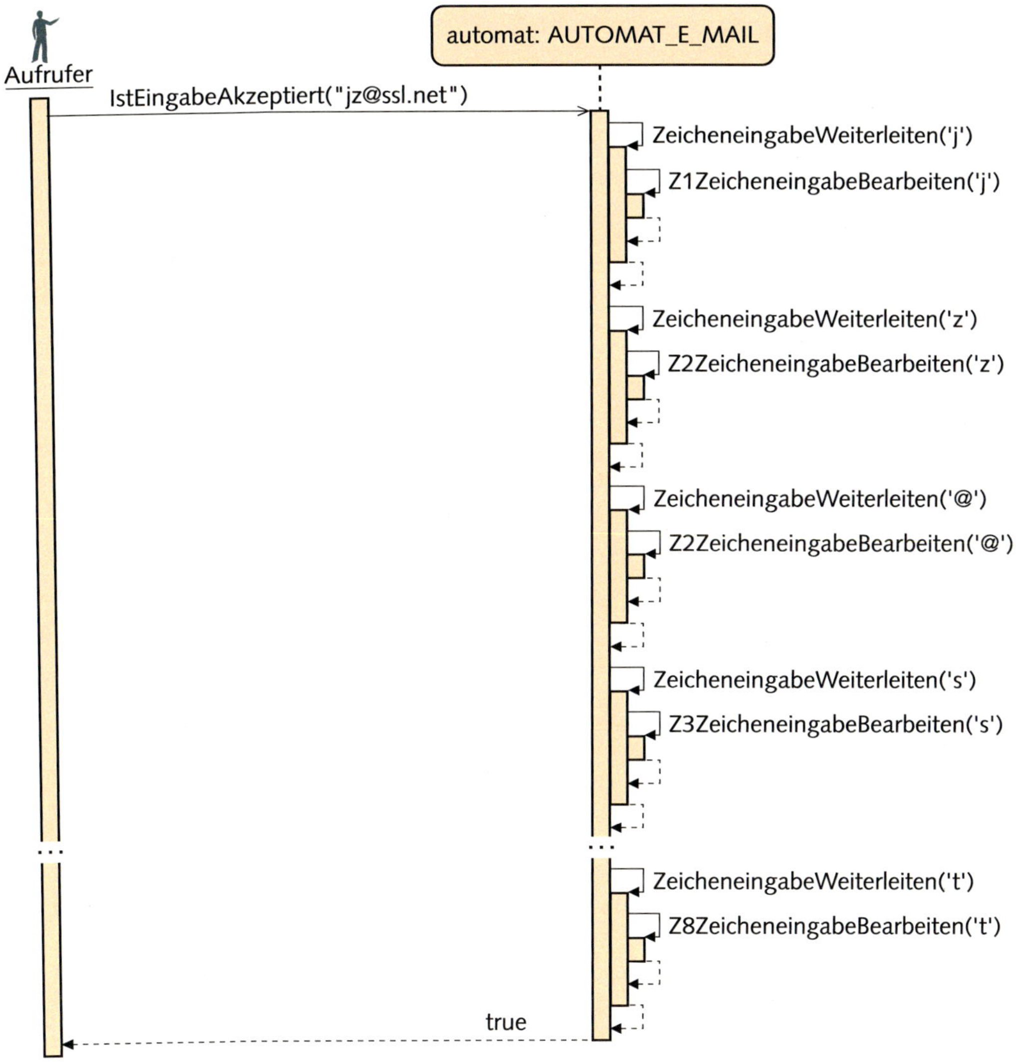

12 *Methodenaufrufe bei der Überprüfung der Zeichenkette jz@ssl.net*

Ist nach der Verarbeitung aller Zeichen der eingegebenen Zeichenkette der aktuelle Zustand einer der Endzustände, so wird das Wort akzeptiert, der Rückgabewert ist true. Andernfalls ist der Rückgabewert false.
Die Übersicht auf der nächsten Seite fasst die Arbeitsweise der Methode *IstEingabeAkzeptiert* in Pseudocode zusammen:

Klasse AUTOMAT_E_MAIL
Methode boolean IstEingabeAkzeptiert(String zeichenkette)

```
// lokales Attribut zur Speicherung der noch zu überprüfenden Zeichen
String restzeichenkette = zeichenkette

// Abarbeitung der Zeichenkette Zeichen für Zeichen
zähle i von 1 bis zeichenkette.länge()
   ZeicheneingabeWeiterleiten(restzeichenkette.ZeichenGebenAnDerStelle(0))
   // die Restzeichenkette wird um das vorderste Zeichen verkürzt
   restzeichenkette = restzeichenkette.TeilzeichenketteGebenAbDerStelle(1)
endezähle

// Überprüfung, ob sich der Automat in einem Endzustand befindet
wenn (aktuellerZustand == 8 || aktuellerZustand == 9 || aktuellerZustand == 10)
   dann
      return true
   sonst
      return false
endewenn
```

AUTOMAT_E_MAIL
int aktuellerZustand
AUTOMAT_E_MAIL() void ZeicheneingabeWeiterleiten(char zeichen) void Z1ZeicheneingabeBearbeiten(char zeichen) void Z2ZeicheneingabeBearbeiten(char zeichen) ... void Z11ZeicheneingabeBearbeiten(char zeichen) boolean IstEingabeAkzeptiert(String zeichenkette)

Bestandteile eines endlichen Automaten sind eine **endliche Menge von Zuständen**, ein **Eingabealphabet**, **Zustandsübergänge**, ein **Startzustand** und mindestens ein **Endzustand**.

Ob eine Zeichenkette zu einer Sprache gehört, lässt sich mit einem Automaten überprüfen. Die zu überprüfende Zeichenkette wird vom Automaten zeichenweise abgearbeitet, bis kein Übergang mehr möglich ist. Die Zeichenkette wird akzeptiert, falls sie vollständig abgearbeitet wurde und der Automat sich am Ende der Abarbeitung in einem Endzustand befindet. Andernfalls wird die Zeichenkette abgelehnt. Automaten, die eine Sprachzugehörigkeit einer Zeichenkette überprüfen, werden **erkennende Automaten** genannt.

Ein erkennender endlicher Automat lässt sich als Programm mithilfe von zwei Mehrfachauswahlen umsetzen, eine für den Zustand, eine für das aktuell zu verarbeitende Zeichen.

Aufgaben – Endliche Automaten

1 Datum

Für die Form eines Datums gilt häufig die Vorgabe TT.MM.JJJJ. Das heißt, der Tag und der Monat müssen zweistellig eingegeben werden, das Jahr vierstellig, z. B. 04.07.2010.

a Erstellen Sie einen endlichen Automaten mit dem Alphabet { .; 0; 1; 2; …; 9}, der nur Datumsangaben dieses Formats akzeptiert. Zusätzlich gelten entsprechend der Semantik des Datums folgende weitere Einschränkungen:
- Die zwei Ziffern für den Tag müssen eine Zahl bilden, die kleiner gleich 31 ist.
- Die zwei Ziffern für den Monat müssen eine Zahl bilden, die kleiner gleich 12 ist.
- Die Jahresangabe muss im 20. oder 21. Jahrhundert liegen.

b Verändern Sie den endlichen Automaten aus Teilaufgabe a) so, dass für den Monat nicht die Ziffern für den Februar erlaubt sind, wenn auf den ersten beiden Stellen die Ziffern "3" und "0" stehen. Analog dazu ist der Tag 31 nur für die Monate Januar, März, Mai, Juli, August, Oktober und Dezember erlaubt.

2 Automatentraining mit ab-Sprachen

An der Universität werden häufig zu Übungs- und Prüfungszwecken Sprachen bzw. Automaten über das Alphabet {a; b} verwendet. Hier einige Beispiele:
Erstellen Sie einen erkennenden endlichen Automaten für

a alle Zeichenketten, die mit zwei b enden;

b alle Zeichenketten, bei denen mindestens einmal drei a oder drei b hintereinanderstehen;

c alle Zeichenketten, die mit a beginnen, mit b enden und deren Länge durch drei teilbar ist.

Welche ab-Sprachen werden durch die Automaten in Abbildung 13 akzeptiert? Beschreiben Sie die Sprache in Worten und geben Sie je zwei Zeichenketten an, die akzeptiert bzw. abgelehnt werden. Beschreiben Sie die Arbeitsweise des Automaten über die Bedeutung der Zustände.

d
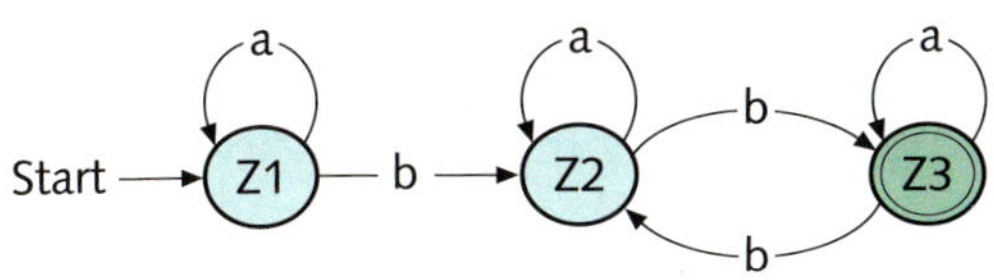

e
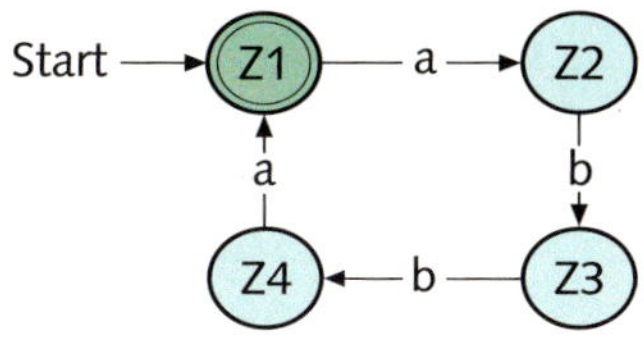

f
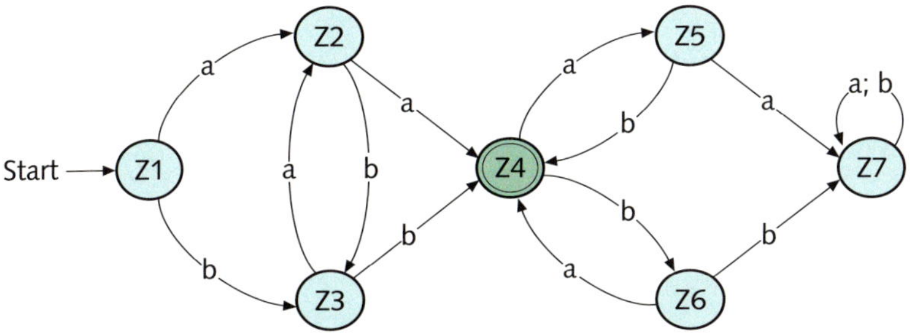

13 *Akzeptoren für ab-Sprachen*

g Ergänzen Sie den Automaten aus e) im Heft so, dass er vollständig wird.

Weitere Übungsmöglichkeiten gibt es mit dem Programm Exorciser. Es enthält Aufgaben sowie die Möglichkeit, einfach Zustandsdiagramme zu erstellen, und die Möglichkeit der automatischen Überprüfung der eigenen Lösung. Es kann unter Link 2 heruntergeladen werden; eine Installation ist nicht notwendig.

13

3 Sicherheitsüberprüfung von Passwörtern

Ein Passwort wird als sicher eingestuft, wenn es mindestens einen Kleinbuchstaben, mindestens einen Großbuchstaben, mindestens ein Sonderzeichen (S) sowie mindestens eine Ziffer (Z) enthält und mindestens elf Stellen lang ist. Ein Automat zur Überprüfung dieser Vorgaben hat mehr als 100 Zustände! Deswegen beschränken wir uns in dieser Aufgabe auf nicht ausreichend sichere Anforderungen an Passwörter; bei Buchstaben (B) wird nicht zwischen Klein- und Großbuchstaben unterschieden.

a Erstellen Sie einen endlichen Automaten zur Überprüfung von Passwörtern mit einer Mindestlänge von vier Zeichen und den weiteren Vorgaben i) bis iii). Verwenden Sie zur Beschriftung der Kanten abkürzend die Buchstaben B, S, Z:
   i) Das Passwort beginnt mit mindestens einem Buchstaben, enthält mindestens ein Sonderzeichen und eine Ziffer und endet mit zwei Ziffern oder zwei Sonderzeichen.
   ii) Das Passwort enthält mindestens einen Buchstaben und ein Sonderzeichen (aber keine Ziffer).
   iii) Das Passwort enthält mindestens einen Buchstaben, ein Sonderzeichen und eine Ziffer.

b Geben Sie zu jedem der drei Automaten jeweils ein Beispiel für ein Passwort an, das akzeptiert bzw. nicht akzeptiert wird. Ergänzen Sie bei den nicht akzeptierten Passwörtern jeweils das Kriterium, das verletzt wurde.

c Geben Sie für alle drei Automaten aus a) die Zustandsfolge und die jeweilige Restzeichenkette an, wenn folgende Kennwörter überprüft werden:
   i) p1:)freitag22 ii) gg§3abs4 iii) j%nn$
   Ergänzen Sie jeweils als Notiz, ob das Passwort akzeptiert oder abgelehnt wird.

d Erstellen Sie eine zum Automaten aus a i) äquivalente Grammatik.

e Abbildung 14 zeigt einen Automaten zur Überprüfung von Passwörtern. Geben Sie jeweils zwei Beispiele für Passwörter an, die akzeptiert bzw. abgelehnt werden.

f Erläutern Sie, wie ein gültiges Passwort aufgebaut sein muss.

g Im Zustandsdiagramm aus Abbildung 14 soll ein Fangzustand Z6 ergänzt werden. Von welchen Zuständen aus muss ein Übergang zum Fangzustand erfolgen? Wie ist jeweils die Kante des Zustandsübergangs beschriftet?

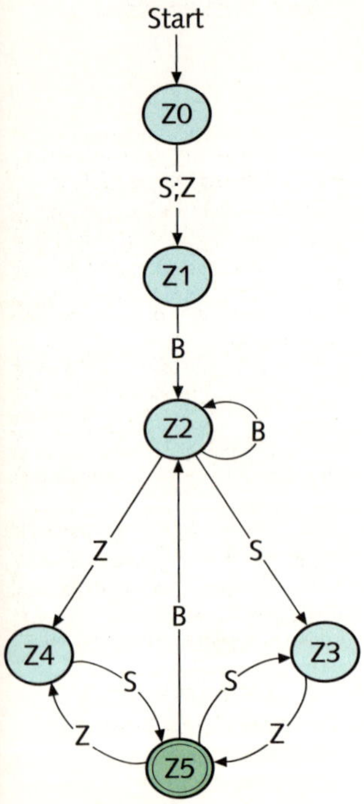

__14__ Automat zur Syntaxüberprüfung von Passwörtern

4 E-Mail-Adressen

Übertragen Sie das Zustandsdiagramm aus Abbildung 2 in Ihr Heft und ergänzen Sie es so, dass eine Syntaxüberprüfung von E-Mail-Adressen mit beliebig vielen Subdomänen möglich ist.

5 Zahlen

Entwerfen Sie einen erkennenden Automaten für

a natürliche Zahlen,

b ganze Zahlen,

c Kommazahlen,

d Zahlen in wissenschaftlicher Darstellung mit Zehnerpotenzen,

e Binärzahlen.

*** 6 Nichtdeterministische endliche Automaten – gerade Binärzahlen**

2

Gerade Binärzahlen erkennt man daran, dass die letzte Ziffer immer eine Null ist. Die Zeichenfolge davor ist beliebig aus Nullen und Einsen zusammengesetzt. Konstruiert man aus dieser Beschreibung einen endlichen Automaten über dem Alphabet {0; 1}, so ergibt sich der Automat in Abbildung 15. Dieser hat eine Besonderheit: Von Z0 gibt es zwei auslaufende Kanten, die mit dem gleichen Zeichen, der Ziffer 0, beschriftet sind. Befindet sich der Automat im Zustand Z0 und muss er dann das Zeichen 0 verarbeiten, so ist nicht eindeutig festgelegt ob der Folgezustand Z0 oder Z1 ist. Eine Implementierung gemäß Abbildung 11 ist ohne eine solche Festlegung aber nicht möglich!

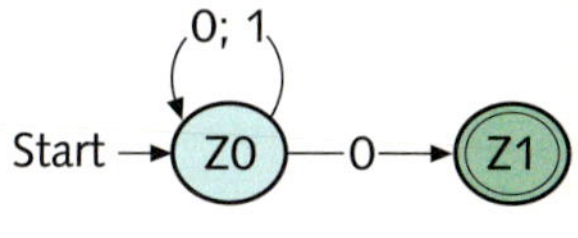

15 *Nichtdeterministischer Automat zur Erkennung gerader Binärzahlen*

Automaten, bei denen mindestens ein Zustandsübergang nicht eindeutig festgelegt ist, sodass ausgehend von einem Zustand und der Eingabe eines Zeichens mehrere Zielzustände möglich sind, nennt man › **nichtdeterministische Automaten**. Wie kann man sich die Arbeitsweise eines solchen nichtdeterministischen Automaten vorstellen? Wie können damit Sprachen erkannt werden, obwohl es bei Zustandsübergängen eine Wahlmöglichkeit ohne konkrete Festlegungen gibt?

› lat. determinare: festlegen, bestimmen

Durch die Wahlmöglichkeit gibt es bei der Überprüfung einer Zeichenkette nicht nur eine Zustandsfolge, sondern mehrere. Überprüft ein nichtdeterministischer Automat eine Zeichenkette, so werden alle diese möglichen Zustandsfolgen untersucht. Endet nur eine einzige bei vollständiger Abarbeitung der Eingabe in einem Endzustand, so wird die Eingabe akzeptiert. Abbildung 16 zeigt die Überprüfung der geraden Binärzahl 11010, die zu drei möglichen Zustandsfolgen führt. Weil zweimal das Zeichen 0 im Zustand Z0 verarbeitet wird und es hierbei jeweils die Wahlmöglichkeit zwischen den Folgezuständen Z0 und Z1 gibt, verzweigt sich zweimal die Zustandsfolge.

Von den drei Zustandsfolgen akzeptiert eine die Eingabe als zur Sprache zugehörig. Damit wird die Zeichenkette 11010 als gerade Binärzahl akzeptiert.

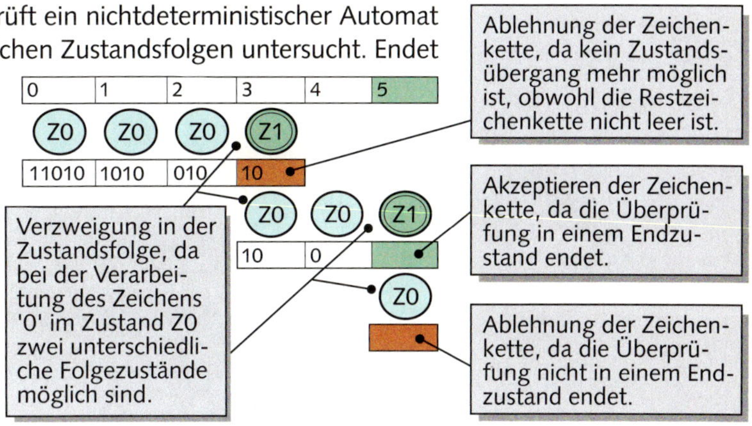

16 *Zustandsfolge und Restzeichenkette bei der Überprüfung der Zeichenkette 11010 durch den nichtdeterministischer Automaten aus Abbildung 15*

Zu jedem nichtdeterministischen endlichen Automaten gibt es einen deterministischen endlichen Automaten, den Abbildung 17 zeigt.

Geben Sie für die Zeichenketten "10001" bzw. "10100" die Zustandsfolgen an für ...

a ... die Überprüfung durch den deterministischen Automaten aus Abb. 17.

b ... die Überprüfung durch den nichtdeterministischen Automaten aus Abb. 15.

Werden die Zeichenketten akzeptiert? Begründen Sie Ihre Antwort.

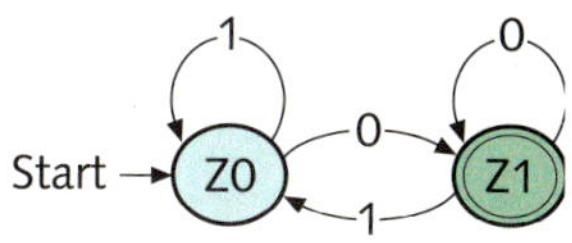

17 *Deterministischer Automat zur Erkennung gerader Binärzahlen*

Aufgaben – Implementierung

7 E-Mail-Adressen

Implementieren Sie den Automaten zur Überprüfung von E-Mail-Adressen aus Abbildung 8. Beschränken Sie sich dabei zunächst auf das Eingabealphabet A= {-; .; _; @; 1; 2; e; j; l; n; s; t; z}.

Überlegen Sie sich mindestens zwei E-Mail-Adressen, die akzeptiert, und mindestens zwei, die nicht akzeptiert werden, und testen Sie damit Ihren Automaten.

8 Datum

Implementieren Sie den Automaten aus Aufgabe 1a. Realisieren Sie das Verwerfen der Eingabe (entspricht dem Fangzustand) über den „sonst"-Fall der Mehrfachauswahl. Die Überprüfung soll mit der Ausgabe „false" beendet werden, sobald der Fangzustand erreicht ist.

9 Passwörter

Implementieren Sie den endlichen Automaten zur Überprüfung von Passwörtern mit den Vorgaben aus Aufgabe 3a ii. Testen Sie den Automaten mit den in 3c gegebenen Zeichenketten.

10 Kfz-Kennzeichen

Entwerfen und implementieren Sie einen endlichen Automaten zur Überprüfung der Syntax von Autokennzeichen (Aufgabe 11d in Kapitel 2).

11 Euro-Geldbetrag

Entwerfen und implementieren Sie einen endlichen Automaten zur Überprüfung der Syntax eines maximal sechsstelligen Euro-Geldbetrags (vgl. Aufgabe 10 in Kapitel 2).

Aufgaben – Automaten mit AtoCC

12 Automaten mit AtoCC

3

Das Programm AutoEdit des Programmpakets AtoCC ermöglicht das Erstellen von Automaten über eine einfache grafische Benutzeroberfläche. Ist ein Automat erstellt, können Zeichenketten über eine Simulation auf syntaktische Korrektheit überprüft werden.

Überprüfen Sie über die Simulation von AtoCC Ihre Lösungen aus den Aufgaben:

a 2b   b 2f   c 3a i   d 5c   e 5e

Hinweise zum Programm:

- Das Programm ist nach dem Herunterladen ohne Installation lauffähig.
- Nach dem Starten erhält man über den Einführungsassistenten eine Einweisung, wie man Automaten erstellt.
- Als Automatentyp muss man den deterministischen endlichen Automaten (DEA) wählen.
- Es empfiehlt sich, die Eingabe der Zustände und Zustandsübergänge direkt im Übergangsgraphen durchzuführen (und nicht in der Übergangstabelle, da diese hier nicht thematisiert wurde).

Aufgaben – Alles klar?

13 Endliche Automaten

a Welche Bestandteile hat ein endlicher Automat?

b Wie arbeitet ein erkennender endlicher Automat? Erklären Sie anhand eines Beispiels.

c Wie lässt sich ein erkennender endlicher Automat in einer Programmiersprache implementieren?

Methodenseite: Entwurfsmuster Zustand

Zum Umgang mit immer wiederkehrenden Aufgaben gibt es in der Softwareentwicklung eine Reihe von detailliert ausgearbeiteten und gut beschriebenen Lösungsschemata, die Entwurfsmuster. Auch die Implementierung eines endlichen Automaten ist eine Standardsituation. Das zugehörige Entwurfsmuster für einen Automaten heißt Zustand und unterscheidet sich in seiner Implementierung von der in Kapitel 3.

Eine andere Sicht

Beim endlichen Automaten in Abbildung 9 von Kapitel 3 sind die Zustände durchnummeriert. Die Implementierung besteht aus einer einzigen Klasse AUTOMAT_E_MAIL und jeder Zustand entspricht einem Zahlenwert des Attributs aktuellerZustand. Betrachtet man den Automaten mit der „objektorientierten Brille", so ist eine alternative Modellierung ebenso sinnvoll:
Der Automat hat elf Zustandsobjekte. Ob ein Zustandsobjekt ein Endzustand ist oder nicht, ist im Attribut istEndzustand vom Datentyp boolean gespeichert.

Alle Zustandsübergänge, die von einem Zustand ausgehen, kann man über eine Methode *ZeicheneingabeBearbeiten* realisieren: Abhängig vom eingelesenen Zeichen wird der Folgezustand als Rückgabewert zurückgegeben. Da die „ausgehenden" Zustandsübergänge bei jedem Zustand unterschiedlich sind, ist der Rumpf der Methode *ZeicheneingabeBearbeiten* für jeden Zustand unterschiedlich. Somit muss es zu jedem Zustand eine andere Klasse geben. In unserem Beispiel sind daher neben der Klasse AUTOMAT_E_MAIL elf weitere Klassen Z1, Z2, …, Z11 nötig. Da jedoch alle Zustände die gleichen Attribute und Methodenköpfe haben, ist eine abstrakte Oberklasse ZUSTAND sinnvoll. In dieser Oberklasse ist die Methode *ZeicheneingabeBearbeiten* abstrakt deklariert, sie wird in den Unterklassen ausgeführt.

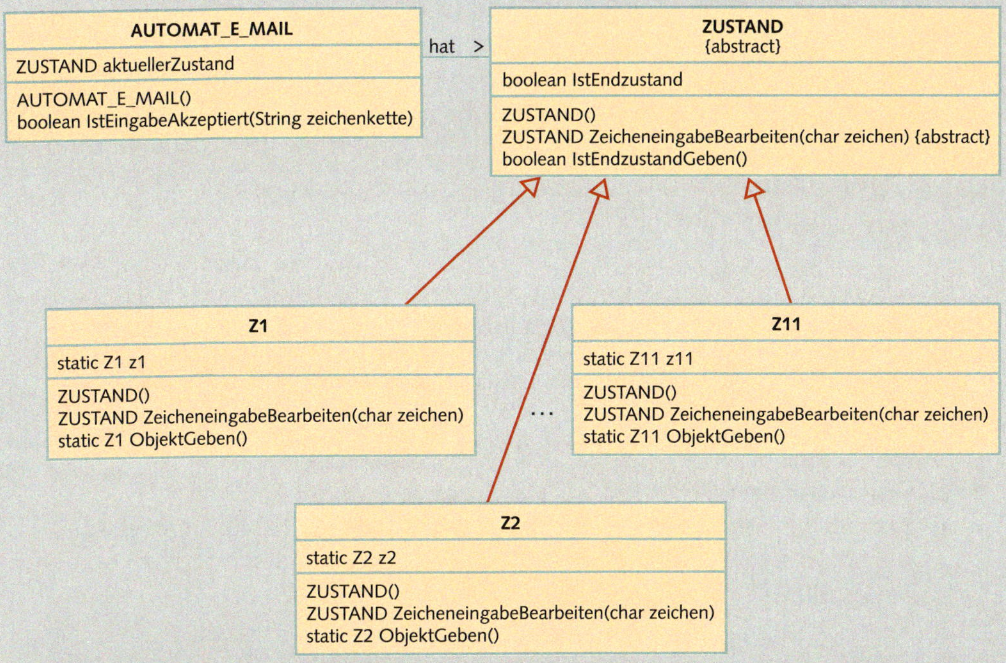

1 *Erweitertes Klassendiagramm des Entwurfsmusters Zustand*

Abbildung 1 zeigt das Klassendiagramm dieses Lösungsansatzes, der „Entwurfsmuster Zustand" genannt wird: Eine abstrakte Oberklasse ZUSTAND mit mehreren konkreten Zustands-Unterklassen Z1, Z2, ... und eine Klasse für den Automaten, hier AUTOMAT_E_MAIL, deren Verhalten von den Zustandsklassen abhängt.
Der Rumpf der Methoden *ZeicheneingabeBearbeiten* hat als Kontrollstruktur eine Mehrfachauswahl. Abhängig vom eingegebenen Zeichen wird der Folgezustand zurückgegeben. Abbildung 2 zeigt die Methode *ZeicheneingabeBearbeiten* der Klasse Z2. Sie entspricht der Methode *Z2ZeicheneingabeBearbeiten* der Lösung von Kapitel 3 (vgl. dort Abbildung 11). Warum der Folgezustand mithilfe einer Methode *ObjektGeben* zurückgegeben wird, ist weiter unten erklärt.

'@'	'_'	'.'	...	'z'	sonst
return Z11.ObjektGeben()	return Z2.ObjektGeben()	return Z2.ObjektGeben()	...	return Z2.ObjektGeben()	konsole.Ausgeben ("Unerlaubtes Zeichen wurde eingegeben.") return Z11.ObjektGeben()

2 *Methode ZeicheneingabeBearbeiten(char) der Klasse Z2*

Die Klasse AUTOMAT_E_MAIL

Durch die zusätzlichen Zustandsklassen werden im Vergleich zur Lösung in Kapitel 3 einige Aufgaben der Klasse AUTOMAT_E_MAIL ausgelagert. Die Klasse AUTOMAT_E_MAIL ist dadurch beim Entwurfsmuster Zustand deutlich kürzer. Im Detail gibt es folgende Unterschiede:

- Das Attribut aktuellerZustand ist ein Referenzattribut auf ein Objekt der Klasse ZUSTAND.
- Jede der Methoden *ZxZeicheneingabeBearbeiten* ist ausgelagert in die Methoden *ZeicheneingabeBearbeiten* der Klassen Zx.
- Die Methode *ZeicheneingabeWeiterleiten* und damit eine Mehrfachauswahl entfällt.

Klasse AUTOMAT_E_MAIL

Methode boolean IstEingabeAkzeptiert(String zeichenkette)

```
// lokales Attribut zur Speicherung der noch zu überprüfenden Zeichen
String restzeichenkette = zeichenkette

// Abarbeitung der Zeichenkette Zeichen für Zeichen
zähle i von 1 bis zeichenkette.länge()
   aktuellerZustand = aktuellerZustand.
       ZeicheneingabeBearbeitung(restzeichenkette.ZeichenGebenAnDerStelle(0))
   // die Restzeichenkette wird um das vorderste Zeichen verkürzt
   restzeichenkette = restzeichenkette.TeilzeichenketteGebenAbDerStelle(1)
endezähle

// Überprüfung, ob sich der Automat in einem Endzustand befindet
wenn (aktuellerZustand.IstEndzustandGeben())
   dann
      return true
   sonst
      return false
endewenn
```

3 *Methode IstEingabeAkzeptiert der Klasse AUTOMAT_E_MAIL*

- Die Methode *IstEingabeAkzeptiert* ruft die Methode *ZeicheneingabeBearbeiten* des aktuellen Zustands auf. Der Rückgabewert wird als neuer Wert dem Attribut aktuellerZustand zugewiesen.

Nach der Abarbeitung der eingegebenen Zeichenkette ändert sich die Bedingung zur Überprüfung, ob sich der Automat in einem Endzustand befindet. Ein Aufruf der Methode *IstEndzustandGeben* des aktuellen Zustands gibt die Antwort (graue Markierung in Abbildung 3).

Hinweise:
- Ein Objekt der Klasse AUTOMAT_E_MAIL kennt immer nur seinen aktuellen Zustand (über das Attribut aktuellerZustand). Es hat jedoch keine Referenz zu allen seinen möglichen Zuständen.
- Das Entwurfsmuster Zustand hat den Vorteil, dass bei Erweiterungen die Stellen, an denen Quelltext geändert werden muss, lokalisierter sind. Wird beispielsweise ein Zustand beim Automaten ergänzt, so besteht die Änderung im Wesentlichen im Erstellen einer neuen Zustandsklasse.

Details zur Implementierung – Entwurfsmuster Einzelner
Da zu jeder Zustandsklasse Z1, Z2, ..., Z11 genau ein Objekt erzeugt wird, eignet sich das Entwurfsmuster Einzelner zur Implementierung: Der Konstruktor wird mit dem Zugriffsrecht private versehen. Dadurch kann außerhalb der Klasse Zx kein Objekt dieser Klasse instanziert werden. Damit aus dieser Einschränkung Nutzen gezogen werden kann, muss das einzige Objekt der Klasse Zx innerhalb dieser Klasse erzeugt werden. Dies geschieht bei der Vorbesetzung des Klassenattributs zx mit `new ZX()`. Mit der Klassenmethode *ObjektGeben* kann diese (eine) Referenz von außen abgefragt werden. Abbildung 3 zeigt die Umsetzung am Beispiel der Klasse Z2.

Klasse Z2

```
class Z2 extends ZUSTAND
{
    // Dieses Attribut referenziert das einzige Objekt der Klasse Z2
    private static Z2 z2 = new Z2();

    // Der Konstruktor ist als private vereinbart, damit von außen keine Objekte
    // dieser Klasse erzeugt werden können.
    private Z2()
    {
        super();
    }

    ZUSTAND ZeicheneingabeBearbeiten(char zeichen)
    {
       // siehe Struktogramm in Abbildung 2
    }

    static Z2 ObjektGeben()
    {
        return z2;
    }
}
```

* 4 Grenzen endlicher Automaten

Ob eine Zeichenkette zu einer Sprache gehört oder nicht, wurde bisher mit einem erkennenden endlichen Automaten überprüft. In diesem Kapitel wird gezeigt, dass es Sprachen gibt, für die endliche Automaten nicht leistungsfähig genug sind, um diese Entscheidung treffen zu können. Unterschiedliche Sprachklassen und ihre Beziehung untereinander werden vorgestellt, ebenso die Maschinentypen, die jeweils nötig sind, um die Zugehörigkeit einer Zeichenkette zu einer Sprache entscheiden zu können.

$((x + 3)(x - 2)(x + 1))$

***1a** Arithmetischer Ausdruck*

Scheinbar einfache Klammerung

Eine korrekte Klammerung von arithmetischen Ausdrücken ist wichtig für ihre erfolgreiche Auswertung. Jede öffnende Klammer muss eine schließende Klammer nach sich ziehen. Dies gilt genauso für Programmiersprachen. Auch wenn dort Klammern nicht immer explizit als Zeichen vorkommen, so haben die Terminalsymbole "wenn" bzw. "*wenn" in der Programmiersprache von Robot Karol oder "begin" bzw. "end" in Delphi genau die Bedeutung einer öffnenden bzw. schließenden Klammer.

Eine korrekte Klammerung beinhaltet die Möglichkeit einer Schachtelung, es können also mehrere öffnende Klammern aufeinander folgen, die erst an späterer Stelle wieder geschlossen werden. Die Anzahl der öffnenden Klammern, die beim Lesen des Klammerausdrucks von links nach rechts noch nicht geschlossen wurden, nennt man Schachtelungstiefe. Abbildung 1 zeigt einen Term mit geschachtelten Klammern und eine Schachtelung einseitiger bedingter Anweisungen. Die Schachtelungstiefe ist jeweils zwei.

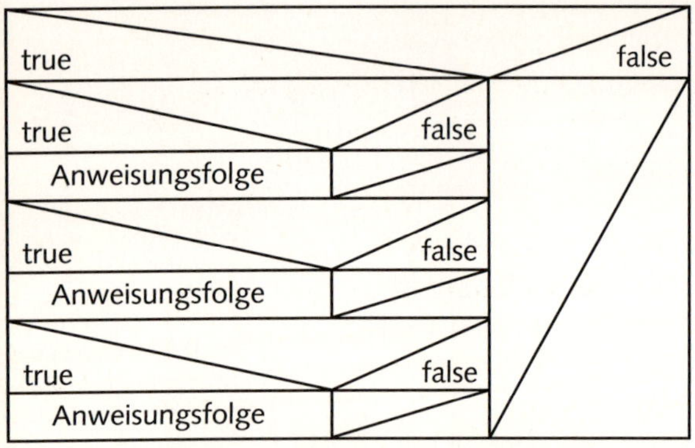

***1b** Schachtelung bedingter Anweisungen*

? Wie sehen die Grammatik bzw. ein endlicher Automat für arithmetische Ausdrücke ohne Klammern aus?

Folgende Grammatikregeln beschreiben arithmetische Ausdrücke ohne Klammern und ohne vorangestelltes Vorzeichen wie beispielsweise 13*x + 17.

R1 Ausdruck = Teilausdruck { ("+" | "-" | "*" | "/") Teilausdruck } .
R2 Teilausdruck = Variable | Zahl .
R3 Variable = "x" | "y" | "z" .
R4 Zahl = Ziffer { Ziffer } .
R5 Ziffer = "0" | "1" | ... | "9" .
(vgl. auch Aufgabe 7 in Kapitel 2)

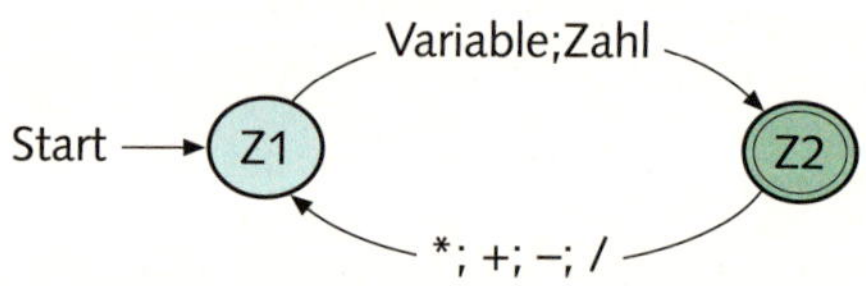

***2** Endlicher Automat für arithmetische Ausdrücke ohne Klammern*

Abbildung 2 zeigt den endlichen Automaten zum Erkennen arithmetischer Ausdrücke, wobei die Nichtterminale Variable und Zahl nicht ausgeführt sind.

? Wie müssen die Grammatikregeln modifiziert werden, um auch Klammern zu erlauben? Wie sieht ein endlicher Automat zur syntaktischen Überprüfung von arithmetischen Ausdrücken mit einer maximalen Schachtelungstiefe von zwei aus? Wie viele Zustände hat so ein Automat, wenn die maximale Schachteltiefe sechs betragen darf? Warum gibt es keinen endlichen Automaten, bei dem Klammernpaare beliebig tief geschachtelt werden können?

Einen Automaten, der korrekt geschachtelte Klammerpaare in einem Term bis zur Schachtelungstiefe zwei erkennen kann, erhält man durch Verdreifachung des Automaten aus Abbildung 2: Zwei Zustände sind für die Schachtelungstiefe null verantwortlich, zwei für die Schachtelungstiefe eins und zwei für die Tiefe zwei. Ein Wechsel der Schachtelungstiefe erfolgt durch die mit einer Klammer beschrifteten Zustandsübergänge (Abbildung 3).

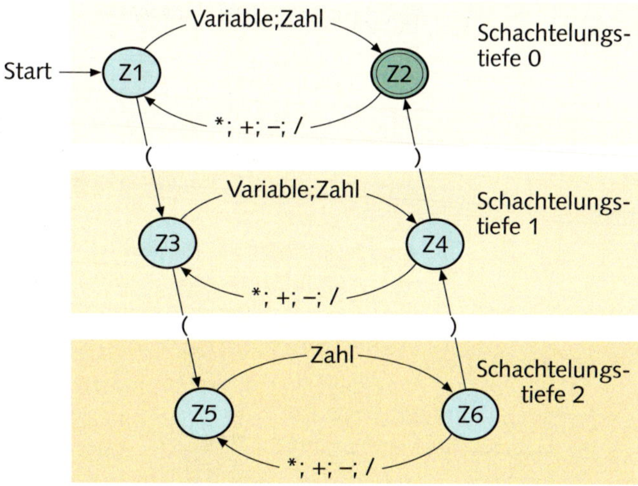

3 *Endlicher Automat für arithmetische Ausdrücke bis zu einer Schachtelungstiefe von zwei*

Für eine maximale Schachtelungstiefe sechs wären 14 Zustände nötig. Einen endlichen Automaten für beliebig viele Klammerpaare gibt es nicht, denn die Vorgabe „beliebig viele" gibt keine konkrete Grenze vor, die Anzahl ist nach oben offen. Selbst wenn man einen Automaten mit 2002 Zuständen macht, versagt er beim Öffnen der tausendundersten Klammer.

Ergänzt man bei der Grammatikregel R2 als dritte Alternative einen geklammerten Ausdruck, so können durch die Grammatik Terme mit beliebig tief geschachtelten Klammern erzeugt werden:
R2* Teilausdruck = Variable | Zahl | "(" Ausdruck ")" .

Stellt man die Ergebnisse der letzten beiden Absätze gegenüber, erhält man ein wichtiges Ergebnis: Die Sprache geklammerter arithmetischer Ausdrücke kann durch eine Grammatik festgelegt werden. Dagegen gibt es keinen endlichen Automaten (egal ob als Modell wie in Abbildung 3 oder als Programm wie in Kapitel 3 beschrieben), der diese Sprache erkennen kann.
Mit Grammatiken können also mehr Sprachen beschrieben werden, als mit endlichen Automaten erkannt werden können! Oder aus Sicht der Leistungsfähigkeit von endlichen Automaten formuliert: Die Menge der Sprachen, die mit endlichen Automaten erkannt werden können, ist begrenzt. 14
Wer diese Grenzen der Leistungsfähigkeit kennt, kann Aufgaben wie „Entwerfen Sie einen endlichen Automaten zur Syntaxüberprüfung von geklammerten arithmetischen Ausdrücken" als unlösbar zurückweisen und sich eine eventuell monatelange Suche sparen. Somit stellt sich die Frage, welche Form die Regeln einer Grammatik haben müssen, damit die dadurch festgelegte Sprache von einem endlichen Automaten erkannt werden kann.

Rechtslineare Grammatiken

Welche strukturellen Gemeinsamkeiten bzw. Unterschiede gibt es zwischen den Regeln zur Erzeugung eines arithmetischen Ausdrucks mit Klammern auf der linken Seite und den Regeln R1' bis R9' des letzten Kapitels, die die Arbeitsweise des erkennenden Automaten für E-Mail-Adressen abbilden? ?

Alle in Kapitel 2 und 3 verwendeten Grammatikregeln hatten auf der linken Seite ein Nichtterminalsymbol. Um nun die Form der rechten Seite der Regeln leichter beschreiben zu können, schreibt man jede Alternative in eine Zeile. So wird R1' aus dem letzten Kapitel zu

R1'i Z1 = "a" Z2 .
R1'ii Z1 = "b" Z2 .
R1'iii Z1 = "c" Z2 .
usw.

Analysiert man die Regeln R1' bis R9' des letzten Kapitels, ist zu sehen, dass alle Regeln folgende Form haben:

- Auf der linken Seite steht ein Nichtterminalsymbol.
- Auf der rechten Seite steht genau ein Terminalsymbol oder genau ein Terminalsymbol, gefolgt von einem Nichtterminalsymbol.

Mit A und B als Nichtterminale und "a" als Terminal lässt sich diese Form knapp notieren:

A = "a" .   oder   A = "a" B .

Jede Grammatik, deren Regeln nur diese Form oder die Form

A = ε .

1

haben, nennt man **rechtslineare Grammatik**. Der Name erklärt sich dadurch, dass bei der Produktion die gültige Zeichenkette pro Regelanwendung rechts um ein Zeichen verlängert wird (vgl. Abbildung 8 von Kapitel 3: erst j, dann jz, dann jz@ usw.). Sprachen, die durch rechtslineare Grammatiken festgelegt werden, nennt man **reguläre Sprachen**. Zu jeder regulären Sprache gibt es einen endlichen Automaten, der alle Zeichenketten erkennen kann.

Kontextfreie Grammatiken

Nicht alle Regeln zum Aufbau eines Klammerausdrucks erfüllen die Kriterien einer rechtslinearen Grammatik. Beispielsweise stehen auf der rechten Seite von Regel R2* in der letzten Alternative zwei Terminale und nicht nur eines. Alle Regeln haben jedoch folgende Eigenschaften:

- Auf der linken Seite steht ein Nichtterminalsymbol.
- Auf der rechten Seite steht eine beliebige Zeichenkette (auch die leere), bestehend aus Terminal- und Nichtterminalsymbolen.

Jede Grammatik, deren Regeln diese Kriterien erfüllen, nennt man **kontextfreie Grammatik**. Gleichwertige Beschreibungen zu kontextfreien Grammatiken sind die EBNF und Syntaxdiagramme (z. B. Kapitel 2, Abbildung 6). Durch all diese Beschreibungsformen werden **kontextfreie Sprachen** festgelegt. Die Bezeichnung „kontextfrei" kommt daher, dass durch jede Regel genau ein Nichtterminal erklärt wird, unabhängig davon, in welchem Kontext es steht.

Ein Vergleich der Definitionen der beiden Grammatiktypen ergibt, dass jede rechtslineare Grammatik auch eine kontextfreie Grammatik ist. Daraus lässt sich folgende Teilmengenbeziehung zwischen den zugehörigen Sprachen ableiten: Reguläre Sprachen sind eine Teilmenge von kontextfreien Sprachen.

Zeichenketten von kontextfreien Sprachen können mithilfe von **Kellerautomaten** auf syntaktische Korrektheit überprüft werden. Ein Kellerautomat arbeitet im Prinzip genau so wie der endliche Automat aus dem letzten Kapitel. Er hat jedoch zusätzlich einen Keller (engl. stack), auch Stapel genannt, in dem bzw. auf dem beliebig viele Zeichen gespeichert werden können. Der Stapel ist ein „Last in, first out"-Speicher. Das bedeutet, das zuletzt gespeicherte Zeichen muss als erstes gelesen werden. Um das zweite Zeichen von oben auf dem Stapel lesen zu können, muss das oberste entfernt werden. Der Zustands-

übergang bei einem Kellerautomaten hängt nun nicht nur von dem aktuellen Zustand und dem eingelesenen Zeichen ab, sondern auch von dem obersten Zeichen auf dem Stapel. Im Beispiel der Klammerausdrücke wird auf dem Stapel pro öffnende Klammer ein konkretes Zeichen, z. B. "(", abgelegt und bei jeder schließenden Klammer ein "(" vom Stapel gelöscht. So kann der Kellerautomat jederzeit ermitteln, wie viele Klammern noch geöffnet sind. Ist der Keller am Ende einer Syntaxüberprüfung leer, wurden alle Klammern wieder geschlossen.
Mit einem Kellerautomaten kann auch die Syntax von Ausdrücken mit unterschiedlichen Klammerarten überprüft werden. So werden beispielsweise in der Programmiersprache Java geschweifte Klammern zum Markieren von Blöcken, runde Klammern bei Methoden und eckige Klammern für den Index eines Datenfeldes verwendet. Wird nun für jede öffnende runde Klammer beispielsweise ein "(" auf dem Keller abgelegt, für jede öffnende geschweifte Klammer ein "{" und für jede öffnende eckige Klammer ein "[", so muss beim Schließen von Klammern das jeweilige Zeichen wieder vom Stapel genommen werden. Ist das nicht möglich, liegt ein Fehler in der Klammerstruktur vor.

Kontextsensitive Grammatiken

Die Bezeichnung „kontextfrei" lässt schon vermuten, dass es auch Regeln gibt, die vom Kontext abhängen. Eine Grammatik heißt **kontextsensitiv**, wenn alle Regeln die Form

x A y = x z y .

oder

A = ε . (falls A auf keiner rechten Seite steht)

haben. Dabei sind x und y beliebige Zeichenketten aus Terminalsymbolen und Nichtterminalsymbolen; auch die leere Zeichenkette ist erlaubt. z ist ebenfalls eine beliebige Zeichenkette aus Terminalsymbolen und Nichtterminalsymbolen, jedoch ist die leere Zeichenkette nicht erlaubt.

Betrachtet man den Aufbau der Regeln, so kann man erkennen, dass x und y der Kontext (die Umgebung) sind, der über die Ersetzung des Nichtterminals A entscheidet. Dabei werden x und y selbst bei der Regelanwendung nicht verändert.
Wählt man für x und y die leere Zeichenkette ε, so steht auf der linken Seite genau ein Nichtterminal, der Kontext ist verschwunden. Dies bedeutet, dass jede kontextfreie Grammatik auch eine kontextsensitive Grammatik (mit leerem Kontext) ist. Wieder ergibt sich eine Teilmengenbeziehung zwischen den zugehörigen Sprachen: Kontextfreie Sprachen sind eine Teilmenge der kontextsensitiven Sprachen, allerdings mit leerem Kontext.

Folgende Grammatik G_{KS} ist ein Beispiel für eine kontextsensitive Sprache, die nicht kontextfrei ist:
N = {S; A; C}; T = {a; b; c}; Startsymbol S und die Regeln:
S = ε | "a" "b" "c" | "a" A "b" "c" .
A = "a" A "b" C | "a" "b" C .
C "b" = "b" C .
C "c" = "c" "c" .

Welche formale Sprache wird durch diese Grammatik festgelegt?

?

Auch für kontextsensitive Sprachen gibt es eine Maschine, die die syntaktische Korrektheit einer gegebenen Zeichenkette überprüfen kann: eine lineare beschränkte Turing-

4

maschine. Die Erklärung der Funktionsweise dieser Maschine würde den Rahmen des Buches jedoch sprengen.

*5 Noam Chomsky * 1928*

Chomsky-Hierarchie

Noam Chomsky hat Ende der fünfziger Jahre Grammatiken formaler Sprachen in die vier Typen 0, 1, 2, 3 eingeteilt. Typ 0 sind alle Sprachen, die durch eine Grammatik erzeugt werden können, Typ 1 die kontextsensitiven Sprachen, Typ 2 die kontextfreien und Typ 3 die regulären. Da Typ 0 alle Sprachen von Typ 1 enthält, Typ 1 wiederum alle Sprachen von Typ 2 usw., hat er damit eine Hierarchie von Sprachtypen aufgestellt. In der Tabelle zur Abbildung 6 ist jedem Sprachtyp in der letzten Spalte der Typ von akzeptierender Maschine zugeordnet, die für die Überprüfung der syntaktischen Korrektheit notwendig ist.

Dass Chomsky Sprachwissenschaftler und nicht Informatiker war, zeigt die universelle Bedeutung formaler Sprachen auch außerhalb der Informatik.

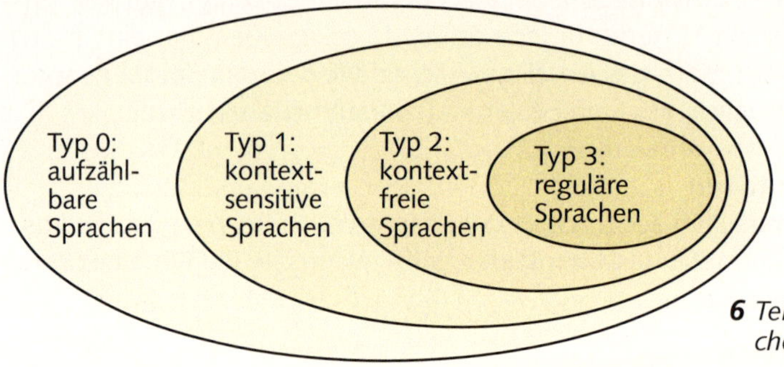

6 Teilmengenbeziehung der Sprachen der Chomsky-Hierarchie

Chomsky-Typ	Grammatikart	Sprachtyp	akzeptierende Maschine
Chomsky 0	unbeschränkt	aufzählbare Sprachen	Turingmaschine
Chomsky 1	kontextsensitiv	kontextsensitive Sprachen	eine lineare beschränkte Turingmaschine
Chomsky 2	kontextfrei	kontextfreie Sprachen	Kellerautomat
Chomsky 3	rechtslinear	reguläre Sprachen	endlicher Automat

Dank der Typisierung von Chomsky kann man nach dem Design einer neuen Sprache entsprechend der Tabelle sofort entscheiden, welcher Maschinentyp für die Syntaxüberprüfung nötig ist. So würde man „mit Kanonen auf Spatzen schießen", wenn man für eine reguläre Sprache einen Kellerautomaten als erkennenden Automaten verwenden würde. Andererseits wäre es sinnlos, für eine kontextfreie Sprache einen passenden endlichen Automaten als erkennenden Automaten zu suchen. Die Suche kann zu keinem Ergebnis führen, denn ein endlicher Automat ist zur Überprüfung einer kontextsensitiven Sprache nicht leistungsfähig genug.

Natürliche Sprachen

14

Selbst mit Chomsky-0-Grammatiken lassen sich lebende Sprachen nicht völlig beschreiben. Hier ist eine Grenze der Berechenbarkeit erreicht, es gibt keine Möglichkeit, die Syntax von Texten in natürlicher Sprache durch den Computer zu überprüfen.

Aufgaben

1 Sprachen über a, b, c

Entscheiden Sie, zu welchem Chomsky-Typ die folgenden beiden Sprachen gehören und welche Sprache sie festlegen:

a N = {S; A; B; C; D; E; F; G}; T = {a; b; c}; Startsymbol S und die Regeln:

- S = ε | D E F | D A E F .
- B E = B G .
- C F = F F .
- F = "c" .
- A = D A E C | D E C .
- B G = E G .
- D = "a" .
- C E = B E .
- E G = E C .
- E = "b" .

b N = {S; A; B}; T = {a; b}; Startsymbol S und die Regeln:

- S = A B .
- A = ε .
- A = "a" "a" A .
- B = "b" .
- B = B "b" .

2 Reguläre Ausdrücke

Eine reguläre Sprache kann alternativ zu einer rechtslinearen Grammatik auch über einen regulären Ausdruck festgelegt werden. Wie bei einer Grammatik ist auch für einen regulären Ausdruck ein Alphabet (Menge der Terminalsymbole) die Basis, es gibt aber keine Nichtterminale. Reguläre Ausdrücke sind wie folgt definiert:

- Die leere Zeichenkette und jedes Zeichen aus dem Alphabet ist ein regulärer Ausdruck.
- Falls x und y reguläre Ausdrücke sind, so sind ebenfalls reguläre Ausdrücke:
  x|y (Alternative)
  x y (Aneinanderreihung) und
  {x} (Wiederholung – keinmal, einmal oder mehrfach)
  Als Symbol für die Wiederholung wird häufig ein Stern verwendet: x*. Die runden Klammern sind zur Gruppierung erlaubt.

Beispiele für reguläre Ausdrücken über dem Alphabet {e; f; i; n; r} sind:

(e|f|i|n|r) r — Sprache aller zweibuchstabigen Zeichenketten, die mit "r" enden.

f (e|i|n|r)* — Sprache aller Zeichenketten, die mit "f" beginnen und kein weiteres "f" enthalten.

(e|f|i|n|r) (e|f|i|n|r)* nn (e|f|i|n|r)*
Sprache aller Zeichenketten, die ein Doppel-n haben, jedoch nicht damit beginnen.

(e|f|i|n|r)*ferien(e|f|i|n|r)*
Sprache aller Zeichenketten, die die Zeichenkette „ferien“ enthalten.

a Erstellen Sie zu folgenden Sprachen über dem Alphabet {e; f; i; n; r} den regulären Ausdruck:
i) Sprache aller dreibuchstabigen Zeichenketten, die mit "f" beginnen.
ii) Sprache aller Zeichenketten, die mit der Zeichenkette „ferien“ beginnen.
iii) Sprache aller Zeichenketten, die die Zeichenkette „ei“ enthalten und mit "n" enden.

b Eine typische Anwendungsmöglichkeit von regulären Ausdrücken sind Suchfunktionen, beispielsweise in Textverarbeitungsprogrammen. Hier werden oft zu der oben angegebenen Definition von regulären Ausdrücken noch zusätzliche Metazeichen erlaubt, beispielsweise:

"." steht für ein beliebiges einzelnes Zeichen – so liefert der Suchbegriff "Schmi.t" sowohl „Schmitt“ als auch „Schmidt“.

Experimentieren Sie mit der Suchfunktion diverser Textverarbeitungsprogramme, die reguläre Ausdrücke beherrschen. Ziehen Sie auch die Hilfe-Funktion zurate, um weitere Metazeichen kennenzulernen.

Zum Weiterlesen

1 Lindenmayersysteme

› Aristid Lindenmayer (*1925, †1989)

Ende der 70er-Jahre des letzten Jahrhunderts fand der ungarische Biologe › Lindenmayer ein Modell zur formalen Beschreibung von Pflanzenwachstum: die nach ihm benannten **Lindenmayersysteme**, kurz L-Systeme. Basis des Modells ist ein Pflanzenwachstum in Entwicklungsschritten, wobei in jedem Schritt das „Gleiche" passiert. Abbildung 1 zeigt dieses Prinzip an einem Beispielschema:
Ausgehend von einer Startfigur, hier bestehend aus einer Wachstumszone und einer Knospe, finden in jedem Entwicklungsschritt folgende Änderungen statt:

Ä1) Jede Wachstumszone verdoppelt sich.

Ä2) Aus jeder Knospe wird eine Verzweigung. Dabei ist der erste Zweig entgegen dem Uhrzeigersinn um 60° zur ursprünglichen Wachstumsrichtung geneigt und der zweite Zweig um 60° im Uhrzeigersinn. Jeder Zweig besteht aus einer neuen Wachstumszone und einer neuen Knospe.

Den ersten Entwicklungsschritt zeigt Abbildung 1a.
Führt man Ä1 und Ä2 für jede Wachstumszone und jede Knospe im zweiten Entwicklungsschritt in gleicher Art und Weise durch, so entsteht eine Pflanze mit drei Verzweigungen (Abbildung 1b). Wenn diese Vorgehensweise weitergeführt wird, ergeben sich weitere Entwicklungsschritte des Pflanzenwachstums.

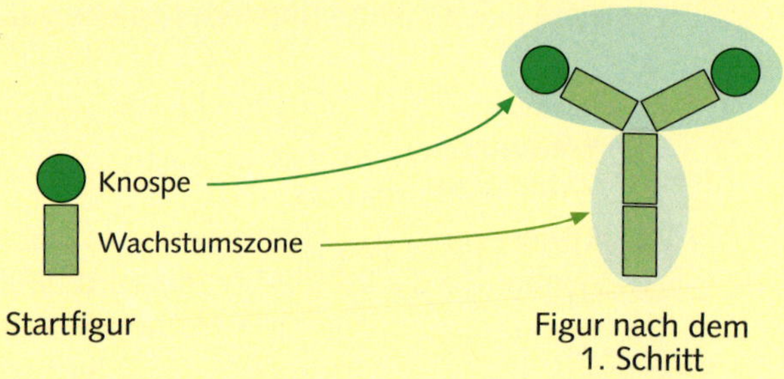

1a Erster Entwicklungsschritt des Pflanzenwachstums

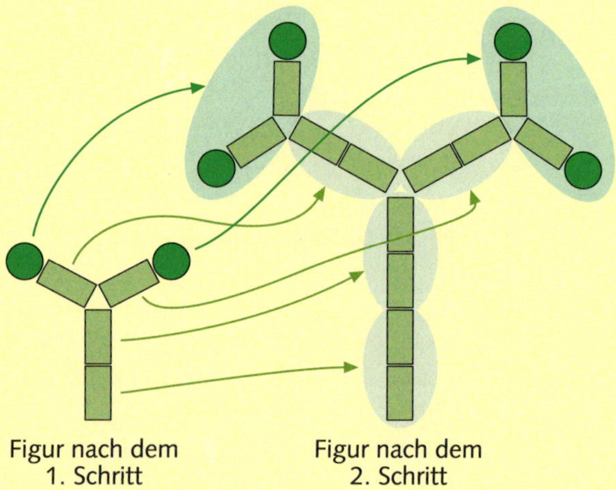

1a Erster Entwicklungsschritt des Pflanzenwachstums

Formal hat Lindenmayer das Wachstum mithilfe von Grammatiken beschrieben. Mit den Nichtterminalen W für Wachstumszone und K für Knospe ergibt sich für das Beispiel aus Abbildung 1 das

Startsymbol: WK

Die oben unter Ä1) bzw. Ä2) formulierten Veränderungen in einem Wachstumsschritt lassen sich in Form von (Ersetzungs-) Regeln notieren:

R1 W = WW

R2 K = [+WK] [–WK]

In der Regel R2 werden dabei die Terminalzeichen "–" bzw. "+" für eine Rechts- bzw. Linksdrehung verwendet.

In jedem Entwicklungsschritt werden ausgehend vom Startsymbol die Regeln bei allen Symbolen angewandt, bei denen es möglich ist.

Startsymbol: WK
Zeichenkette nach Schritt 1: WW [+WK] [–WK]
Zeichenkette nach Schritt 2: WW WW [+WW [+WK] [–WK]] [–WW [+WK] [–WK]]
usw.

Um den durch Lindenmayersysteme beschriebenen Wachstumsvorgang grafisch darzustellen, eignet sich eine Turtlegrafik. Im Kontext von Lindenmayersystemen werden eine Länge und ein Drehwinkel festgelegt und es sind nur folgende Anweisungen an das Turtle-Objekt möglich:

2

F Zeichne eine Linie der vorher festgelegten Länge l (z. B. 1 cm).
–, + Drehe dich um den vorher festgelegten Winkel d (z. B. 60°) nach rechts bzw. nach links.
[Merke dir die augenblickliche Position und Richtung (auf einem Zettel, oben auf einem Stapel von Zetteln).
] Gehe zurück zur letzten gemerkten Position und Richtung (beides steht auf dem obersten Zettel des Stapels; wirf diesen Zettel danach weg).

Wird als fixer Drehwinkel d = 60° festgelegt, ergibt beispielsweise die Anweisungsfolge

FF+F+++F+F

die Figur in Abbildung 2. Die Bestandteile sind:
FF Zeichnen des vertikalen „Stamms"
+F Drehung im positiven Sinn, Zeichnen einer Linie: linker Zweig
+++F Umdrehen, und den linken Zweig zurück zur Abzweigung gehen (dabei wird die bereits existierende Linie nochmals gezeichnet).
+F Drehung im positiven Sinn, Zeichnen einer Linie: rechter Zweig

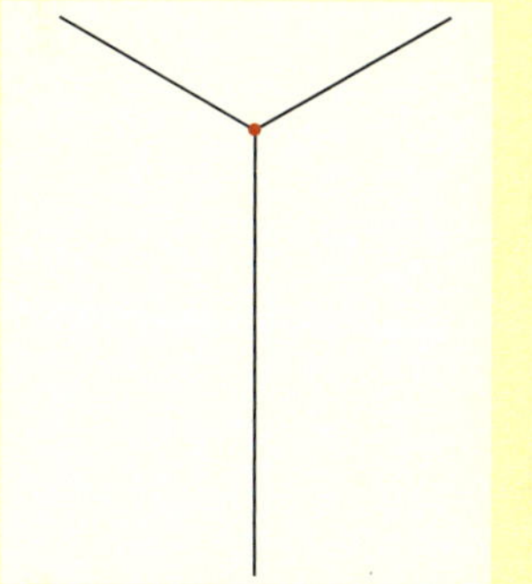

2 Pflanzenwachstum nach dem ersten Entwicklungsschritt als Turtlegrafik

Die Figur in Abbildung 2 lässt sich alternativ auch über folgende Anweisungsfolge zeichnen

FF[+F][–F]

Hier wird ausgenutzt, dass das Turtle-Objekt sich eine Position merken kann:
FF Zeichnen des vertikalen „Stamms"
[Merken der aktuellen Position und Richtung (roter Punkt, Richtung nach oben)
+F Drehung im positiven Sinn Zeichnen einer Linie: linker Zweig
] Rückkehr zur gemerkten Position und Richtung, „Merkzettel wird weggeworfen"
[Merken der aktuellen Position und Richtung (roter Punkt, Richtung nach oben)
–F Drehung im negativen Sinn, Zeichnen einer Linie: rechter Zweig
] Rückkehr zur gemerkten Position und Richtung, „Merkzettel wird weggeworfen"

Vergleicht man die Figur in Abbildung 2 mit der Pflanze in Abbildung 1a nach dem ersten Entwicklungsschritt, so stellen die Linien die Wachstumszonen dar. Ersetzt man in der Grammatik oben das "W" durch die Turtle-Anweisung "F", werden die Linien entsprechend gezeichnet. Die Knospen sind Keimlinge für weitere Linien, die jedoch erst in einem späteren Schritt gezeichnet werden. Sie werden in den Grammatikregeln beibehalten, aber der Buchstabe K wird vom Turtle-Objekt ignoriert. Die Grammatik lautet somit:

Nichtterminalzeichen: {F; K}
Terminalzeichen: {"–"; "+"; "["; "]"}
Startsymbol: FK
Ra F = FF
Rb K = [+FK] [–FK]

Die Tabelle in Abbildung 3 zeigt das Pflanzenwachstum in verschiedenen Entwicklungsschritten sowohl grafisch als auch als Zeichenkette:

Startfigur

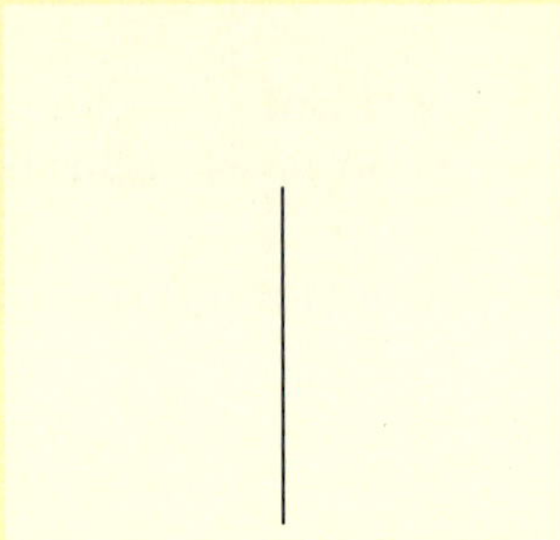

Startsymbol:
FK

Figur nach Schritt 1

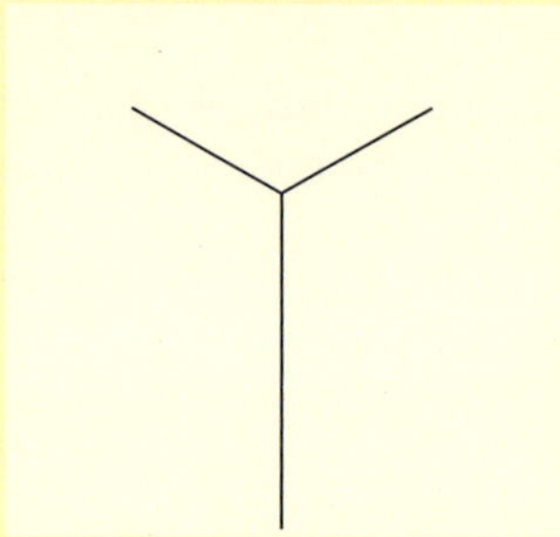

Zeichenkette
nach Schritt 1:
FF [+FK] [–FK]

Figur nach Schritt 2

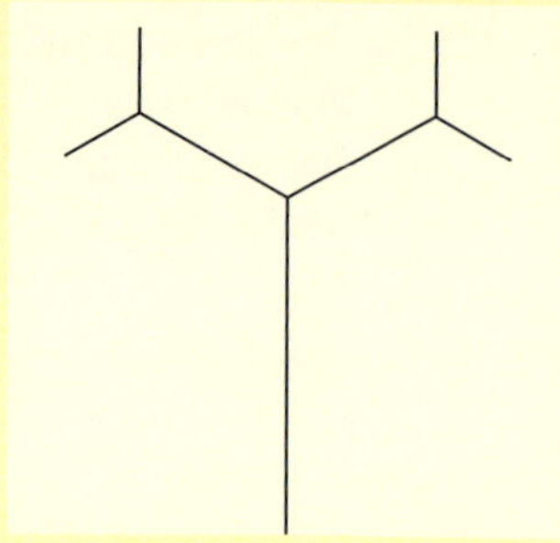

Zeichenkette
nach Schritt 2:
FF FF [+FF [+FK] [–FK]]
[–FF [+FK] [–FK]]

Figur nach Schritt 3

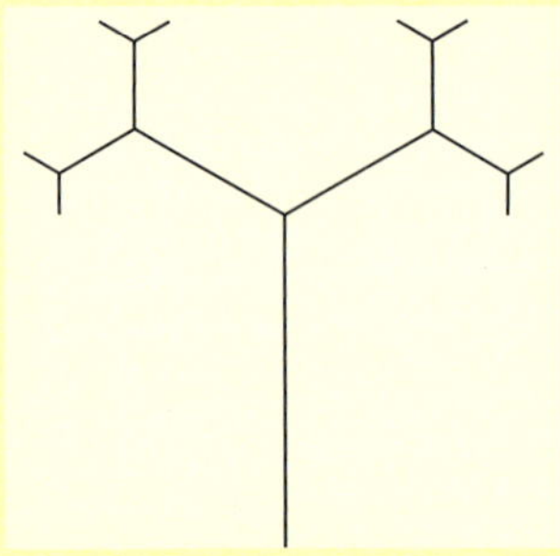

Zeichenkette
nach Schritt 3:
FF FF FF FF FF FF FF FF
[+FF FF [+FF [+FK] [–FK]]
[–FF [+FK] [–FK]]]
[–FF FF [+FF [+FK] [–FK]]
[–FF [+FK] [–FK]]]

Figur nach Schritt 7

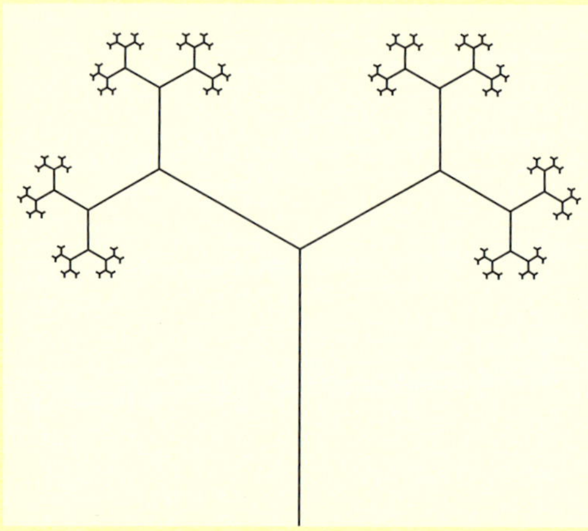

3 *Pflanzenwachstum als Zeichenkette bzw. Turtlegrafik*

In Abbildung 4 sind weitere Modellierungen von Pflanzen mithilfe von Lindenmayersystemen zu sehen. Alle Figuren haben einen hohen Grad an Selbstähnlichkeit, sie sind somit Fraktale. Mit den Lindenmayersystemen können nicht nur Pflanzen, sondern auch andere Fraktale wie die Koch- oder Drachenkurve (Abbildung 5) beschrieben werden.
Möchten Sie selbst mithilfe von Lindenmayersystemen experimentieren und Fraktale zeichnen, können Sie beispielsweise die Applets im Link nutzen.

	Figur nach Schritt 1	Figur nach Schritt 2
(Drehwinkel d = 22,5°) Startsymbol: F Regeln: F = FF+[+F–F–F]–[–F+F+F]	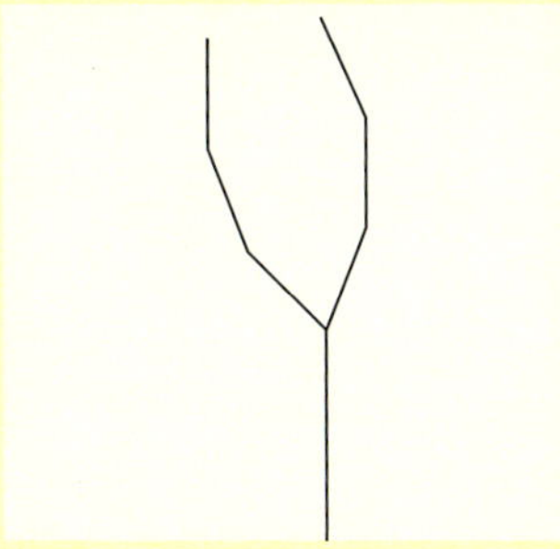	
(Drehwinkel d = 45°) Startsymbol: F Regeln: F = [+F][–F]FF	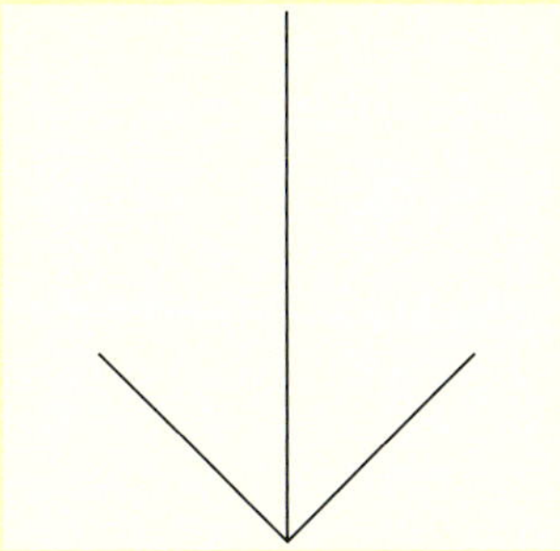	

***4** Lindenmayersysteme zur Modellierung des Pflanzenwachstums: Grammatik und Grafik*

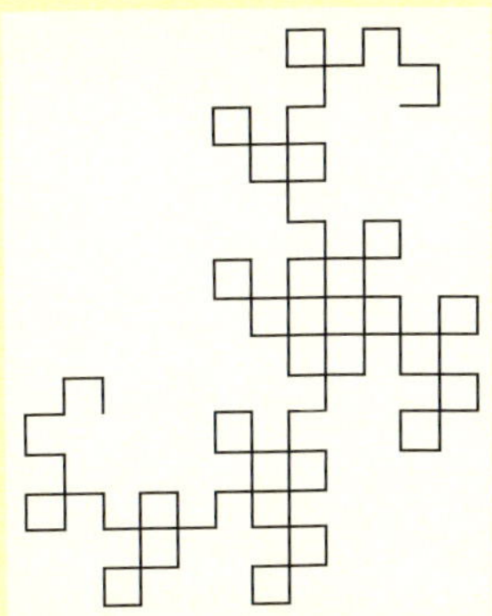

***5** Drachenkurve*

II Kommunikation und Synchronisation von Prozessen

Kommunikation in Rechnernetzen ist eine Basistechnologie des Computerzeitalters. Im Teil II werden sowohl die grundlegenden Kommunikationstechniken untersucht als auch die Probleme, die auftreten, wenn von mehreren Seiten gleichzeitig Aufträge für die gleiche Aufgabe erteilt werden.
Die theoretischen Überlegungen gehen Hand in Hand mit der praktischen Umsetzung.

5 Kommunikation in Rechnernetzen

Zugriffe auf andere Rechner über das große Netzwerk „Internet" sind heutzutage selbstverständlich. Dieses Kapitel beschreibt die allgemeinen Grundlagen, nach denen Rechnernetze strukturiert sind.

Wie alles begann

In den 50er- und 60er-Jahren des letzten Jahrhunderts dienten im Wesentlichen Magnetbänder, Lochstreifen oder Lochkarten zum Datenaustausch. Die Datenträger wurden von Rechner zu Rechner transportiert. Bei kleineren Datenmengen war es auch möglich, zwei Rechner über die ohnehin vorhandenen Anschlüsse für Datenterminals (prozessorlose Geräte zur Eingabe und Anzeige von Daten) zu verbinden und mittels spezieller Programme Dateien zu übertragen. Diese Methode setzte aber Absprachen über den Zeitpunkt der Datenübertragung voraus, da die Programme auf beiden Rechnern gleichzeitig gestartet und bedient werden mussten.
Mit schneller werdenden Datenleitungen wurden die Übertragungsprogramme so erweitert, dass das Programm der einen Rechnerseite seinen Partner auf dem anderen Rechner fernsteuern konnte. Damit war die Datenübertragung nicht mehr an Absprachen zwischen den Programmbedienern gebunden!

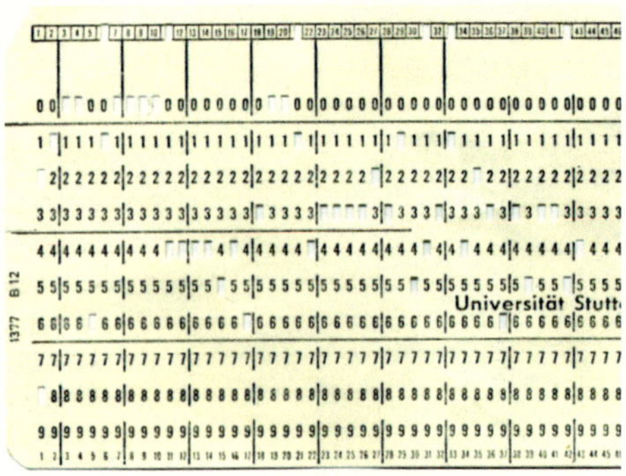

1 Lochkarte, Kapazität 80 Byte

Kommunikation braucht Regeln

Selbst für diese einfache Art der direkten Kommunikation zwischen zwei Rechnern müssen schon klare Regeln festgelegt werden. Folgende Information muss bei der Übertragung jeder einzelnen Datei ausgetauscht werden:

- Von wo nach wo wird übertragen?
- Wie heißt die zu übertragende Datei und wo liegt sie (Dateipfad und Name)?
- Wo wird die Datei gespeichert (Dateipfad auf dem Zielrechner)?
- Was soll passieren, wenn am Ziel eine Datei gleichen Namens existiert?
- 10 Der Inhalt der Datei; jedes Byte wird mithilfe zweier Ziffern des Hexadezimalsystems dargestellt (BinHex).

2 Festlegungen in Form einer einfachen formalen Sprache gewährleisten den Austausch dieser Information:

Datentransfer = {Sendung} "ende" "<cr><lf>" .
Sendung = Datenübertragungsrichtung Dateiname Inhalt .

Dateiübertragungsrichtung = ("schicken" | "holen") "<cr><lf>" .
Dateiname = {"a" ... "z" | "A" ... "Z" | "0" ... "9" | "/" | "." | "_" } "<cr><lf>" .
Inhalt = "*" "<cr><lf>" {Zeile} "*" "<cr><lf>" .
Zeile = {BinHex BinHex} "<cr><lf>" .
BinHex = "0" ... "9" | "A" ... "F" .

Das Zeichen "<cr>" steht für › Wagenrücklauf. Es bedeutete bei Fernschreibern den Rücklauf des Schlittens mit der Anschlagmechanik auf die Startposition der Zeile. Diese Bedeutung hat das Zeichen noch heute; es wird mittels der <RETURN>-Taste erzeugt.

› engl. carriage return

Das Zeichen "<lf>" steht für eine › neue Zeile und schiebt das Papier um eine Zeile vor. Heute wird dieses Zeichen in der Regel automatisch miterzeugt, wenn das Zeichen "<cr>" generiert wird.

› engl. line feed

Aus der einfachen EBNF-Darstellung der Sprache ist noch nicht erkennbar, dass der Dateiinhalt abhängig von der Übertragungsrichtung einmal von Rechner 1 nach Rechner 2, ein anderes Mal von Rechner 2 nach Rechner 1 übertragen wird; der Mensch kann aus den Wörtern „schicken" bzw. „holen" eine Richtung interpretieren, nicht aber die Maschine. Aber nicht nur für den Dateiinhalt muss in der formalen Darstellung der Sprache zusätzlich angegeben werden, in welche Richtung er fließt, sondern allgemein für jedes Terminalsymbol. Dies geschieht z. B. durch Angabe des Absenders. Meistens wechseln die Partner bei der Kommunikation ab; hat ein Partner nichts mitzuteilen, schickt er zumindest eine Empfangsbestätigung. Solche Absprachen, die gewisse Vorgänge in einer vorgeschriebenen Form und Reihenfolge ablaufen lassen, heißen › **Protokolle**; ein Protokoll ist somit eine formale Sprache.

2 *Fernschreiber*

› „Protokoll" bedeutet in der Diplomatie „diplomatisches Zeremoniell bei offiziellen Anlässen", wo das Verhalten der Akteure genau festgelegt ist: Reihenfolge des Händeschüttelns, der Reden; die Kleiderordnung; Anredetitel usw.

Eine Möglichkeit, ein Protokoll mit Absenderangabe zu beschreiben, ist eine Tabelle. Das Protokoll für die Dateiübertragung lautet auf diese Art formuliert:

Datentransfer = {Sendung} "ende" "<cr><lf>" .
Sendung = Senden | Empfangen .
Senden =

Partner	Formalsprache	Kommentar
1	"schicken" "<cr><lf>"	sendet den Wunsch, Datei zu senden
2	"verstanden" "<cr><lf>"	meldet „verstanden"
1	Dateiname	sendet den Zielnamen
2	"verstanden" "<cr><lf>"	meldet „verstanden"
1	Inhalt	sendet den Dateiinhalt
2	"verstanden" "<cr><lf>"	meldet „verstanden"

Empfangen =

Partner	Formalsprache	Kommentar
1	"holen" "<cr><lf>"	sendet den Wunsch, Datei zu erhalten
2	"verstanden" "<cr><lf>"	meldet „verstanden"
1	Dateiname	sendet den Quellnamen
2	Inhalt	sendet den Dateiinhalt
1	"verstanden" "<cr><lf>"	meldet „verstanden"

Dateiname = {"a" ... "z" | "A" ... "Z" | "0" ... "9" | "/" | "." | "_" } "<cr><lf>" .
Inhalt = "*" "<cr><lf>" {Zeile} "*" "<cr><lf>" .
Zeile = {BinHex BinHex} "<cr><lf>" .
BinHex = "0" ... "9" | "A" ... "F" .

› engl. für „Herr"
› engl. für „Sklave"

Dieses einfache Protokoll erlaubt noch keine echte Kommunikation der beiden Programme; die benutzergesteuerte Seite (oft › Master genannt) teilt der automatisch ablaufenden Seite (› Slave) mit, was zu tun ist. Soll z. B. der Sklave nachfragen können, ob eine bestehende Datei überschreiben werden soll, oder mitteilen können, dass eine gewünschte Datei nicht existiert, muss das Protokoll deutlich erweitert werden. Des Weiteren sollte eine Anweisung an den Sklaven vorgesehen sein, dass sich das Programm beendet.

Es werden mehr Rechner

Mit der direkten Verbindung zweier Rechner (**point to point**) können immer nur zwei Partner kommunizieren. Dieses Konzept stößt mit zunehmender Rechneranzahl sehr schnell an seine Grenzen.

?

Wie viele Leitungen werden bei n Rechnern benötigt, wenn jeder mit jedem kommunizieren möchte und die Leitungen für beide Richtungen verwendbar sind?

Bei vier Rechnern würden vom Rechner A drei Leitungen zu B, C und D gelegt werden müssen, von B noch zwei (zu C und D) und von C noch eine zu D. Das sind zusammen 3 + 2 + 1 Leitungen.

Gauß'sche Summenformel

Bei n Rechnern sind es dann $(n-1) + (n-2) + \ldots + 2 + 1 = n \cdot (n-1)/2$ Leitungen.

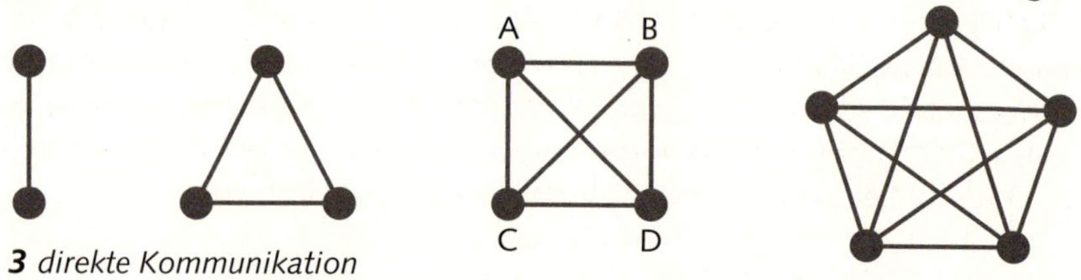

3 direkte Kommunikation

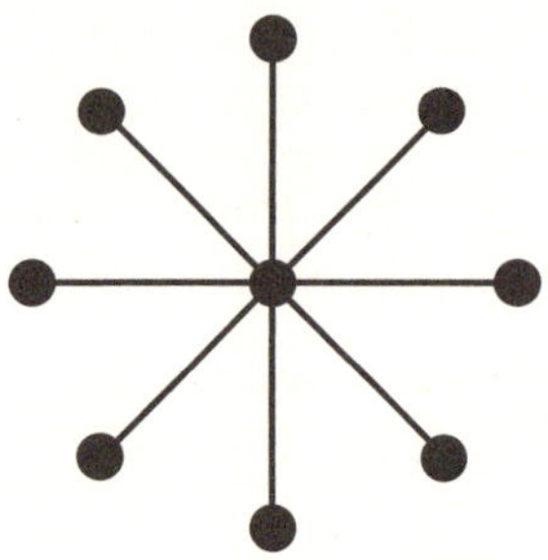

4 Sternkommunikation über einen Zentralknoten

Alternativ dazu kann jede Kommunikation über einen speziellen Rechner laufen, der die Verbindungen zu allen anderen Rechner hält. Dazu sind bei n Rechnern nur n – 1 Leitungen nötig. Dieses **Sternsystem** ist aber sehr störanfällig, da bei einem Ausfall des zentralen Knotenrechners die gesamte Kommunikation zum Erliegen kommt.

Alternativen bieten sogenannte **Bus-Systeme**, bei denen alle Teilnehmer an einer einzigen Leitung angeschlossen sind. Allerdings sind auch hier der Anzahl verbundener Rechner Grenzen gesetzt, da Kabel nur eine begrenzte Menge an Daten übertragen können (man sagt: eine begrenzte **Übertragungskapazität** haben) und ausgehandelt werden muss, wer zu einem bestimmten Zeitpunkt Daten senden darf – voraussetzt, dass nur wenige gleichzeitig senden wollen! Denn bei hohen Lasten stören sich die Verbindungssuchenden gegenseitig, sodass die übertragbare Nutzdatenmenge dann schnell abnimmt. Ein weiterer Nachteil: Sind die jeweils zu übertragenden Datenmengen sehr groß, so wird die gemeinsame Leitung für andere Rechner lange blockiert.

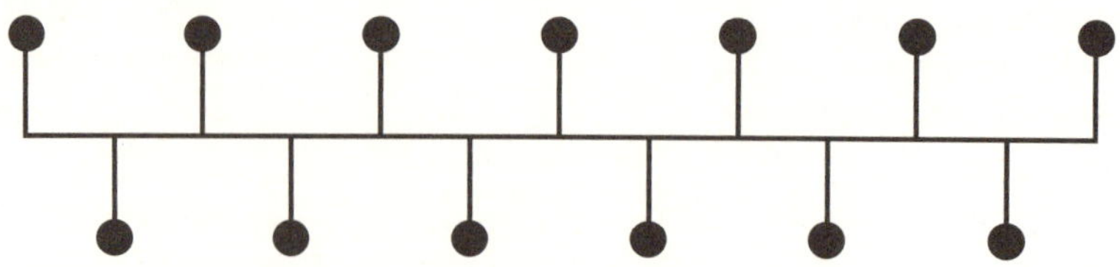

5 Kommunikation über einen Bus

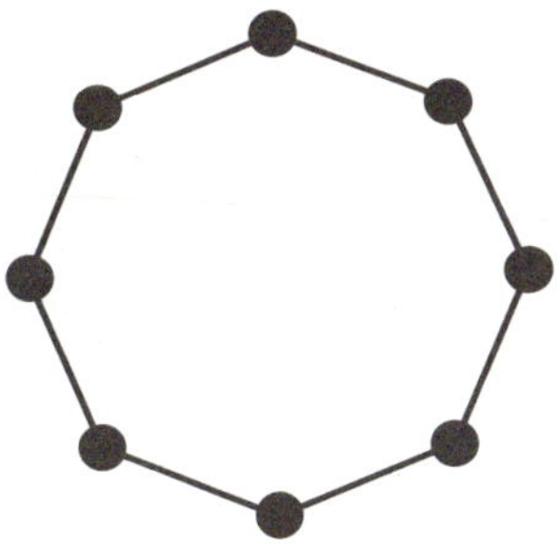

6 Token-Ring

Das Problem der hohen Lasten wird bei den **Token-Ring-Systemen** vermieden. Die Rechner sind zu einem Ring verbunden, der auch dann noch funktionsfähig bleibt, wenn eine Verbindung ausfällt. Auf diesem Ring läuft ein spezielles Signal um – das › Token. Nur der Rechner, der das Token hat, darf eine Kommunikation zu einem anderen Rechner aufbauen. Er schickt das Token erst weiter, wenn seine Kommunikation beendet ist. Dieses System hat bei hohen und niedrigen Lasten eine konstante Übertragungsrate, die aber wegen der Zeit für den Token-Umlauf unter der durchschnittlichen Übertragungsrate von Bus-Systemen liegt.

› engl. token: Zeichen, Marke

9

Heutzutage werden für Rechnergruppen von bis zu 40 Rechnern in der Regel › verkabelte Bus-Systeme verwendet. › Bus-Systeme auf Funkbasis verwalten bis zu 20 Rechner. Für die Verbindung der Bauteile innerhalb eines Computersystems greift man übrigens ebenfalls auf Bus-Systeme zurück.

› LAN: local area network
› WLAN: wireless local area network

Das Internet entsteht

Um die Millionen von Rechnern weltweit möglichst störungsfrei zu verbinden, mussten wesentlich flexiblere Strukturen als Busse gefunden werden. Die Einzelrechner kleiner Firmen, die Abteilungen großer Firmen, die Schulen etc. können dabei intern weiterhin über die oben genannten Strukturen kommunizieren. Diese Kleinstrukturen (Teilnetze) müssen dann aber zu größeren Strukturen verbunden werden, die ihrerseits zu weltweiten Strukturen vernetzt werden. Das so entstehende **Netzwerk** hat die Struktur eines allgemeinen Graphen.

Jeder Kleinstruktur kann auf diese Weise ein Verbindungsrechner zugeordnet werden, der zu weiteren Kleinstrukturen Verbindung hält (rot). Verbindungsrechner dieser größeren Struktur halten ihrerseits Kontakt zu entsprechenden anderen Strukturen (grün), bis schließlich alle Rechner verbunden sind.

Die in Abbildung 7 skizzierte mehrfach verbundene Netzstruktur erlaubt eine hohe Verbindungsleistung auf den Kleinstrukturen sowie über die mehrfachen Verbindungen der größeren Strukturen eine gute Verbindungsleistung und hohe Ausfallsicherheit.

Interkontinentalverbindungen werden heute durch extrem leistungsfähige Glasfaser-Seekabel hergestellt. Fällt eines dieser Kabel wegen Beschädigung (z. B. durch Schiffsanker) aus, wird der Datenverkehr insgesamt zwar beeinträchtigt, aber nicht unterbrochen. Auch der Ausfall eines Verbindungsrechners führt nur zu Geschwindigkeitseinbußen, nicht aber zu einer völligen Unterbrechung der virtuellen Verbindung.

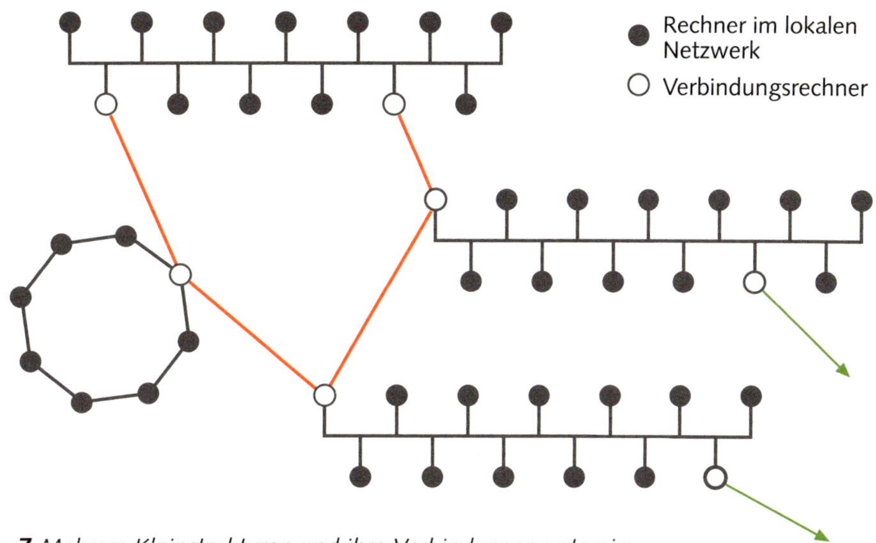

7 Mehrere Kleinstrukturen und ihre Verbindungen untereinander sowie Anbindungen an eine Großstruktur

Mitglieder auf Zeit

Die obigen Strukturen setzen voraus, dass zumindest die Verbindungsrechner rund um die Uhr aktiv sind. Besonders von Privathaushalten kann diese Anforderung aber nicht erfüllt werden. Die Internetprovider stellen daher als Knoten eines Sterns Verbindungsrechner zur Verfügung; mit diesen Rechnern kann jeder Kunde vor allem über die Telefonverbindung (Modem, ISDN, DSL, UMTS, ...) für eine bestimmte Zeit Kontakt aufnehmen.

Kommunikation in Schichten

? Muss ein Rechner für die Kommunikation den Weg zum Ziel genau kennen?

Natürlich ist es in einem großen Netzwerk nicht praktikabel, dass jeder Rechner die genaue Struktur aller beteiligten Netzkomponenten kennen muss, wenn er mit einem anderen Rechner Kontakt aufnehmen will. Vorlagen zur Lösung dieses Problems bietet bereits die Modellkommunikation per Briefpost zwischen Firmen in verschiedenen Ländern.

Ein Manager des Standorts A schreibt einen Brief an einen Manager des Standorts B einer weltweit operierenden Firma. Beide sprechen verschiedene Sprachen, z. B. Französisch und Japanisch. Der Manager bei A schreibt seinen Brief einfach auf Französisch und gibt ihn in den Postausgang. Dort wird er von einem Übersetzer in Empfang genommen, der den Brief in die firmeninterne Standardsprache übersetzt, z. B. ins Englische. Diese Version des Briefs gelangt nun zur Post. Über verschiedene Transportmedien wie Lkw, Bahn, Schiff oder Flugzeug erreicht der Brief den Briefkasten des Standorts B. Dort übernimmt ihn ein Übersetzer, der ihn aus der Standardsprache in die Muttersprache des Adressaten übersetzt. In dieser Form landet der Brief schließlich beim Manager der Firma B.

Hier lassen sich vier Kommunikationsschichten erkennen:

- Auf der obersten Ebene (Nummer IV) „kommunizieren" die beiden Manager; hier findet der eigentliche Informationsaustausch statt. Dieser Austausch wird auch als **virtuelle Kommunikation** bezeichnet, da die beiden Manager in Wirklichkeit nicht direkt miteinander kommunizieren. Sie müssen von dem notwendigen Unterbau keine Kenntnis besitzen.
- Ebene IV delegiert die Kommunikation an Ebene III, die dafür zuständig ist, dass der Brief in ein firmenweit festgelegtes Standardformat gebracht bzw. aus diesem Format wieder in das spezielle Format der Ebene IV des Empfängers zurückübertragen wird.
- Für den Transport der Daten nutzt Ebene III die Organisation der Post (Ebene II), die für die Weiterleitung des Briefs verantwortlich ist, den Inhalt aber nicht zu kennen braucht.
- Die Post nutzt ihrerseits wieder diverse Transporteinrichtungen (Ebene I), um den Brief eventuell über mehrere Filialen unter Benutzung verschiedener Transportmittel ans Ziel zu bringen.

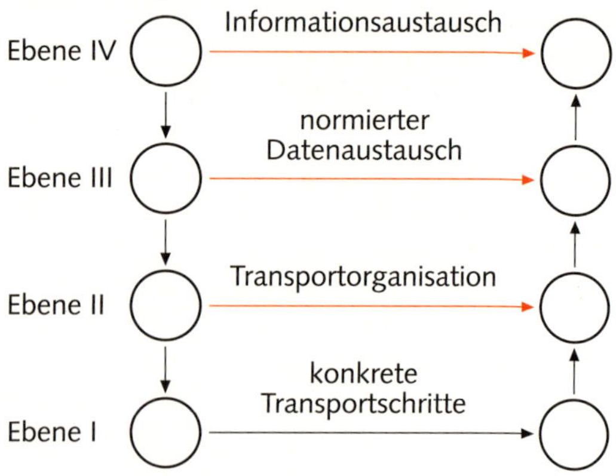

8 Kommunikation in Ebenen

Bei dieser Vorgehensweise muss sich jede Ebene nur um ihre Aufgaben kümmern; zur Delegation von Teilaufgaben hat sie eine geeignete Schnittstelle zur nächstunteren Ebene. Alle Akteure der Ebenen II bis IV führen diese virtuelle Kommunikation. Nur auf der Ebene I findet die reale Kommunikation statt, die Datenübertragung.
Auch die Kommunikation in Netzwerken kann mit einem ähnlichen **Schichtenmodell** effizient organisiert werden: Jede Schicht führt eine virtuelle Kommunikation mit dem Partner der gleichen Schicht beim Gegenüber; sie hat dabei jeweils ihr eigenes Protokoll, um den Datenaustausch zu organisieren. Der Begriff des Protokolls wurde für diesen Zweck um den Zusatz ergänzt, dass die Kommunikation in einer Schichtenhierarchie immer auf gleicher Ebene stattfinden muss (**horizontale Kommunikation**).
Die Objekte, die die Kommunikation auf den einzelnen Schichten abwickeln, werden zusammen als **Protokollstack** (**Protokollstapel**) bezeichnet. Das Wort Stapel bringt zum Ausdruck, dass nur Objekte direkt benachbarter Schichten miteinander kommunizieren können. Der Begriff Protokollstack wird heute oft auch für die zugehörigen Klassenbibliotheken verwendet. Ein sehr typisches, vollständiges und klar gegliedertes Beispiel für einen Protokollstack – wenn auch nicht das am häufigsten verwendete (siehe nächstes Kapitel) – ist das › **ISO/OSI Referenzmodell**. Es gliedert sich in sieben Ebenen:

6

› ISO: International Standards Organization
OSI: Open Systems Interconnection

OSI-Schicht		Orientierung
7	Anwendung (application)	anwendungsorientiert
6	Darstellung (presentation)	
5	Sitzung (session)	
4	Transport (transport)	transportorientiert
3	Vermittlung (network)	
2	Sicherung (data Link)	
1	Bitübertragung (physical)	

***9** Das ISO-OSI-Referenzmodell*

Die Schichten 1 und 2 beschreiben das jeweilige physikalische Medium wie Kabel, Funk etc. (Schicht 1) und wie damit Daten übertragen werden (Schicht 2). Sie entsprechen daher der Ebene I im Beispiel des Briefs.
Die Schicht 3 sorgt dafür, dass ein Datenpaket von einem Rechner in einem Netz zu einem anderen Rechner in einem anderen Netz kommt, und kümmert sich um die notwendigen Zwischenschritte. Die Schicht 4 ist dafür verantwortlich, dass ein fortlaufender Strom von Daten in „handliche" Pakete zerlegt und anschließend beim Empfänger wieder in der richtigen Reihenfolge zusammengesetzt wird. Die Zerlegung in kleine Pakete ist notwendig, damit bei einer Störung nicht die gesamte Sendung wiederholt werden muss. Auf diese Art können mehrere Kommunikationen leichter parallel ablaufen. Diese beiden Schichten zusammen entsprechen der Ebene II im Briefbeispiel; bei Briefen ist eine Zerlegung der Sendung ja weder nötig noch möglich. Zusammen sind diese vier Schichten für den Transport der Daten von Rechner A zu Rechner B verantwortlich. Die roten Pfeile kennzeichnen die Ebenen virtueller Kommunikation.
Die Schicht 5 synchronisiert die Abläufe auf den Rechnern A und B. Unter anderem sorgt sie bei einer Unterbrechung der Verbindung

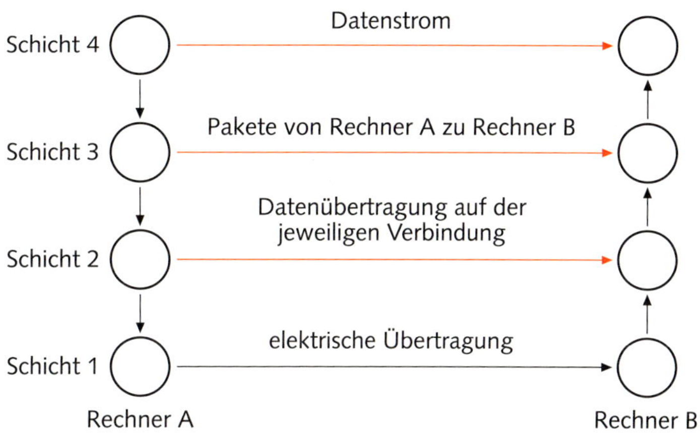

***10** Schichtenweise Datenübertragung von Rechner A zu Rechner B*

dafür, dass die Datenübertragung nicht von vorn begonnen werden muss, sondern nur der noch fehlende Teil nachgeliefert wird. Die Schicht 6 ist für eine vereinheitlichte Darstellung der Daten verantwortlich, z. B. Umwandlungen von Sonderzeichen verschiedener Sprachsysteme oder die Übertragung von Bildern. Sie entspricht der Ebene III im Briefbeispiel.
Die Schicht 7 ist der eigentliche Verwender der Kommunikation. Sie entspricht der Ebene IV des Briefbeispiels.

Rechner benötigen Bezeichner
Wenn zwei Rechner A und B direkt miteinander verbunden sind, ist klar, zu welchem Rechner ein Datenpaket soll, das Rechner A abschickt. In allen anderen Fällen benötigt ein Datenpaket aber die Angabe einer Adresse, zu der es verschickt werden soll. In der Regel hat das Datenpaket auch eine Absenderadresse, damit der Empfänger feststellen kann, wer ihm eine Botschaft zukommen ließ und wem er gegebenenfalls antworten kann. Das bedeutet, dass in einem Netzwerk – gleichgültig, ob nur innerhalb einer Firma oder ob im Internet – jeder Rechner einen eindeutigen Bezeichner benötigt.
In einem einfachen Netz (Bus, Stern oder Ring) ist damit die Kommunikation bereits möglich. Da jeder Rechner jedes Datenpaket „sieht", kann er einfach die an ihn adressierten Datenpakete „annehmen" und weiterverarbeiten. Die anderen Datenpakete ignoriert er.

Router sind Postämter
Das Datenpaket wird grundsätzlich nur im Teilnetz des Absender-Rechners verschickt. Ein Verschicken aller Datenpakete in alle angeschlossenen Teilnetze ist sicher keine Lösung, denn dadurch wäre das Netz schnell überlastet.

? Wie aber gelangt ein Datenpaket zu einem Rechner, der in einem anderen Teilnetz ist?

In Abbildung 11 sollen Daten vom Rechner A (grünes Teilnetz) zum Rechner B (rotes Teilnetz) gelangen.

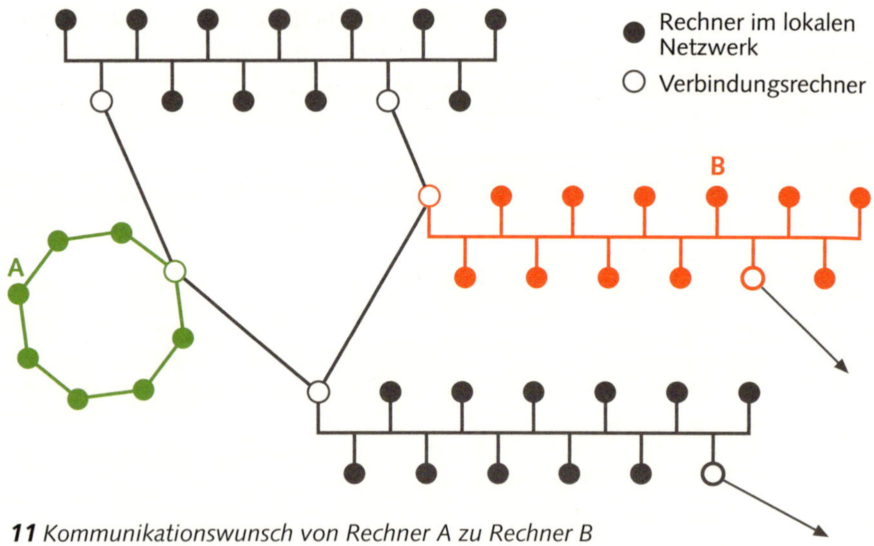

11 *Kommunikationswunsch von Rechner A zu Rechner B*

Sicher ist, dass den Verbindungsrechnern (den sogenannten › **Routern**; weiß gefüllte Kreise) hier spezielle Aufgaben zukommen. Insbesondere haben diese Rechner die Aufgabe, alle Pakete, die nicht zu „ihrem" Teilnetz gehören, nach außen weiterzuleiten, wie es Postämter bei Briefen tun, die nicht in den eigenen Zustellbezirk adressiert sind. Dazu benötigen sie genaue Angaben, welche Rechner zu „ihrem" Teilnetz gehören, um von außen kommende Sendungen zustellen zu können. Weiter benötigen sie Information darüber, an welchen Rechner (anderen Router) sie Pakete mit Adressen, die nicht zu ihrem Teilnetz gehören, weitersenden müssen. Dafür werden heute in der Regel › routing tables verwendet. In Abbildung 12 werden die Daten von Rechner A an Rechner C geschickt, der sie an D weiterleitet. Dieser sendet sie an E, der sie in „sein" Teilnetz weiterleitet, wo sie schließlich von B empfangen werden.

› engl. route: Weg, Reiserichtung

› engl. für Verbindungstabellen

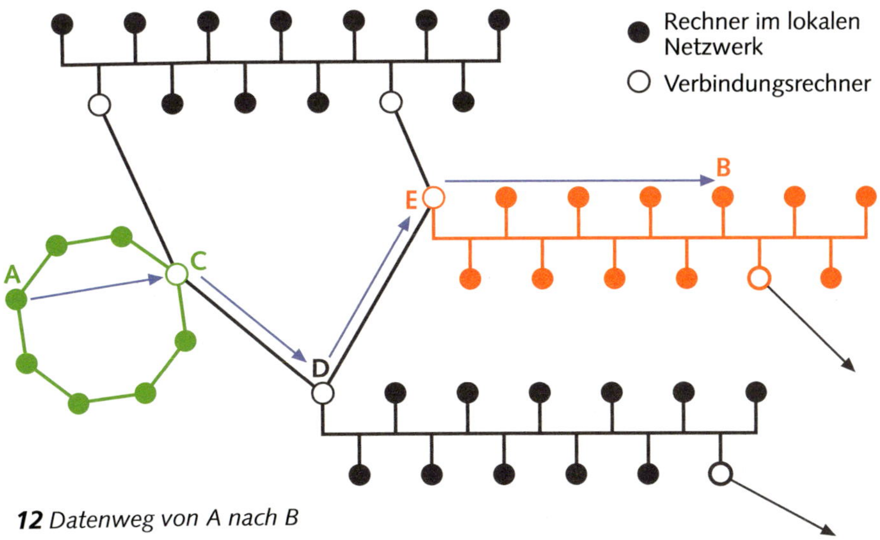

12 *Datenweg von A nach B*

Die Datenweiterleitung wird von der **Vermittlungsschicht** (Schicht 3) organisiert. Ein Nutzer von Schicht 3 (also Schicht 4 oder höher) muss sich mit dieser Aufgabe nicht auseinandersetzen; er schreibt einfach „an B" auf das Paket und schickt es los.

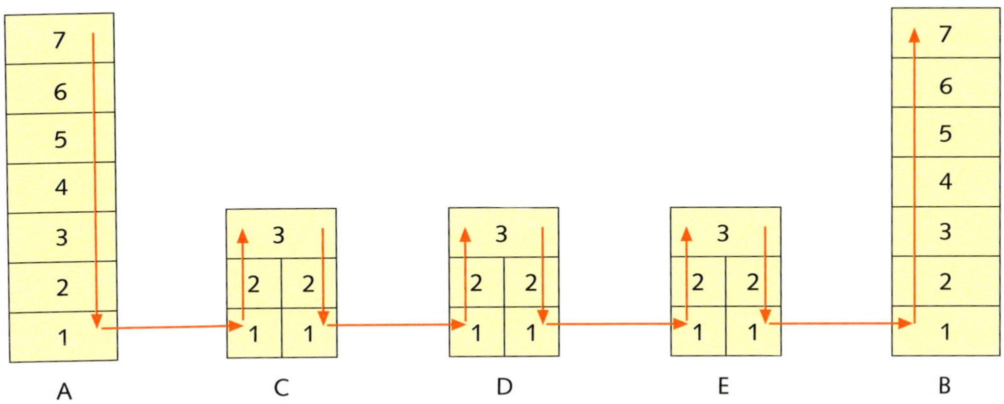

13 *Datenübertragung von A nach B im 7-Schichten-Modell*

Redundanz schafft Sicherheit

Bei einem Ausfall der Leitung von C ist die Verbindung nach B unterbrochen, obwohl über das obere Teilnetz Leitungen vorhanden wären. Diese Redundanz an Leitungen kann genutzt werden, indem Rechner C die Pakete für B nicht nur an D schickt, sondern auch an F (Abbildung 14). Das Paket kommt dann eventuell zweimal an, dafür aber deutlich sicherer. Der Empfänger beachtet nur das zuerst ankommende Paket, alle anderen wirft er einfach weg. Voraussetzung für dieses Verfahren ist, dass die Pakete eindeutig identifizierbar sind.

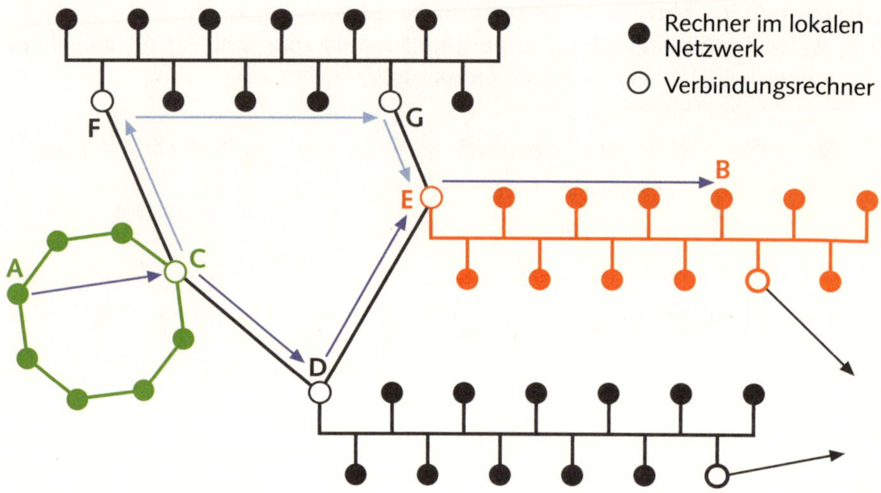

14 *Alternativer Datenweg*

Die sture Doppelsendung erzeugt aber eine hohe Netzbelastung. Heute wird in der Regel anders verfahren. Ein Paket von A nach B wird normalerweise über D geschickt. Nur wenn diese Verbindung ausfällt oder sehr stark ausgelastet ist, wird der Weg über F verwendet. Auch um diese Optimierungen muss sich die Vermittlungsschicht kümmern; wieder müssen sich Nutzer dieser Schicht und aufwärts keine Gedanken machen.

Für die Kommunikation zwischen Rechnern werden spezielle formale Sprachen benötigt, die **Protokolle**. Bei in Schichten organisierter Kommunikation gilt zusätzlich, dass ein Protokoll die Kommunikation von Partnern der gleichen Schicht (**horizontale Kommunikation**) beschreiben muss.

Rechnerverbindungen können in kleinen Teileinheiten **direkt** (**point to point**), **sternförmig**, **busförmig** oder **ringförmig** organisiert sein. Werden solche Teileinheiten miteinander verbunden, entsteht ein Netzwerk mit der Struktur eines allgemeinen Graphen.

Die Kommunikation in einem Netzwerk wird in **Schichten** organisiert. Ein vollständiges Modell ist das **ISO/OSI-Referenzmodell**. Die Gesamtheit aller Klassen zur Nutzung der Netzwerkschichten nennt man **Protokollstapel** (**Protokollstack**).

Rechner in einem Netzwerk brauchen eindeutige Bezeichner, damit sie als Sender bzw. Empfänger identifiziert werden können.

Für die Versendung von Paketen über Teilnetzgrenzen hinweg ist die **Vermittlungsschicht** verantwortlich. Sie erledigt diese Aufgabe mithilfe speziell für diesen Zweck konfigurierter Rechner, den **Routern**.

Aufgaben

1 Schulnetz

Erkundigen Sie sich nach der Struktur des Rechnernetzes Ihrer Schule. Stellen Sie dieses Netz als Graphen dar.
Welche der in den Abbildungen 3–6 dargestellten Grundstrukturen finden sich in diesem Netz?

2 Strukturen im Internet

Erkundigen Sie sich nach der Struktur folgender Netze und stellen Sie die Struktur als Graphen dar:

a Das deutsche Wissenschaftsnetz

b Die Interkontinentalverbindungen (Jeder Kontinent ist als ein Knoten zu betrachten.)

3 Rechnernetze

a Spielen Sie in einer Gruppe die Kommunikation im Token-Ring nach. Die Rechner werden durch jeweils einen Schüler dargestellt, ein Schüler ist das umlaufende Token.

b Insbesondere in Funknetzen (Handynetz) ist das sogenannte Aloha-Verfahren üblich. Jeder ruft seine Botschaft einfach hinaus. Eine Botschaft ist ungültig, wenn sie ganz oder teilweise mit einer anderen Botschaft zusammenfällt (Kollision). Sie muss dann wiederholt werden.
Welche Bedingung(en) müssen gegeben sein, damit das Verfahren funktioniert? Wie könnte man es verbessern?

4 Protokolle

Ergänzen Sie das zu Beginn dieses Kapitels vorgestellte Protokoll für die Dateiübertragung

a um eine Meldung, wenn eine zu holende Datei nicht existiert, und

b um eine Nachfrage, ob eine bestehende Datei mit der zu empfangenden Datei überschrieben werden soll.

5 Schichtenmodell

Entwickeln Sie für die folgende Situation ein Schichtenmodell wie in Abbildung 8. Achten Sie dabei auf die korrekte Reihenfolge der Ebenen:

- Ein deutscher und ein polnischer Forscher tauschen sich über ihr Forschungsgebiet aus.
- Die Übertragung der Signale erfolgt über elektromagnetische Wellen.
- Der Austausch erfolgt im Rahmen einer Videokonferenz.
- Zwei Übersetzer übertragen die Originalsprachen ins Englische.

6 DoD-Schichtenmodell

Informieren Sie sich über das DoD-Schichtenmodell und vergleichen Sie es mit dem ISO/OSI-Modell.

6 Prozesskommunikation im Internet

Das Netzwerk mit den mit Abstand meisten Teilnehmern ist das Internet. Auch viele Firmennetze sind nach dem gleichen Muster aufgebaut (Intranet). Dieses Kapitel beschreibt die Verwendung der wichtigen im Internet verfügbaren Protokolle für die Datenübertragung.

Weniger Schichten

Der im Internet am häufigsten verwendete Protokollstapel, der nach seinen wichtigsten Protokollen benannte TCP/IP-Stack, bietet nicht alle im ISO/OSI-Referenzmodell dargestellten Schichten an. So sind die Schichten 1 und 2 zu einer gemeinsamen Ebene verschmolzen. Die Anwendungsschichten, also die Schichten 5 mit 7, sind nicht unterteilt und zu einer Ebene zusammengefasst. Das bedeutet, dass beide Kommunikationspartner genau über die Darstellung der übertragenen Information Bescheid wissen müssen, z. B. ob bei der Übertragung einer Zahl zuerst die höchste oder zuerst die niedrigste Stelle übertragen wird. Damit ergibt sich das Schichtenmodell in Abbildung 1.

	TCP/IP-Schicht	typische Protokolle	OSI-Schicht
4	Anwendung	http, ftp, smtp, pop3, imap	5–7
3	Transport	tcp, udp, tsl	4
2	Vermittlung	ip	3
1	Medien	ethernet, token-ring, diverse Funkprotokolle	1–2

1 *Das Internet-Schichtenmodell*

Für den normalen Anwender sind fertige Programme interessant, die die Protokolle der **Anwendungsschicht** implementieren.

Protokoll	Bedeutung des Namens	Aufgabe	Anwendung
http	hypertext transfer protocol	Übertragung von Webseiten	Browser
https	hypertext transfer protocol secure	verschlüsselte Übertragung von Webseiten	Browser
smtp	simple mail transfer protocol	Versenden von E-Mails	Mailprogramm
pop3	post office protocol 3	Empfangen von E-Mails	Mailprogramm
imap	internet message access protocol	Empfangen von E-Mails	Mailprogramm
ftp	file transfer protocol	Übertragung von Dateien	FTP-Client

Der Informatiker, der in seinen Systemen Rechnerkommunikation benötigt, nutzt die Protokolle der **Transportschicht**.

Protokoll	Name	Aufgabe
tcp	transport control protocol	Übertragung von Datenströmen
udp	user datagram protocol	Übertragung unabhängiger Datenpakete
tsl	transport secure layer	verschlüsselte Übertragung von Datenströmen

5 Systemprogrammierer, die die Klassen für die Implementierung der einzelnen Schichten entwickeln, nutzen wie im vorigen Kapitel beschrieben die Protokolle der jeweils nächst-

unteren Ebene. Bei der Entwicklung eines neuen Transportprotokolls (Schicht 3) stützt man sich demgemäß auf die Vermittlungsschicht (Schicht 2).

Protokoll	Name	Aufgabe
ip	internet protocol	Übertragung von Datenpaketen einschließlich Wegesuche (routing)

Die Protokolle der Vermittlungsschicht nutzen die Protokolle der untersten Schicht je nach Verbindungsmedium.

Protokoll	Medium
ethernet	Protokoll für das heute übliche, kabelgestützte Bus-System Ethernet, bei dem alle Beteiligten Verbindungen aufbauen können, wenn das Medium nicht benutzt wird. Finden mehrere Aufbauversuche gleichzeitig statt (Kollision), werden alle Versuche abgebrochen und später neu unternommen.
token-ring	Protokoll für ein ringförmiges, kabelgestütztes Netzwerk, bei dem eine Marke (Token) umläuft. Eine Verbindung kann nur aufbauen, wer das Token hat; nach Beendigung dieser Kommunikation läuft das Token weiter.
WiFi (802.11)	Bus-Protokoll, das elektromagnetische Wellen als Trägermedium nutzt.
FDDI	Fiber Distributed Data Interface: Protokoll für Glasfaser als Trägermedium

5

5

Namen, Nummern und Postfächer

Die Planer des Internets gaben zu Beginn jedem Rechner eine natürliche Zahl aus dem Bereich 1 bis 4294967295 ($2^{32} - 1$) als Bezeichner, d. h. eine mit 32 Bit (4 Byte) darstellbare Zahl. Dabei wurden sie von dem Gedanken geleitet, dass jedem Teilnetz ein Nummernbereich zugeordnet werden kann, der sich nur auf den hinteren Stellen (in Bitschreibweise) unterscheidet. Dadurch können die Kommunikationsrechner, die die Teilstrukturen verbinden, sehr schnell entscheiden, wohin ein Datenpaket geschickt werden muss. Um diese Struktur besser erkennen zu können, werden die Bezeichner nicht als eine Dezimalzahl geschrieben, sondern der Wert jedes der vier Bytes (0–255) wird einzeln durch Punkte getrennt angegeben. Statt 4294967295 steht somit 255.255.255.255. Der Bezeichner 192.168.2.10 ist eigentlich die Zahl 3232236042. Unabhängig von ihrer Darstellung heißt die als Bezeichner verwendete Zahl **IP-Adresse**.

Warum ist dieses Nummernschema für die Maschine gut, für den Menschen aber schlecht?

?

Mit Zunahme der Anzahl der Rechner im Internet wurde es für Menschen rasch schwierig, sich eine Vielzahl an Nummern zu merken. Daher wurde eine Art Einwohnermeldeamt eingerichtet, über das für jede Rechnernummer auch ein leichter zu merkender Name vergeben werden konnte. Mit weiter zunehmender Rechnerzahl war dieses Einwohnermeldeamt aber schnell überlastet. Seine Aufgaben mussten auf mehrere Rechner mit aufgeteilten Zuständigkeiten verteilt werden. So entstand der heute übliche hierarchische Namensraum mit den durch Punkten getrennten Namensebenen wie „www.schule.bayern.de". Durch Anfragen an diese Dienstleistung, genannt › **DNS**, erhält man zu jedem Namen die Nummer des Rechners.

› DNS: Dynamic Name Service: dynamischer Namensdienst

Der DNS-Dienst ist auf viele Server verteilt. Eine Anfrage geht zuerst an die Zentrale für die oberste Namensebene (top level domain), hier „de". Die Zentrale weiß dann, auf welchem Server die nächste Ebene (hier „bayern") verwaltet wird usw. Da die meisten

Schnittstellen zu den Schichten Transport und Vermittlung automatisch erkennen, ob eine Rechnernummer oder ein Rechnername als Adresse angegeben ist, und gegebenenfalls automatisch den Dienst DNS aufrufen, kann man als Anwender beliebig Namen oder Nummern angeben.

Für die Vermittlungsschicht mit dem Protokoll IP sind Rechnernummern zur Adressangabe ausreichend. Für die Transportebene mit ihren Protokollen wurde festgelegt, dass zwischen zwei Rechnern mehrere unabhängige Datenverbindungen gleichzeitig möglich sein sollen. Als Unterscheidungsmerkmal zwischen diesen Verbindungen wurde eine zusätzliche Nummer aus dem Bereich 0 bis 65535 ($2^{16} - 1$) gewählt, die sogenannte **Portnummer**. Die Ports kann man sich als Postfächer vorstellen; bei der Weitergabe der Datenpakete von der Vermittlungsschicht zur Transportschicht werden die Pakete nach den Portnummern auf die bestehenden Verbindungen aufgeteilt.

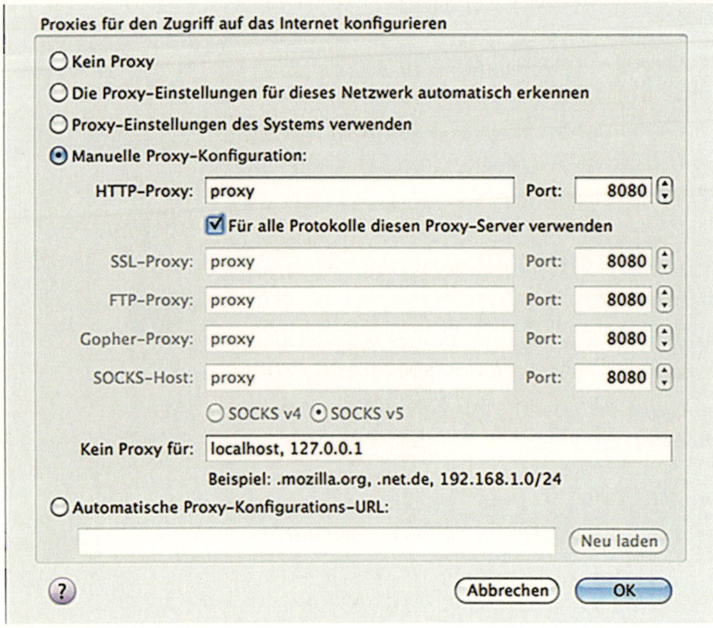

2 *Porteinstellung für die Verwendung des Proxydienstes beim Browser*

Client und Server

7

5

Wenn ein Programm (Programme in Ausführung werden als **Prozess** bezeichnet) eine Verbindung zu einem anderen Rechner aufbauen will, dann deshalb, weil es eine Dienstleistung von diesem Rechner erwartet, genauer: von einem Programm (Prozess) auf diesem Rechner. In Netzwerken ist es üblich, dass das Programm, das die Dienstleistung erbringen soll, nicht erst gestartet wird, wenn der Auftrag kommt. Vielmehr ist es die ganze Zeit aktiv, wartet auf Aufträge und bearbeitet diese, sobald sie eintreffen. Deshalb wird ein solches Programm nicht mehr „Slave" (der nur einem Herrn dient) genannt, sondern › **Server**. Ein Rechner, auf dem ein oder mehrere Server(programme) aktiv sind, wird ebenfalls als Server bezeichnet. Das Programm, welches die Dienstleistung benötigt, ist nicht mehr der „Master", sondern der › **Client**.

› engl. to serve: dienen
› engl. client: Kunde

Um die einzelnen Dienstleistungen – kurz Dienste genannt – einfach zuordnen zu können, erwartet jedes Serverprogramm seine Anrufe auf einem ihm eindeutig zugeordneten Port. Der Client muss also wissen, welche Portnummer er beim Verbindungsaufbau zu einem bestimmten Server verwenden muss. Für häufig verwendete Dienste, wie die Internetprotokolle der Anwendungsschicht in Abb. 3, sind diese Nummern verbindlich festgelegt: die sogenannten › well known port numbers.

› engl. für: allgemein bekannte Portnummern

Für die „well known port numbers" ist der Bereich von 0 bis 1023 ($2^{10} - 1$) reserviert, der Bereich von 1024 bis 49151 ist sonstigen Diensten (z. B. MySQL: 3306) vorbehalten; private Nummern sollten daher im Bereich über 49151 (bis 65535) liegen. In der Regel ist aber der Bereich ab 10000 problemlos privat nutzbar.

Dienst	Portnummer
http	80
https	443
ftp	20, 21
smtp	25
pop3	110
imap	143
dns	53

3 *Typische Dienste mit Portnummer*

Für die Client-Server-Kommunikation wird in den meisten Fällen das unverschlüsselte Protokoll TCP verwendet (die verschlüsselte Ergänzung TSL erzeugt hohe Rechnerlast). Es garantiert, dass die Daten beim Adressaten genau in der Reihenfolge ankommen, in der sie der Absender losgeschickt hat.
Das Paketprotokoll UDP wird nur verwendet, wenn entweder nur sehr wenige Daten übertragen werden müssen, deren zeitliche Reihenfolge unwesentlich ist, oder wenn, wie bei Internettelefonie (voice over ip), der Verlust einzelner Pakete in Kauf genommen wird. Wegen der Dominanz von TCP wird der Protokollstack für das Internet häufig auch als **TCP/IP-Stack** bezeichnet. Die folgenden Ausführungen beziehen sich auf TCP, gelten aber im Prinzip auch für andere Protokolle. Im Werkzeugkasten 1 sind die sprachspezifischen Umsetzungen erläutert.

W1

SOCKET
Anbinden(portnummer) Warten() Verbinden(adresse, portnummer) Lesen() Schreiben(daten) Schliessen()

Für den Aufbau der Verbindung und deren Durchführung werden Objekte einer speziellen Verbindungsklasse verwendet, die in der Regel den Namen › **SOCKET** hat.

› engl. socket: Sockel

Anbinden(portnummer)	Bindet das Objekt an eine bestimmte Portnummer, um auf Anrufe für diesen Port warten zu können; genauer: Meldet das Objekt bei einem Objekt einer für den Anwender nicht sichtbaren Klasse PORTABHOERER an.
Warten()	Wartet auf einen Anruf und liefert bei Anruf ein neues Objekt der Verbindungsklasse SOCKET zurück, das die entstandene Verbindung verwaltet. Dadurch kann der Server Aufträge parallel bearbeiten (s. nächstes Kapitel).
Verbinden(adresse, portnummer)	Verbindet den Prozess mit dem durch Adresse und Portnummer angegebenen Serverprozess.
Lesen()	Liest Daten vom Eingabestrom.
Schreiben(daten)	Schreibt Daten auf den Ausgabestrom.
Schliessen()	Beendet die Verbindung.

7

Ein typischer Serverprozess hat damit folgenden Kernteil:

```
// Verbindungsobjekt erzeugen
verbindung1 = new SOCKET()
// Verbindungsobjekt bei der Portverwaltung registrieren
verbindung1.Anbinden(<meinePortNummer>)
tue
    // Auf einen Anruf warten; die Methode gibt dann ein
    // Objekt zurück, das die konkrete Verbindung beschreibt.
    verbindung2 = verbindung1.Warten()
    <führe Auftrag von verbindung2 aus>
solange nicht <Bedingung für Beenden des Servers>
```

Entsprechend kurz ist auch der Kern des Clients:

```
// Verbindungsobjekt erzeugen
verbindung = new SOCKET()
// Mit dem Server verbinden
verbindung.Verbinden(<serveradresse>, <serverPortNummer>)
<Arbeit erledigen>
// Verbindung beenden
verbindung.Schliessen()
```

Abbildung 4 zeigt die prinzipielle Struktur der Klassen des Protokollstacks und die Einbindung der Klasse SOCKET in dieser Struktur. Für den normalen Programmierer sind die Klassen der Transportschicht wichtig; nur die Ersteller weiterer Dienste oder von Zugangsklassen für neue Medien benötigen Kenntnis der Klassen von Vermittlungs- und Medienschicht.

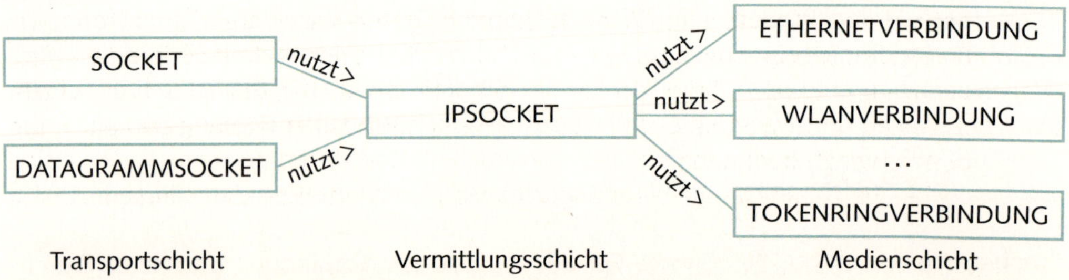

4 Schema eines Protokollstacks

Das Schichtenmodell des Internets unterscheidet vier Schichten: Medium, Vermittlung, Transport, Anwendung. Der Protokollstapel für dieses Schichtenmodell ist der **TCP/IP-Stack**.

Die **IP-Adresse** ist die weltweit eindeutige Bezeichnernummer eines Computers im Internet.
Der **Dynamic Name Service (DNS)** ordnet dem eigentlichen Rechnerbezeichner – der IP-Adresse – optional einen Namen zu.

Ports erlauben auf der Transportebene den parallelen Aufbau mehrerer Verbindungen zwischen zwei Rechnern. Die Kommunikation wird von einem **Client** zu einem auf Anrufe (und Aufträge) wartenden **Server** aufgebaut.

Aufgaben

1 Internet

Recherchieren Sie die Antwort auf folgende Fragen:

- a Wie viele Rechner (Zehnerpotenz) waren in den Jahren 1990 bis 2005 jeweils ans Internet angeschlossen?
- b Welche Basisdienste bietet das Internet?
- c Welche Institution ist für die Verwaltung von „.de"-Domänen verantwortlich? Wie viele dieser Domänen gibt es zurzeit?

2 Kommunikationsaufbau

Informieren Sie sich über den Aufbau des Protokolls HTTP.

- a Bauen Sie mithilfe des Programms Telnet eine Verbindung zu einem Webserver auf (Welcher Port muss verwendet werden?) und fordern Sie eine Seite an.
- b Woran erkennen Sie, welcher Teil der übertragenen Daten zu der angeforderten Webseite gehört?
- c Vergleichen Sie das Protokoll HTTP mit dem Protokoll des Dateiservers aus Kapitel 5. Was ist gleich, wo gibt es Unterschiede?
- * d Entwickeln und implementieren Sie eine Klasse, deren Methode(n) eine Verbindung zu einem Webserver aufbauen und eine Seite anfordern. Die Seite soll in das Ausgabefenster ausgegeben werden.

*** 3 Chatserver (Vorbereitung;** Teamarbeit möglich**)**

a Entwickeln Sie einen einfachen Server, der auf einen Verbindungswunsch wartet und dann alle an ihn gesendeten Zeichen wieder zurück an den Client sendet. Der Server soll beendet werden, wenn der Client die Verbindung schließt. Testen Sie den Server mit dem Programm Telnet.

b Entwickeln Sie ein kleines Client-Programm für den Server aus a).

c Entwerfen Sie ein möglichst einfaches Protokoll, mit dem sich der Client beim Server an- und wieder abmelden kann. Nach der Abmeldung soll der Server auf den nächsten Anruf warten. Das Protokoll soll eine spezielle Anweisung enthalten, um den Server zu beenden.
Testen Sie zunächst mit Telnet und ergänzen Sie dann Ihren Client entsprechend.

*** 4 Dateiserver** (Teamarbeit möglich)

Entwickeln Sie anhand des in Kapitel 5 vorgegebenen Protokolls ein Client-Server-Paar zur Übertragung von Dateien. Der Server soll nach jeder Übertragung auf den nächsten Anruf warten. Ergänzen Sie das Protokoll um eine Anweisung zur Beendigung des Servers durch den Client.

5 Wege im Internet

Um die Verbindungen im Internet nachzuverfolgen, gibt es die Programme „traceroute" (Unix, Linux, MacOS) bzw. tracert (Windows).

a Verfolgen Sie die Route zu einigen Ihrer Lieblingsserver.

b Versuchen Sie anhand der Route zu erraten, in welchen Städten die Webserver folgender Institutionen stehen könnten:
Amnesty International (www.amnesty.org)
UNESCO (www.unesco.org)

c Welche Probleme hat das Verfahren mit dem Server www.uno.org?

7 Parallele Prozesse

Server müssen in der Regel sehr viele Aufträge bearbeiten. In diesem Kapitel wird gezeigt, wie die Bearbeitung dieser Aufträge effizient organisiert werden kann.

Wartezeiten nutzen – parallel arbeiten

Was kostet beim Anfordern einer Webseite am meisten Zeit? **?**

Typische Serveraufgaben, wie sie z. B. von Webservern, Mailservern, Dateiservern oder Datenbankservern zu leisten sind, beinhalten sehr viel Datentransfer von und zum Hintergrundspeicher (Festplatte, Magnetbänder etc.). Da Hintergrundspeicherzugriffe deutlich langsamer ablaufen als Berechnungen, entstehen dadurch für den Prozessor Wartezeiten. Schon Mitte der 60er-Jahre wurden daher Betriebssysteme so entworfen, dass Programme nicht der Reihe nach (sequenziell) ausgeführt werden, sondern dass bereits das nächste Programm begonnen wird, während ein Programm auf den Hintergrundspeicher oder eine Eingabe wartet (parallele Ausführung).

Auch im Alltagsleben wird nach Möglichkeit parallel gearbeitet. Für Fertigspaghetti mit Salat richtet man nicht zuerst den Salat her, bereitet dann die Tomatensoße zu und kocht danach die Spaghetti. Während das Nudelwasser zum Kochen kommt, wird der Salat angerichtet; die Soße wird zubereitet, während die Nudeln kochen.
Diese Optimierung lässt sich auch auf Serveraufgaben übertragen. Die Serveranfragen sollen parallel verarbeitet werden, um den Gesamtdurchsatz zu erhöhen. Besonders wichtig ist die Möglichkeit zur Parallelverarbeitung, wenn im Computer, wie mittlerweile üblich, mehrere Prozessoren zur Verfügung stehen.

Leichte und schwere Prozesse

› Prozess: Bezeichnung für einen aktiven Auftrag aus der Sicht des Betriebssystems, z. B. ein gestartetes Programm

Ein erster Ansatz zur Parallelisierung von Serveraufgaben war, für jede Anfrage einen eigenen › Prozess zu starten, der sich nur um genau diesen Auftrag zu kümmern hatte. Damit wurde die Parallelität vom Betriebssystem organisiert und für die Serverprogramme mussten keine eigenen Mechanismen entworfen werden. Dieser Ansatz zeigte aber bald schwerwiegende Nachteile: Das Starten eines Prozesses kostet sehr viel Rechnerleistung, der Wechsel zwischen Prozessen ist ebenfalls ziemlich aufwendig. Die Kommunikation zwischen Serverprozess und dem Prozess für den aktuellen Auftrag kostet zusätzlich Rechnerleistung.

› engl. thread: Faden
› Attribute, die von allen Objekten einer Klasse zusammen genutzt werden

Deshalb wurde ein Konzept entwickelt, das es einem Programm ermöglicht, mehrere Aufgaben parallel abzuarbeiten, ohne jeweils ein neues Programm zu starten. Dieses Konzept ordnet jedem Prozess beliebig viele parallele › Ausführungsstränge (**Threads**) zu. Die Threads eines Programms besitzen alle Objekte und › Klassenattribute gemeinsam, sie nutzen aber getrennten Speicherplatz für die Parameter und die Attribute innerhalb von Methoden.

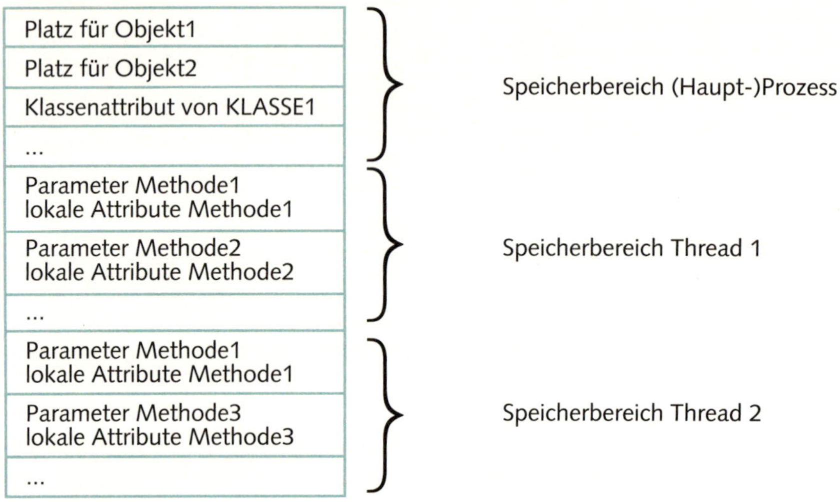

1 *Speicheraufteilung bei Threads*

Für diese Threads wird die Rechenzeit vom Betriebssystem genauso verwaltet wie für Prozesse. Der Wechsel zwischen Threads verursacht aber deutlich weniger Aufwand als der Wechsel zwischen Prozessen. Auch können Threads sehr leicht Informationen austauschen, da sie ja die Objekte gemeinsam verwenden können. Einziger Nachteil dieses Konzepts ist, dass ein Fehler in einem Thread das gesamte Programm (und damit auch alle anderen Threads dieses Programms) zum Absturz bringen kann.

Aus der Sicht des Betriebssystems werden Threads ansonsten genauso behandelt wie bisher Prozesse. Daher werden die im Verwaltungsaufwand „erleichterten" Threads oft als **leichtgewichtige Prozesse**, ausgeführte Programme dagegen als **schwergewichtige Prozesse** bezeichnet.

Arbeiten mit Threads

Die Verwaltung der Threads wird vom Betriebssystem übernommen; ihr Benutzer hat damit nur indirekt zu tun, wie im nächsten Kapitel betrachtet wird. Die Verwendung selbst ist einfach. Zuerst muss ein neuer Thread erzeugt werden. Dabei muss ihm mitgeteilt werden, mit welcher Methode die Ausführung beginnt; diese Methode hat die gleiche Bedeutung wie die main-Methode bei Programmen. Wird die Ausführung dieser Methode beendet, hat der Thread seine Arbeit getan und wird automatisch aus der Verwaltung entfernt. 8

Bei objektorientierten Sprachen gibt es in der Regel eine (abstrakte) Klasse für Threads, von der der Anwender nur zu erben braucht, z. B. unter Verwendung der Klasse MEINTHREAD (Abbildung 2). Dabei überschreibt er die Arbeitsmethode, hier *Arbeit* genannt. Beim Instanzieren eines Objekts der Klasse MEINTHREAD wird automatisch ein neuer Thread erzeugt und in die Verwaltung eingefügt. Aktiviert wird der Thread durch den Aufruf von *Arbeit*. Details sind im Werkzeugkasten 2 für verschiedene Programmiersprachen beschrieben. W2

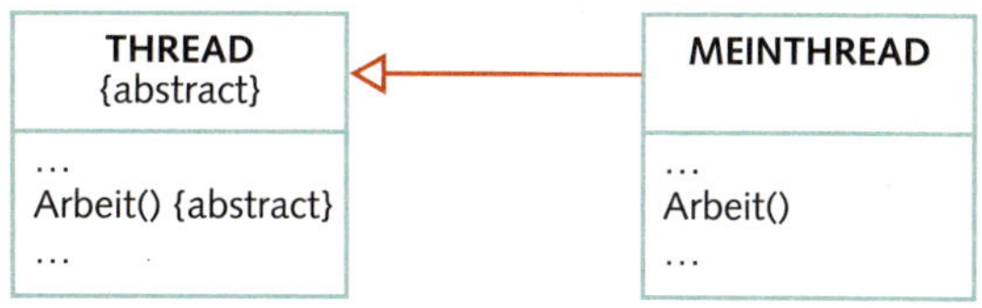

2 *Verwenden von Threads mittels Vererbung*

> **Threads** beschreiben Abläufe, die innerhalb eines Programms parallel ausgeführt werden können.
>
> Aus der Sicht des Betriebssystems werden parallel ausführbare Einheiten als **Prozesse** bezeichnet; eigenständige Programme nennt man **schwere Prozesse** im Unterschied zu den einfacher zu verwaltenden Threads, die **leichte Prozesse** genannt werden.

Aufgaben

1 Roboter tanzen

Roboter, die nach der Vorlage der „ausgelieferten" Klasse ROBOTER erstellt werden, sind für eine Tanzveranstaltung ungeeignet. Sie benötigen zusätzliche Fähigkeiten, die sie durch Spezialisierung erhalten sollen. 6

a Definieren Sie eine Unterklasse TANZROBOTER, die vier weitere Methoden hat:
- *Umdrehen*: Der Roboter dreht sich auf der Stelle um.
- *VorsichtigerSchritt*: Wenn der Roboter an der Wand steht, dann dreht er sich um. Wenn vor dem Roboter ein anderer Roboter steht, dann dreht er sich nach links.
- *VorsichtigerRechtsSchritt*: Wenn rechts neben dem Roboter weder ein anderer Roboter noch eine Wand ist, dann macht er einen Schritt nach rechts, wobei er die Blickrichtung beibehält.
- *Tanzen*: Zufällig dreht sich der Roboter nach links, nach rechts, macht einen vorsichtigen Schritt nach vorne oder einen vorsichtigen Rechtsschritt.

b Erstellen Sie eine Klasse ARBEIT, die für beliebig viele Tanzroboter jeweils einen eigenen Thread der Klasse ROBOTERTHREAD erstellt (aktuelle Anzahl als Parameter des Konstruktors, mindestens ein Tänzer). In der Methode *Ausfuehren* der Klasse ARBEIT sollen die Startmethoden aller Threads aufgerufen werden. Dort soll jeder Tanzroboter x Tanzschritte ausführen. Die Tanz„dauer" x wird als Parameterwert an den Konstruktor der Klasse ARBEIT übergeben.
Sie können die Bewegung verlangsamen, indem Sie für jeden Thread einen Zeitgeber für die Wartezeit zwischen zwei Schritten einbauen.

2 Roboter bewachen eine Grenze

Die Grenze zwischen zwei Staaten wird durch eine gerade Ziegelreihe markiert. Auf dieser Grenze patroulliert ein Polizist, um Schmuggler am Grenzübertritt zu hindern. Ein Schmuggler versucht mit zufälligen Bewegungen, die Grenze zu überqueren. Die Aufgabe endet, wenn entweder der Schmuggler erfolgreich die Grenze überschritten hat oder wenn der Polizist den Schmuggler ertappt hat. Letzteres ist der Fall, wenn der Schmuggler auf der Grenze genau vor dem Polizisten steht oder den Polizisten „rammen" würde.

a Implementieren Sie die Situation mit Java-Karol. Jedem Roboter ist dabei ein eigener Thread zuzuordnen.

b Erweitern Sie das Programm so, dass zwei Polizisten patroullieren. Lassen Sie auch mehrere Schmuggler aktiv werden.

c Verlangsamen Sie die Bewegung durch Zeitgeber bei jeder Figur. Haben verschieden eingestellte Zeiten einen Einfluss auf die „Aufklärungsrate"?

3 Pacman (umfangreich)

Mit einer Robotersimulation lässt sich das alte Spiel Pacman nachprogrammieren. Informieren Sie sich über die Spielregeln und entwerfen Sie dann das Spiel. Dabei soll insbesondere dem Spieler und den Verfolgern jeweils ein eigener Thread für die Bewegung zugeordnet werden.

*** 4 Chatserver weiterentwickelt** (Teamarbeit möglich)

a Erweitern Sie den Chatserver aus Kapitel 6 so, dass er beliebig viele Anrufe parallel akzeptiert. Testen Sie zusammen mit mehreren Mitschülern.
Warum ist das Ergebnis nicht sehr befriedigend?

b Ändern Sie den Server so ab, dass ankommenden Zeichen jedes Clients erst dann an alle gesendet werden, wenn eine Zeile vollständig ist. Ist das Ergebnis jetzt besser?
Testen Sie dabei, ob ein Unterschied auftritt, wenn die Zeile mit einem Aufruf von *Schreiben* als Ganzes oder mit einem Aufruf von *Schreiben* für jedes Einzelzeichen abgeschickt wird.

*** 5 Dateiserver** (Teamarbeit möglich)

Erweitern Sie Ihren Dateiserver aus Kapitel 6 so, dass er die ankommenden Übertragungswünsche parallel abarbeitet.

8 Synchronisation von Prozessen – Monitore

Wenn von mehreren parallelen Prozessen gleichzeitig auf die gleichen Daten zugegriffen wird, kann es zu Fehlern kommen. In diesem Kapitel werden Vorgehensweisen entwickelt, mit denen man solche Problemsituationen erkennen kann, und Mechanismen vorgestellt, um die Zugriffe zu koordinieren.

Gleichzeitig schreiben gibt Chaos

Solange Clients Daten von einem Server nur abrufen, kann jeder Client in beliebiger Reihenfolge auf beliebige Daten zugreifen.

Wo liegen die Probleme beim Schreiben?

?

Sobald Daten auf dem Server auch verändert werden müssen, kann der davon betroffene Teil der Daten von anderen Prozessen erst wieder verwendet werden, wenn die Änderung vollständig abgeschlossen ist. Bei einem Dateiserver bedeutet das, dass eine Datei nicht gelesen werden kann, wenn sie ein anderer Prozess gerade verändert.
Ähnlich kann ein Prozess erst dann auf einen Drucker ausgeben, wenn der Vorgängerprozess seinen Auftrag vollständig erledigt hat. Heutige Betriebssysteme sorgen mit einem eigenen Prozess (Druckerwarteschlange) für die Koordination. Parallele Prozesse, bei denen der Zugriff auf gemeinsame Ressourcen (Geräte, Dateien, sonstige Daten, usw.) koordiniert werden muss, nennt man **nebenläufige Prozesse**.

Identifizieren der Problemstellen

Im Beispiel des Dateiservers ist die „Engstelle" sehr einfach zu identifizieren: Der Zugriff auf eine bestimmte Datei muss koordiniert werden. Beim Drucker ist es noch einfacher: Drucken darf immer nur einer. Sobald aber die Veränderung einzelner Daten koordiniert werden muss, wird es schwieriger festzustellen, an welchen Stellen aufgepasst werden muss. So darf beispielsweise in einem Bankverwaltungsprogramm nicht auf ein Konto eingezahlt und gleichzeitig von ihm abgehoben werden.
Ein wichtiges Hilfsmittel zum Aufspüren solcher Problemstellen sind Sequenzdiagramme. In Abbildung 1 ist dargestellt, wie ein Dateiserver fast gleichzeitig die Aufträge erhält, die Datei „Datei1.txt" zu lesen und sie zu verändern. Wie in Kapitel 7 beschrieben, startet der Serverprozess für jeden Auftrag einen eigenen Thread (th1 bzw. th2). Diese Threads bearbeiten nun ihre Aufträge parallel, sodass an das Objekt datei1 die Botschaft „Schreiben" geschickt wird, noch ehe die Methode zum Lesen der Datei ihre Arbeit erledigt hat. In Abbildung 1 sieht man deutlich, dass die beiden Aufträge (braun und blau dargestellt) parallel ablaufen.

7

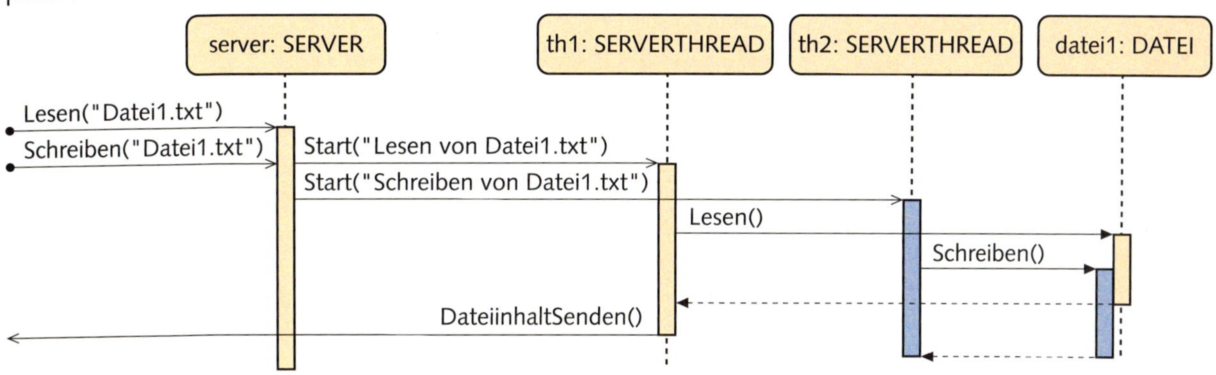

1 Aufträge an den Dateiserver

Mithilfe der Sequenzdiagramme lässt sich sehr zielgerichtet herausfinden, wo **Nebenläufigkeiten**, also die mögliche parallele Nutzung eines Objekts durch zwei parallele Prozesse, auftreten können und welche Objekte davon betroffen sind. Genauer betrachtet werden müssen die Situationen, bei denen Methoden eines Objekts von zwei Threads verwendet werden. Hier muss dann gezielt untersucht werden, ob diese Zugriffe potenziell gleichzeitig erfolgen können. Werden dabei Daten verändert, müssen diese Zugriffe koordiniert (**synchronisiert**) werden. Diese Stellen im Programmablauf, die nicht gleichzeitig ausgeführt werden dürfen, werden als **kritische Abschnitte** bezeichnet.

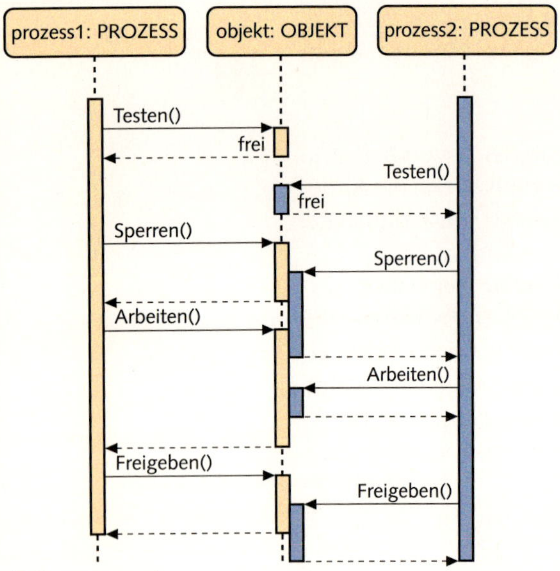

2 *Sperrversuch*

Absprachen allein genügen nicht

Das Problem der Nebenläufigkeit wurde bereits in den 60er-Jahren des letzten Jahrhunderts erkannt. Erste Lösungsversuche basierten auf „Absprachen" unter den Prozessen, d. h. gemeinsam genutzten Attributen, die signalisierten, ob ein Objekt frei oder benutzt ist. Leider ist dieses Verfahren nicht sicher, da zwischen dem Test auf Benutzbarkeit und dem Sperren für andere Prozesse Zeit vergeht. So ist es möglich, dass ein Prozess feststellt, dass er ein Objekt verwenden kann; ehe er es aber für andere sperren kann, stellt ein zweiter Prozess ebenfalls fest, dass das Objekt frei ist (Abbildung 2). Beide arbeiten nun gleichzeitig mit dem Objekt; dadurch entstehen falsche Ergebnisse.

› Dijkstra konnte zeigen, dass eine Lösung des Synchronisationsproblems auf Programmebene unmöglich ist; um dieses Problem zu lösen, müssen spezielle Maschinenbefehle in die Prozessoren eingebaut werden. Das Betriebssystem muss dann Methoden zur Verfügung stellen, mit denen diese Maschinenbefehle genutzt werden können. Benötigt werden zwei Methoden: Eine testet die Verfügbarkeit eines Objekts und sperrt es gegebenenfalls. Eine zweite gibt ein gesperrtes Objekt wieder frei. Das Prinzip dieser Nutzungsmethoden, oft P (von › prolaag) und V (von › verhoog) genannt, wird auch als **Semaphorprinzip** bezeichnet. Erst mithilfe von › Semaphoren können Programme das Testen, Sperren und Freigeben fehlerfrei durchführen.

› Edsger Wybe Dijkstra; niederländischer Informatiker, 1930 – 2002

› ndl. von probeer (versuche) und verlaagd (erniedrigt)
› ndl. von verhoogd (erhöht)
› griech. sema: Zeichen; pherein: tragen

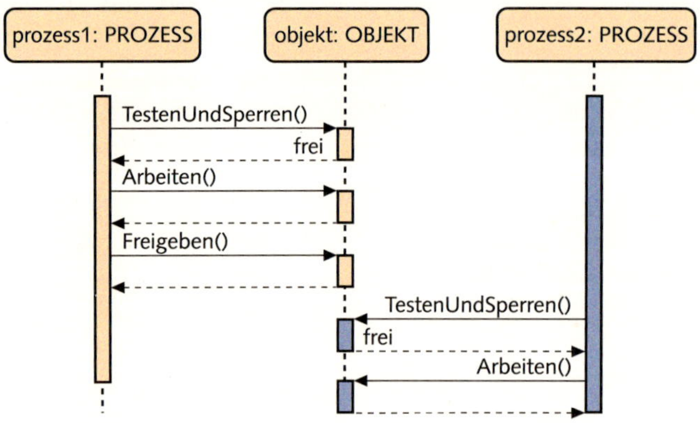

3 *Korrekter Ablauf beim Sperren mit Semaphoren*

Leicht verwendbare Lösung: Monitore

Das direkte Arbeiten mit Semaphoren ist unübersichtlich und birgt sehr viele Fehlermöglichkeiten. Deshalb wurden Konzepte entwickelt, die intern zwar Semaphore nutzen, für den Verwender aber wesentlich einfacher zu nutzen sind.

Das wichtigste dieser Konzepte ist das ursprünglich von › Charles Hoare entwickelte **Monitorkonzept**. Ein Monitor besteht aus einem oder mehreren Programmabschnitten, die immer nur von einem Prozess genutzt werden können. Bei objektorientierten Sprachen bilden im Allgemeinen eine oder mehrere Methoden eines bestimmten Objekts einen Monitor. Das bedeutet dann, dass für ein Objekt zu einer bestimmten Zeit nur ein einziger Thread eine oder mehrere dieser zum Monitor gehörigen Methoden ausführen kann, die anderen Threads müssen warten. Umsetzungen in verschiedenen Programmiersprachen sind im Werkzeugkasten 3 beschrieben.

› Sir Charles Antony Richard Hoare, britischer Informatiker, *1934

Das Beispiel aus Abbildung 2 kann mit Monitoren leicht gelöst werden. Die Methode *Arbeiten* der Klasse OBJEKT wird zum Monitor erklärt – fertig. Die Synchronisation wird dann von Mechanismen erledigt, die von der Programmiersprache in die zu den Monitoren gehörenden Methoden eingebaut werden.

Man muss aufeinander warten können

Das Beispiel des Dateiservers ist ein sehr einfaches Beispiel für nebenläufige Prozesse. Jeder, der den Monitor bekommt, kann auch seine Aufgabe durchführen und den Monitor dann wieder freigeben.

Im Beispiel der Abbildung 4 ist die Situation nicht so einfach wie beim Dateiserver: Ein Roboter füllt Kisten und stellt sie dann auf einem Zwischenspeicherplatz ab. Ein zweiter Roboter holt die Kisten von diesem Zwischenspeicherplatz und ordnet sie in ein Regallager ein. Während der erste Roboter mit gleichbleibender Geschwindigkeit arbeitet, benötigt der zweite Roboter mal mehr, mal weniger Zeit, je nach Entfernung der Abstellplätze für die Kisten. Auf den Zwischenspeicherplatz darf immer nur ein Roboter zugreifen, damit sie sich nicht gegenseitig beschädigen. Dieses Problem wird allgemein als **Erzeuger-Verbraucher-Problem** bezeichnet.

4 *Erzeuger und Verbraucher (mit Greifarmen)*

Das zugehörige Sequenzdiagramm (Abbildung 5 links) spiegelt die Nebenläufigkeit beim Zugriff auf den Zwischenspeicher wieder.

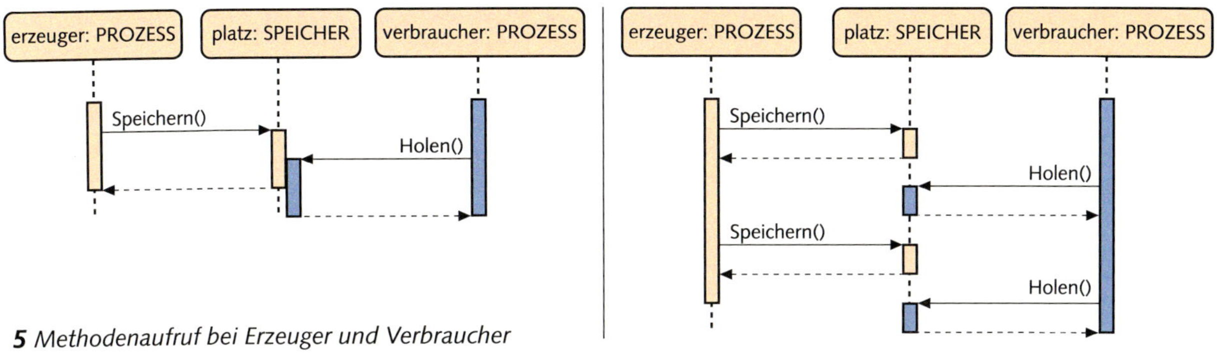

5 *Methodenaufruf bei Erzeuger und Verbraucher*

Werden die Methoden *Speichern* und *Holen* als Monitor erklärt, scheint das Problem auf den ersten Blick behoben, *Speichern* und *Holen* wechseln sich einfach ab (Abbildung 5 rechts).

? Wann kann es trotzdem zu Problemen kommen?

Da beide Roboter unterschiedlich schnell arbeiten, kann es zum Beispiel passieren, dass der Erzeuger schon die Kiste 5 verpackt hat, noch ehe der Verbraucher die Kiste 4 abgeholt hat, weil er noch die Kiste 3 einräumt. Der Erzeuger kann daher die Kiste 5 nicht abstellen, weil der Platz noch belegt ist. Er kann aber auch nicht einfach mit den Arm über der Kiste 4 warten, da sonst der Verbraucher diese Kiste nicht abholen kann.
Der Erzeuger kann nun einfach den Arm zurückziehen, etwas warten und es später wieder versuchen. Das Problem ist damit sicher gelöst, aber mit unnötig viel Aufwand. Sind die Wartezeitintervalle kurz, muss es der Erzeuger unter Umständen öfter versuchen, bis er die Kiste ablegen kann, und er hindert bei diesen Versuchen vielleicht sogar den Verbraucher am Abholen. Sind die Wartezeitintervall lang, vergeudet der Erzeuger Arbeitszeit. Ähnliches gilt für den Verbraucher.
Viel effizienter ist es, wenn der Verbraucher dem Erzeuger mitteilen kann, dass er jetzt die Kiste abgeholt hat und damit der Ablageplatz jetzt wieder frei ist. Eine Erweiterung des Monitorkonzeptes um zwei Methoden ermöglicht diese Kommunikation. Beide Methoden können nur innerhalb von Monitoren verwendet werden.

Warten()	Der Thread gibt den Monitor frei und wird in eine Warteschlange für diesen Monitor eingereiht.
Benachrichtigen()	Das Betriebssystem benachrichtigt einen auf den aktuellen Monitor wartenden Thread, dass der Thread, der den Monitor gerade nutzt, den Zustand der im Monitor verwalteten Ressourcen geändert hat. Sobald der aktive Thread den Monitor freigegeben hat (passiert automatisch bei der Rückkehr aus Benachrichtigen), bekommt der benachrichtigte Thread Zugriff auf den Monitor.

Damit kann der Erzeuger nun, wenn der Platz belegt ist, genau so lange warten, bis der Verbraucher sagt, dass der Platz frei ist (und umgekehrt). Die Klassen ERZEUGER, VERBRAUCHER und SPEICHER haben dann folgendes typisches Aussehen:

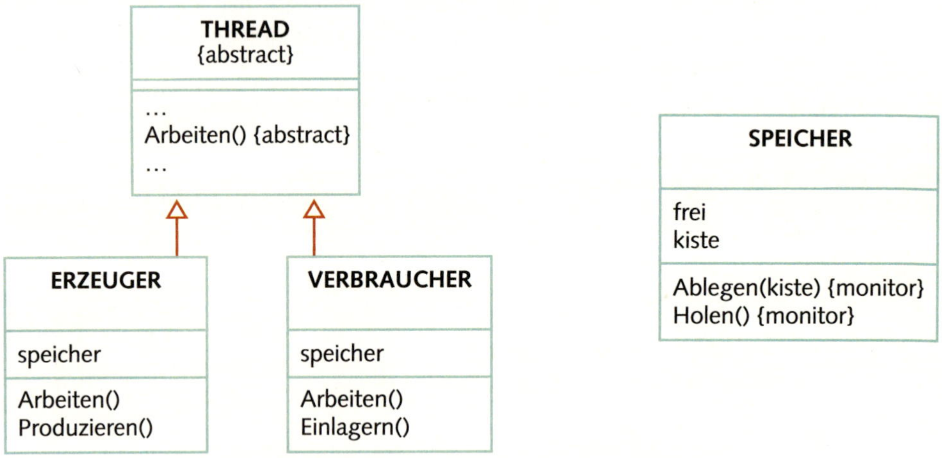

Die Methode *Arbeiten* bei ERZEUGER und VERBRAUCHER:

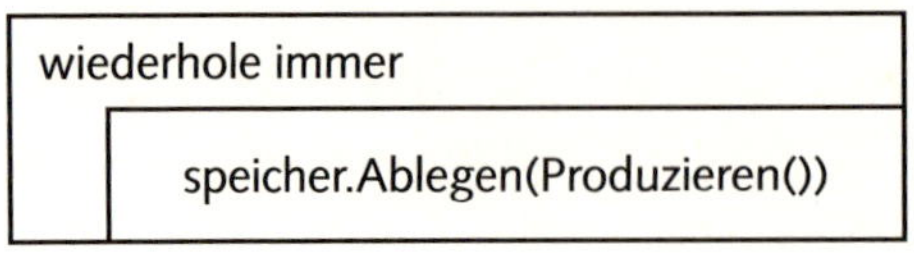

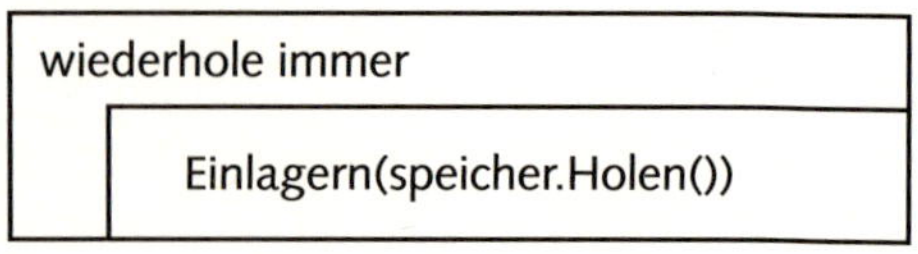

Die Methoden *Ablegen* und *Holen* beim SPEICHER:

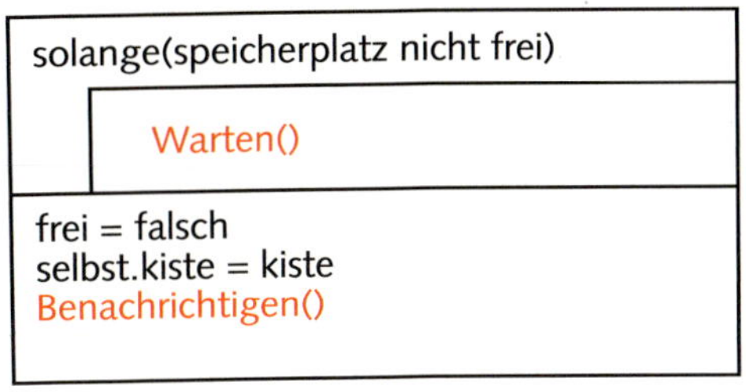

Die konkrete Umsetzung ist in Werkzeugkasten 3 beschrieben.

W3

Es geht nicht mehr weiter

Wenn der Zugriff auf mehr als eine Ressource synchronisiert werden muss, kann es zu weiteren Problemen kommen. Der bisher betrachtete Dateiserver erlaubt nur den Transport vom oder zum Server. Kann aber auch der Auftrag erteilt werden, eine Datei auf dem Server zu kopieren, können sich zwei Threads gegenseitig blockieren.
Der erste Thread möchte die Datei Datei1.txt lesen und als Datei2.txt schreiben. Ein zweiter Thread möchte die Datei Datei2.txt lesen und als Datei1.txt schreiben. Dabei kann es passieren, dass zuerst Thread 1 die Leseoperation für Datei Datei1.txt startet. Gleichzeitig startet Thread 2 die Leseoperation für Datei2.txt.

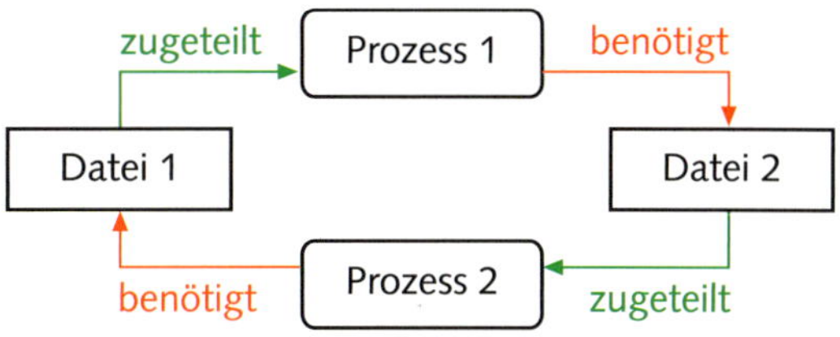

6 *Prozesse blockieren sich*

Damit kann keiner der beiden Threads seine Arbeit fortsetzen. Eine solche Situation, in der zwei Threads oder allgemein zwei oder mehr Prozesse sich gegenseitig blockieren, nennt man **Verklemmung** oder **Deadlock**. Sie kann immer dann auftreten, wenn nebenläufige Prozesse mehr als eine gemeinsame Ressource benötigen.
Ein Deadlock könnte verhindert werden, wenn ein Prozess alle benötigten Ressourcen „auf einmal" anfordern würde. Das schränkt die gewünschte Parallelität aber deutlich ein. Eine gängige Variante ist, alle für einen Teilschritt benötigen Ressourcen auf einmal anzufordern und sie dann nacheinander möglichst schnell wieder freizugeben. Komplexere Methoden erlauben zwar prinzipiell höhere Parallelität, werden aber in der Regel wegen des höheren Verwaltungsaufwands nicht eingesetzt.

Nebenläufige Prozesse sind parallele Prozesse, deren Zugriff auf gemeinsame Ressourcen **synchronisiert** werden muss. Der **kritische Abschnitt** ist der Teil des Ablaufs, der nicht von zwei Prozessen gleichzeitig ausgeführt werden darf. Als **Verklemmung (Deadlock)** wird eine Situation bezeichnet, bei der sich zwei oder mehr Prozesse gegenseitig blockieren.

Monitore legen Programmabschnitte fest, die immer von nur einem Prozess gleichzeitig ausgeführt werden dürfen. In objektorientierten Sprachen sind sie oft an Methoden eines Objekts gekoppelt.
Die Methoden *Warten* und *Benachrichtigen* realisieren die Kommunikation zwischen Prozessen, die einen Monitor gemeinsam nutzen.

Aufgaben

1 Nebenläufigkeiten

a Erstellen Sie ein Sequenzdiagramm, bei dem die Nebenläufigkeitsprobleme beim gleichzeitigen Einzahlen/Abheben bzw. Einzahlen/Einzahlen auf ein Konto deutlich werden.

b Erstellen Sie ein Sequenzdiagramm, das die Nebenläufigkeitsprobleme in Baustellenbereichen mit nur einer Fahrspur oder bei eingleisigem S-Bahn-Betrieb verdeutlicht.

*2 **Chatserver weiter** (Teamarbeit möglich)

Ergänzen Sie den Chatserver um einen Monitor, der verhindert, dass sich die Sendungen zweier Threads an alle gegenseitig überlappen können.

3 Roboter tanzen

Trotz der „vorsichtigen" Schritte können die Roboter beim Tanzen zusammenstoßen. Zeigen Sie anhand eines Sequenzdiagramms, unter welchen Bedingungen das geschehen kann. Ergänzen Sie das Programm so, dass die Zusammenstöße durch einen oder mehrere Monitore verhindert werden.

4 Erzeuger und Verbraucher

a Implementieren Sie das im Kapitel dargestellte Erzeuger-Verbraucher-Problem mit einem Platz im Speicher wie folgt: Der Erzeuger soll Kisten konstant mit n Sekunden Abstand erzeugen. Der Verbraucher soll zufällig zwischen $0{,}5 \cdot n$ und $1{,}5 \cdot n$ Sekunden zum „Einräumen" benötigen. Die Kisten haben fortlaufende Nummern. Geben Sie in einem Ablauffenster aus, sobald eine Kiste erzeugt bzw. eingelagert wurde. Beginnen Sie mit $n = 1$ s.

b Erweitern Sie den Speicherplatz auf zehn Plätze. Vergleichen Sie mit der Folge von Erzeugung und Einlagerung der Kisten aus a). Was ist anders?

c Erweitern Sie nochmals auf fünf Erzeuger und Verbraucher. Vergleichen Sie wieder.

*5 **Dateiserver** (Teamarbeit möglich)

Ergänzen Sie den Dateiserver so, dass er eine Liste der zu bearbeitenden Dateien führt. Auf diese Weise soll verhindert werden, dass auf einer Datei gleichzeitig geschrieben und gelesen (bzw. zweimal geschrieben) werden kann.

a Zeigen Sie anhand eines Sequenzdiagramms, wo es bei den Listenoperationen zu Nebenläufigkeiten kommt.

b Sichern Sie die Listenoperationen durch Monitore so ab, dass die in a) gefundenen Probleme vermieden werden.

6 Philosophenproblem

Eine Anzahl Philosophen sitzt an einem runden Tisch. Zwischen je zwei Philosophen liegt ein Löffel. Philosophen denken entweder nach oder sie essen. Zum Essen benötigen sie zwei Löffel, die sie sich von den beiden Plätzen links und rechts neben sich in beliebiger Reihenfolge nehmen. Sie legen die Löffel nach dem Essen wieder ab. Wenn alle Philosophen gleichzeitig essen wollen und gleichzeitig z. B. den linken Löffel nehmen, ist eine Verklemmung entstanden.

a Gibt es Verklemmungssituationen, an denen nicht alle Philosophen beteiligt sind?

b Nennen Sie mögliche andere Handlungsanweisungen für die Philosophen, die dafür sorgen, dass keine Verklemmungen entstehen.

2 Prozessverwaltung – welcher Prozess darf wann rechnen?

Jeder möchte an die Reihe kommen

In den 1950er-Jahren haben Computer ihre Aufträge in Form von Lochstreifen oder Lochkarten erhalten und der Reihe nach abgearbeitet. Mit dem Aufkommen der Bildschirmeingabegeräte wurde es üblich, dass mehrere Personen gleichzeitig an einem Rechner arbeiten. Dadurch wurde es nötig, die Rechenzeit, während der ein Prozess jeweils den Prozessor nutzen kann, möglichst angemessen auf die einzelnen Prozesse zu verteilen. Dazu erhalten die rechenbereiten Prozesse, die nicht auf Eingabe oder Hintergrundspeicher warten, nach verschiedenen Auswahlkriterien immer ein Stück Rechenzeit; der Vorgang der Verteilung der Rechenzeit wird als › **Scheduling** bezeichnet.

› engl. to schedule: Zeitplanung erstellen

Voraussetzung für sinnvolles Scheduling ist die Möglichkeit, mehrere Prozesse zumindest teilweise gleichzeitig im Hauptspeicher zu belassen, da die Prozesswechsel sonst zu viel Zeit kosten. Dabei muss aber abgesichert sein, dass ein fehlerhafter Prozess andere Prozesse nicht stören kann. Insbesondere muss dafür der Hauptspeicher in logische Bereiche aufgeteilt werden, von denen jeder Prozess nur genau einen nutzen kann. Diese sogenannte virtuelle Adressierung wird vom Prozessor gesteuert. Dem logischen Adressbereich jedes Prozesses wird von der Hardware ein bestimmter physikalischer Speicherbereich zugeordnet. Deswegen „merkt" ein Prozess gar nicht, dass er sich den Speicher mit anderen Prozessen teilt.

Schedulingstrategien

Bei reinen Stapelaufträgen, die irgendwann gestartet werden, ihre Arbeit ohne weitere menschliche Interaktion erledigen und sich dann beenden, kommt es vor allem darauf an, einen möglichst hohen Gesamtdurchsatz zu erreichen, ohne dass einzelne Aufträge zu lange warten müssen. Typische Strategien für die Prozessorzuteilung sind:

- First in, first served
  Von allen rechenbereiten Prozessen wird derjenige zuerst bedient, der zuerst gestartet wurde. Diese Strategie hält die maximale Wartezeit möglichst klein.
- Shortest time first
  Von allen rechenbereiten Prozessen wird der zuerst bedient, von dem angegeben ist, dass er insgesamt am wenigsten Rechenzeit benötigt. Diese Strategie garantiert, dass die durchschnittliche Wartezeit möglichst gering ist.
- Shortest remaining time first
  Von allen rechenbereiten Prozessen wird der zuerst bedient, von dem angegeben ist, dass er noch am wenigsten Restrechenzeit brauchen wird. Diese Strategie ist ein Kompromiss zwischen den beiden erstgenannten.

Für interaktive Prozesse oder für Server muss eine grundsätzlich andere Strategie verwendet werden. Hier müssen alle möglichst gleichmäßig bedient werden, um für jeden Benutzer eine Wartezeit zu erreichen, die nur vom Umfang seines aktuellen Teilauftrags abhängt. Erreicht wird dies dadurch, dass ein rechenbereiter Prozess den Prozessor immer nur für eine bestimmte (kurze) Zeit erhält, dann kommt der nächste Prozess an die Reihe. Die Länge dieser Zeitscheiben muss sehr sorgfältig gewählt werden. Je kürzer sie sind, desto gleichmäßiger wird der Ablauf, desto mehr Zeit wird aber auch für die zusätzlichen Prozesswechsel „nutzlos" verbraucht. Dieses Verfahren wird als Round Robin (Rundlaufverfahren) bezeichnet und ist das heute übliche Verfahren.
Alle Schedulingstrategien werden in der Regel noch durch Prioritätsangaben modifi-

ziert. Dadurch ist es möglich, bestimmten Prozessen vollständigen oder teilweisen Vorrang vor anderen Prozessen zu geben. Jedem Prozess wird ein Prioritätswert zugeordnet, z. B. eine Zahl zwischen 0 und 100. Die Warteschlange für den Prozessor wird zuerst nach Priorität, dann nach einer der obigen Strategien geordnet. Damit werden wichtige Prozesse vorgezogen, z. B. ein Schreibprozess für CDs, der nicht unterbrochen werden darf. Beim Round-Robin-Verfahren wird häufig die Priorität mit jeder Zeitscheibe erniedrigt (bis zur nächsten echten Ein- oder Ausgabe). Damit besitzen Prozesse mit geringfügig höherer Priorität ihren Vorsprung nur für kurze Teilaufträge; erst Prozesse mit deutlich höherer Priorität als die „normalen" Prozesse sind dauerhaft bevorzugt. Das Zuteilen von Prioritäten ist nur Benutzern mit Administrationsrechten möglich.

Scheduling bei Threads

Bei Threads werden zwei Arten der Kooperation unterschieden. Bei sogenannten kooperativen Threads behält ein Thread den Prozessor so lange, bis er ihn freiwillig weitergibt; das betrifft natürlich nur die Threads eines Programms, die Verteilung der CPU auf die Programme (Prozesse) ist weiterhin Angelegenheit des Betriebssystems. Die Reihenfolge, in der die Threads bearbeitet werden, ist im Programm festgelegt. Der Nachteil dieses nur noch selten angewendeten Verfahrens ist, dass es nicht mehrprozessorfähig ist. Der Vorteil ist, dass bei diesem Verfahren keine Synchronisationsprobleme entstehen.

› engl. preemtive: vorzeitig leer machend

In der Regel wird heute ein anderer Ansatz verwendet: › präemtive Threads, die parallel ablaufen können und dazu vom Betriebssystem unterstützt werden. Diese Threads (leichtgewichtige Prozesse, englisch: light weight processes) sind in Bezug auf das Scheduling den „richtigen" Prozessen (schwergewichtige Prozesse, englisch: heavy weight processes) gleichgestellt. Damit sind sie automatisch auch mehrprozessorfähig und können entsprechend echt parallel arbeiten.

3 Ein Heimnetzwerk bewusst einrichten

Zuerst ist alles einfach

Solange es zu Hause nur einen Computer gibt, ist alles ganz einfach. Ob Telefon-, ISDN- oder DSL-Modem, der Computer wird mit dem Internetzugangsgerät nach Anleitung verbunden und alles funktioniert, keiner muss Genaueres wissen. Die Probleme beginnen erst, wenn der Internetzugang für mehr als einen Computer verfügbar sein soll. Auch dafür gibt es heute vorbereitete Standardlösungen, in der Regel über WLAN. Aber diese Lösungen sind nur auf den Internetzugang ausgerichtet, die Kommunikation der Rechner untereinander wird dabei genauso wenig thematisiert wie die Nutzung von Netzwerkdruckern oder anderer netzwerkfähiger Geräte.

Grundkonzeption für ein Heimnetzwerk mit Internetzugang

5

Sobald zwei oder mehr Geräte – Computer, Drucker oder Sonstiges – miteinander kommunizieren sollen, muss ein Netzwerk eingerichtet werden. Dabei besteht die Wahl, ein drahtgebundenes Netzwerk (LAN) oder ein Netzwerk mit Funkverbindungen (WLAN) einzurichten. Ein drahtgebundenes Netzwerk ist deutlich schneller und abhörsicher, viele Drucker können in einem solchen Netzwerk direkt eingebunden werden. Ein Netzwerk mit Funkverbindungen benötigt keine Kabel und empfiehlt sich, wenn der Aufwand für das Verlegen der Kabel zu hoch ist. Für ein kabelgebundenes Netzwerk wird ein Verbindungsgerät (Switch) benötigt, bei dem die Netzwerkkabel aller angeschlossenen Geräte zusammenlaufen. Für ein WLAN ist eine Basisstation erforderlich, die das Netzwerk verwaltet. Kombinationen beider Konzepte sind möglich.

Eine weitere Grundentscheidung ist für die Anbindung des Netzwerks ans Internet notwendig. Stellt ein Computer des Netzwerks die Verbindung zum Internet her, die er dann für das Netzwerk bereitstellt, oder wird die Verbindung durch ein eigenständiges Gerät hergestellt, das direkt ins Netzwerk eingebunden ist? Bei Analog- oder ISDN-Verbindungen ist in der Regel nur die erste Variante möglich, die den Nachteil hat, dass der Verbindungscomputer immer in Betrieb sein muss, wenn irgendein Computer des Netzwerks „nach außen" will. Die heute üblichen DSL-Modems werden daher in der Regel zusammen mit einem bildschirm- und tastaturlosen Computer (embedded system) auf Unix-Basis geliefert, die als eigenständiges Gerät im Netzwerk betrieben werden und gleichzeitig die Aufgabe des Routers übernehmen. Ist WLAN-Betrieb vorgesehen, verwendet man am besten ein Gerät, das DSL-Modem, Router, WLAN-Basisstation und Kabelanschlüsse (Switch) vereint.

5

Abbildung 1 stellt ein typisches Szenarium dar. Router, DSL-Modem und WLAN-Basisstation (evtl. als Multifunktionsgerät) bilden die Kommunikationsbasis. Mehrere PCs sind über Kabel, andere über Funkverbindung angeschlossen. Auch ein Drucker ist über Ethernet im Netzwerk verfügbar.

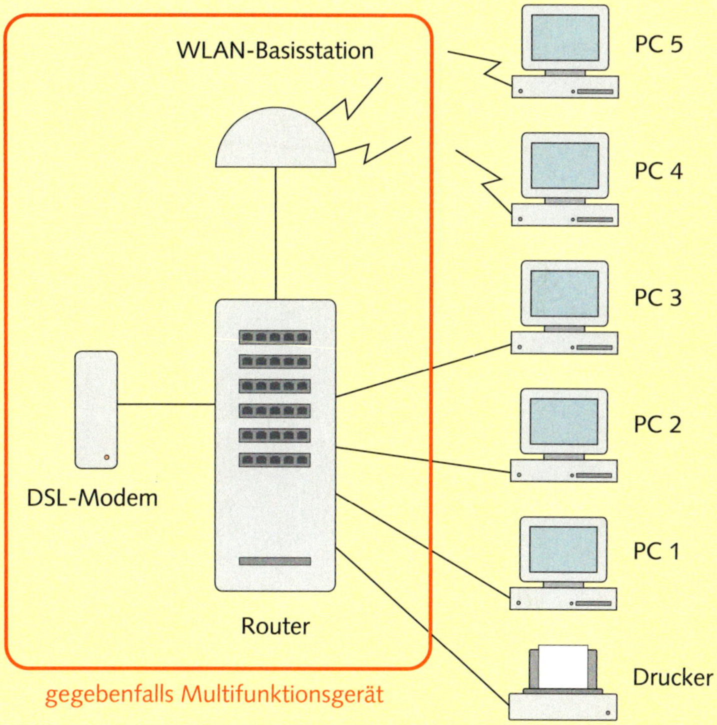

1 Kleines Heim- oder Firmennetz

Festlegen der IP-Adressen

Für das entstandene Intranet muss – wie im „großen" Internet – jedem Gerät (Computer, Router, WLAN-Basisstation etc.) eine eindeutige IP-Adresse zugewiesen werden. DSL-Modems mit Router (oder die erweiterten Kombinationsgeräte) stellen dazu normalerweise den Serverdienst › DHCP bereit, der alle Rechner des lokalen Netzwerks auf deren Wunsch („IP-Adresse automatisch beziehen") bei der Verbindungseinrichtung korrekt konfiguriert. Dieser Automatisierung sind aber Grenzen gesetzt. Sie kann nicht verwendet werden,

› Dynamic Host Configuration Protocol

– wenn die IP-Adresse eines oder mehrerer Geräte im Netz bekannt sein muss, um das Gerät direkt (z. B. mit einem Browser) ansprechen zu können oder
– wenn Geräten (feste) IP-Adressen aus einem anderen Adresskreis zugeordnet sind.

Außerdem muss man aufpassen, dass nicht zwei Geräte (z. B. DSL-Router und WLAN-Basisstation) gleichzeitig Adressen vergeben.

Vergibt man die Adressen manuell, kann man im Prinzip völlig beliebige Adressen verwenden. Es empfiehlt sich aber, die für solche Intranets standardmäßig bereits vorgesehenen Adressbereiche (**Adresskreise**) zu wählen. Bei diesen Nummern ist garantiert, dass sie nicht außerhalb des lokalen Netzes sichtbar werden und so Fehlfunktionen verursachen könnten. Dabei beschreibt die › **Subnetmask** (Teilnetzmaske), welcher Teil der Adresse für alle Rechner gleich ist und welcher individuell.

› engl. sub net mask: Teilnetzmaske

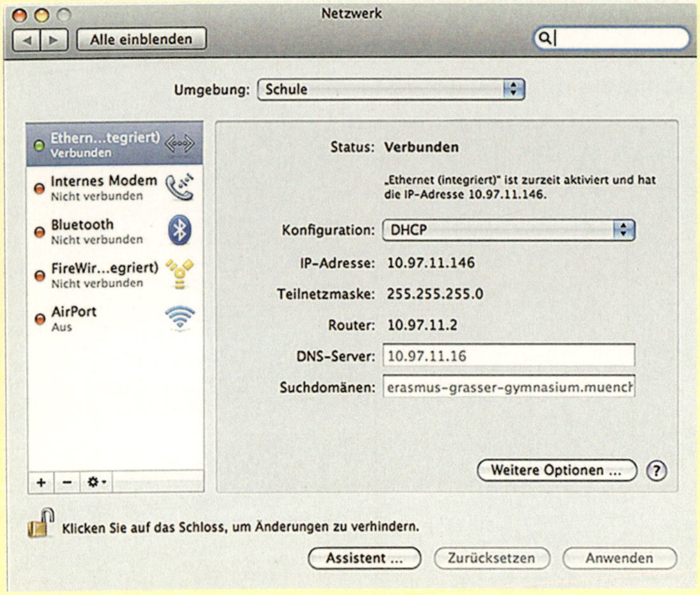

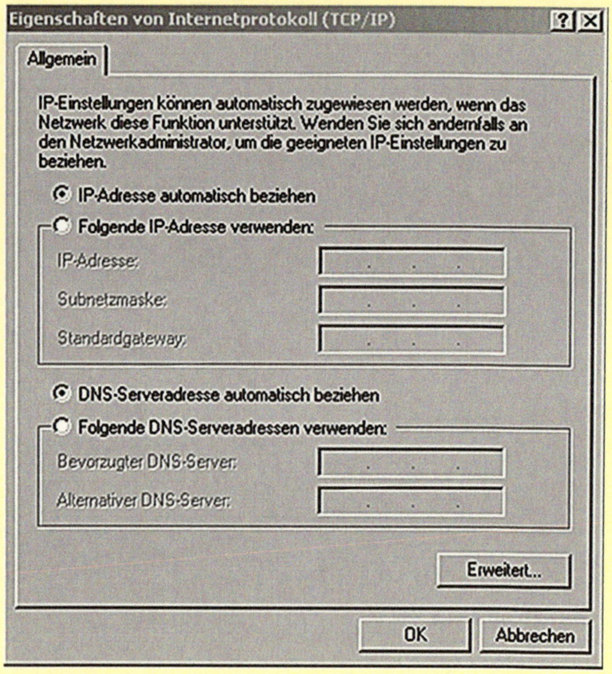

2 *Einstellung der LAN-Verbindung für DHCP (Mac OS bzw. Windows)*

Adresskreis	Subnetmask	Beschreibung
10.xxx.xxx.xxx	255.0.0.0	Legt ein sogenanntes Klasse-A-Netz mit maximal 16777214 Geräten fest. xxx.xxx.xxx muss für jedes Gerät eine eindeutige Nummer sein.
192.168.xxx.xxx	255.255.0.0	Legt ein sogenanntes Klasse-B-Netz mit maximal 65534 Geräten fest. xxx.xxx muss für jedes Gerät eine eindeutige Nummer sein.
192.168.yyy.xxx	255.255.255.0	Legt ein sogenanntes Klasse-C-Netz mit maximal 254 Geräten fest. yyy muss für alle Geräte gleich sein, xxx muss für jedes Gerät eine eindeutige Nummer sein.

Neben eigener IP-Adresse und Subnetmask muss man bei der Einstellung der Netzwerkverbindung noch die Adresse des Routers für den Internetzugang und die Adresse des Namensdienstes (DNS: dynamic name service) angeben. Für beide Werte wird die IP-Adresse des Routers eingetragen; standardmäßig sollte der Router die laufende Nummer 1 haben.

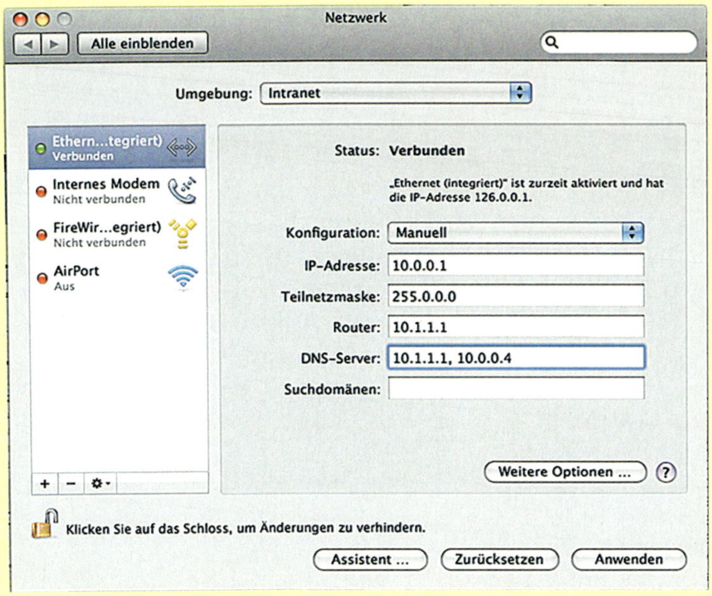

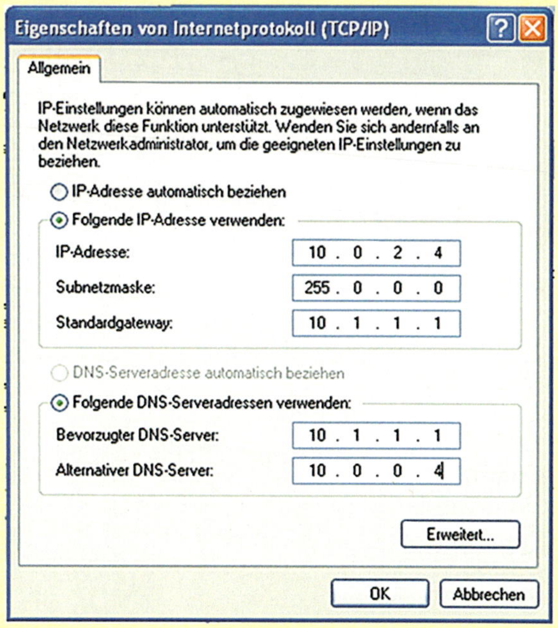

3 *Einstellung der LAN-Verbindung bei manueller Adressvergabe (Mac OS bzw. Windows)*

Absichern eines Funknetzwerks

Auf Funknetzwerke kann jeder zugreifen, der im Sendebereich der Basisstation ist; innerhalb von Gebäuden kann das ein Bereich mit einem Radius von 20 m – 30 m um die Basisstation sein. Um unerwünschte Zugriffe zu verhindern, muss der Funkverkehr unbedingt mit einem guten Verfahren verschlüsselt werden; Standard ist › WPA; falls die Geräte neu genug sind, sollte noch besser der Nachfolger WPA2 verwendet werden. Das ältere › WEP kann relativ einfach „geknackt" werden.

Als weitere, sehr effektive Zusatzmaßnahme kann der WLAN-Basisstation mitgeteilt werden, welche Geräte in diesem Netzwerk zugelassen sind. Identifiziert werden die Geräte dabei über die sogenannte MAC-Adresse, eine Nummer, die jeder Ethernetkarte (auch für Funkverbindungen) weltweit eindeutig zugeordnet ist. Damit können zwar reine Lauscher nicht abgewehrt werden, aber Eindringlinge können auf diese Art im Netzwerk schwerer aktiv werden (notwendig dafür wäre die Manipulation der eigenen MAC-Adresse).

› engl. Wi-Fi Protected Access: geschützter Zugriff im Funknetz

› engl. Wired Equivalent Privacy: Privatsphäre entsprechend drahtgebundener Übertragung

III Funktionsweise eines Rechners

9 Aufbau eines Computersystems

L4

Elektronische Computer wurden schon um 1940 entwickelt. Doch es war noch ein weiter Weg von den damaligen Rechnermonstern zum heutigen „persönlichen" Computer. Erst die zunehmende Miniaturisierung der Bausteine ermöglichte die Entwicklung deutlich kleinerer Geräte, die in den Büros und privaten Haushalten Einzug hielten. Heute sind weltweit etwa eine Milliarde PCs im Einsatz. Der prinzipielle Aufbau und die Funktionsweise eines Computers blieben über die Jahre weitgehend unverändert.

?

Aus welchen Geräten besteht ein Computersystem? Was sind die Kernbauteile eines Computers?

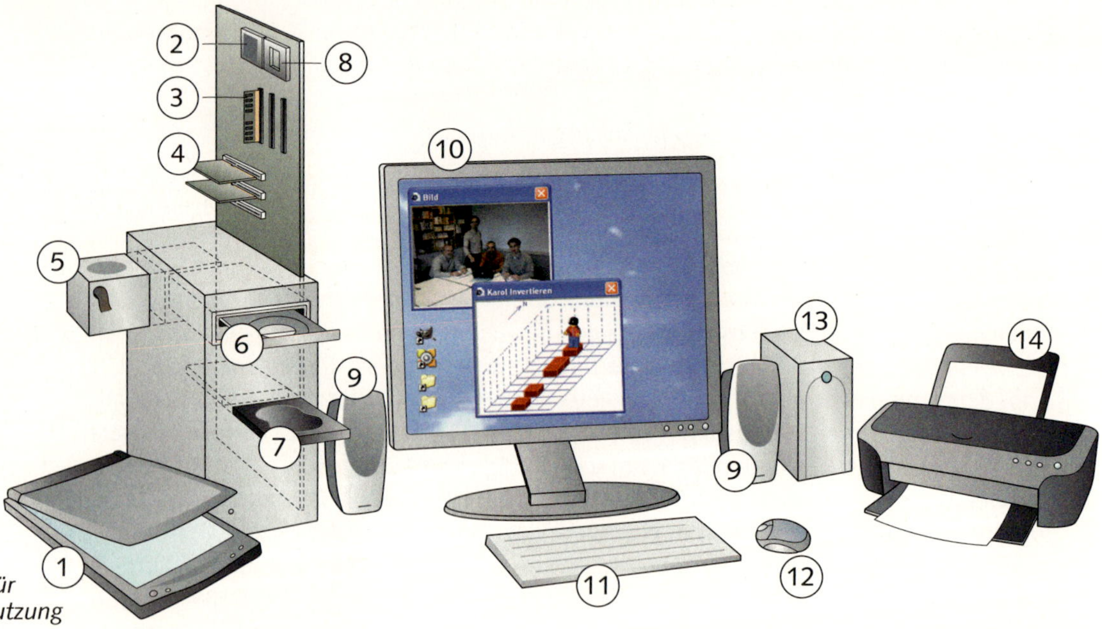

1 Computersystem für Büro- oder Heimnutzung

2 CPU eines PCs

3 Speichermodul (RAM)

› Random Access Memory

Die Hauptkomponenten eines Computers sind der **Prozessor** ② und der **Arbeitsspeicher** ③. Der Prozessor (engl. Central Processing Unit, CPU) ist die zentrale Datenverarbeitungseinheit eines Computers. Er ist in der Lage, Programme auszuführen und Daten zu verarbeiten.

Die gesamte CPU ist in der Regel auf einem einzigen hochentwickelten elektronischen Baustein integriert (integrated circuit, IC; integrierte Schaltung), der aus Millionen von Schalteinheiten (Transistoren) besteht. Durch Schaltvorgänge der Transistoren erfolgt das eigentliche „Rechnen".

Im Arbeitsspeicher können Programme und Daten abgelegt und zu einem späteren Zeitpunkt (unverändert) wieder abgerufen werden. Der Prozessor kann direkt auf den Arbeitsspeicher zugreifen und dabei Daten auslesen bzw. Daten ablegen. Wird die Stromzufuhr unterbrochen, dann gehen die Daten im Arbeitsspeicher verloren.

Der Arbeitsspeicher wird auch als Hauptspeicher bezeichnet. Seine technische Bezeichnung lautet › RAM.

Unter dem Begriff **Peripheriegeräte** fasst man alle Geräte zusammen, die die Hauptkomponenten CPU und Arbeitsspeicher ergänzen. Man unterscheidet die Peripheriegeräte hinsichtlich ihrer Funktion. Einige Beispiele (Nummern siehe Abbildung 1):

- Eingabegeräte: Tastatur ⑪, Maus ⑫, Scanner ①, Digitalkamera, Sensoren
- Ausgabegeräte: Monitor ⑩, Lautsprecher ⑨, Drucker ⑭, Beamer
- Datenspeichergeräte für verschiedene Datenträger (Sekundärspeicher): Festplatte ⑦; ⑬, CD und DVD ⑥, Diskette, Magnetband
- Kommunikation mit anderen Computern: Netzwerkkarte, WLAN-Karte, DSL, ISDN

Peripheriegeräte können vollständig im gleichen Gehäuse untergebracht sein wie die Hauptkomponenten Prozessor und Arbeitsspeicher (z. B. eingebaute Festplatte). Bei anderen Peripheriegeräten ist nur ein Teil der Elektronik in Form von Steckkarten im Gehäuse untergebracht (z. B. die Grafikkarte zum Anschluss eines Bildschirms).
Die Datenspeichergeräte der Peripherie werden, zur Abgrenzung gegen den Arbeitsspeicher, auch als **Hintergrundspeicher** (Sekundärspeicher) bezeichnet.
Der Prozessor kommuniziert mithilfe der **Ein-/Ausgabesteuerung** (ein elektronischer Baustein) mit den Peripheriegeräten. Diese Steuereinheit ist durch Datenleitungen mit den Peripheriegeräten verbunden.

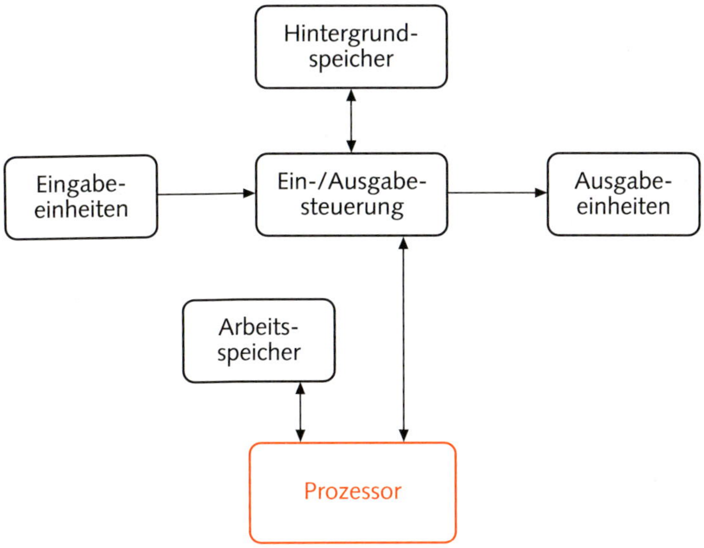

***4** Prinzipielles Schema eines Computersystems*

***5** Motherboard eines PCs*

Die wesentlichen elektronischen Komponenten eines Computers sind auf der Hauptplatine (engl. Motherboard) untergebracht und miteinander verbunden. Die Hauptplatine enthält einen Sockel (a) für den Prozessor und Einschübe (Slots) für die Arbeitsspeicherbausteine (b). Eine Steuerelektronik (c) übernimmt die Ein- und Ausgabesteuerung und die Kommunikation mit den Peripheriegeräten. Zu deren Anbindung sind Einschübe für Erweiterungsplatinen (d), Anschlüsse für externe Geräte (e) und diverse Stecker (f) für interne Geräte wie Festplatten vorgesehen. Über Steckkontakte (g) erfolgt die Stromversorgung durch das Netzteil.

Es gibt eine Vielzahl unterschiedlicher Bauteile für Computer. Im Wesentlichen lassen sich die Teile und ihr Zusammenwirken in das folgende Schema einordnen:

- Eingabeeinheiten zum Einlesen von Programmen und Daten, die dann im Arbeitsspeicher abgelegt werden,
- Ausgabeeinheiten zur Ausgabe der Daten aus dem Arbeitsspeicher,
- Hintergrundspeicher zum dauerhaften Speichern von Daten und Programmen,
- Arbeitsspeicher zum temporären Speichern von Programmen und zugehörigen Daten,
- Prozessor zur Ausführung der Maschinenprogramme und Verarbeitung der Daten,
- Ein-/Ausgabesteuerung zur Regelung der Kommunikation zwischen den Peripheriegeräten.

Die Komponenten eines Computers sind **Prozessor**, **Arbeitsspeicher** und **Peripheriegeräte** (Eingabegeräte, Ausgabegeräte, Hintergrundspeicher). Der Prozessor kommuniziert mithilfe der **Ein-/Ausgabesteuerung** mit den Peripheriegeräten.

Aufgaben

1 Technische Realisierung

a Durch welche Kenngrößen wird die Leistungsfähigkeit eines Prozessors beschrieben? Welche Angaben findet man in Verkaufsprospekten von PCs? Welche Informationen werden im Gegensatz dazu bei Superrechnern als Einstufungskriterium in die Rangfolge verwendet? Informieren Sie sich im Internet.

b Welche Kenngrößen beschreiben den Umfang und die Leistungsfähigkeit eines Arbeitsspeichers?

2 Mein PC

a Kategorisieren Sie die Peripheriegeräte Ihres PCs nach den vier charakteristischen Funktionsgruppen.

b Öffnen Sie bei einem PC – nachdem Sie die Erlaubnis des Eigentümers eingeholt haben – das Gehäuse und identifizieren Sie auf der Hauptplatine die in Abbildung 5 beschriebenen Baugruppen. Achtung: Vor dem Öffnen die Verbindung zum Stromnetz trennen (Stecker ziehen!) und auf gute eigene Erdung achten.

3 Physik, Elektronik

Informieren Sie sich im Internet, um die folgenden Fragen beantworten zu können. Formulieren Sie Ihre Antworten in Form eines Kurzreferats.

a Was ist ein Halbleiter? Was versteht man in diesem Zusammenhang unter „Dotieren"? Was sind p- und n-Dotierung? Erklären Sie die Funktionsweise eines p-n-Übergangs.

b Was ist ein Transistor? Wie ist ein n-p-n dotierter Bipolartransistor aufgebaut? Wie wirkt der Transistor als elektronisches Schaltelement?

c Informieren Sie sich über die Geschichte der Entwicklung integrierter Schaltkreise (IC). Was sagt das Moore'sche Gesetz bezüglich der Entwicklung von ICs?

d Was ist ein Logikgatter?
Wie lässt sich mit einer Batterie, Draht und Schaltern ein UND-Gatter erstellen?
Wie lässt sich ein XOR-Gatter erstellen?
Welche Gemeinsamkeiten hat ein XOR-Gatter mit der Addition von zwei Bits?

10 Registermaschine als Modell

Im Folgenden wird ein Modell eines programmgesteuerten Automaten (Registermaschine) konzipiert. Dieses Modell ist gegenüber einem Prozessor, wie er in Computern zum Einsatz kommt, stark vereinfacht. Wesentlich sind aber nicht die technischen Details, sondern das Verständnis vom Prinzip der Funktionsweise und der Programmsteuerung.

von-Neumann-Prinzip

Grundlage für die Arbeitsweise der meisten heute gebräuchlichen Computer ist das von-Neumann-Prinzip. Im Jahr 1946 ersann John von Neumann ein Konzept für die Funktionsweise eines Rechners. Dieses Konzept war wegweisend für die Computerentwicklung und visionär, wenn man bedenkt, dass es zu dieser Zeit weltweit nur äußerst wenige elektromechanische Rechenmaschinen mit geringem Funktionsumfang gab.

L4

Die entscheidenden Neuerungen waren:

- Sowohl ausführbare Programme als auch die zu bearbeitenden Daten (Eingabedaten, Zwischen- und Endergebnisse) werden im gleichen Arbeitsspeicher des Rechners abgelegt.
- Die Abarbeitung von Programmen erfolgt abhängig vom Zustand des Rechners.

Bis dahin entwickelte Rechner waren bei der Arbeit an ein fixes Programm gebunden, das entweder durch feste Verdrahtungen verschaltet war, durch Einstellen von Schaltern per Hand festgelegt wurde oder über Lochkarten in seiner streng sequenziellen Schaltabfolge gesteuert wurde. Jede Änderung am Programm erforderte eine Neukonfiguration der Rechner-Hardware. Mit der von-Neumann-Architektur war es nun möglich, Änderungen an Programmen sehr schnell und ohne Eingriffe in die Hardware durchführen zu können. War bisher der Programmablauf durch die Verschaltung starr festgelegt, so konnte der Rechner jetzt flexibel, also je nach Zustand unterschiedlich, mit dem Programmablauf fortfahren.

Das von von Neumann und Kollegen 1946 beschriebene › Konzept umfasste die folgenden sieben Punkte, die hier zum besseren Verständnis etwas vereinfacht dargestellt und leicht abgewandelt werden:

› Burks, Goldstine, von Neumann: „Preliminary Discussion of the Logical design of an Electronic Computing Instrument"; zitiert aus Giloi „Rechnerarchitektur"

L5

① Eine **Registermaschine** besteht aus vier Funktionseinheiten:

- Arbeitsspeicher (Hauptspeicher, Memory)
  Speichert sowohl Programme als auch Daten, die dem Rechenwerk zugänglich sind.
- **Steuerwerk** (Steuereinheit, Leitwerk, Control Unit)
  Interpretiert die Befehle eines Programms, koordiniert Rechenwerk, Ein-/Ausgabesteuerung und Arbeitsspeicher entsprechend des Befehls, steuert den gesamten Datenfluss innerhalb des Prozessors und regelt die Befehlabfolge. Die Steuereinheit arbeitet taktgesteuert. Sie ist Teil des Prozessors.
- **Rechenwerk** (Recheneinheit)
  Führt einfache arithmetische Rechenoperationen und logische Verknüpfungen durch. Es ist Teil des Prozessors.
- **Ein-/Ausgabesteuerung** (bei von Neumann getrennt in Eingabewerk und Ausgabewerk, Input/Output Unit, I/O Unit)
  Kommuniziert mit den Peripheriegeräten und steuert die Ein- und Ausgabe von Daten; unter anderem auch mit dem Hintergrundspeicher, der als Langzeitspeicher dient.

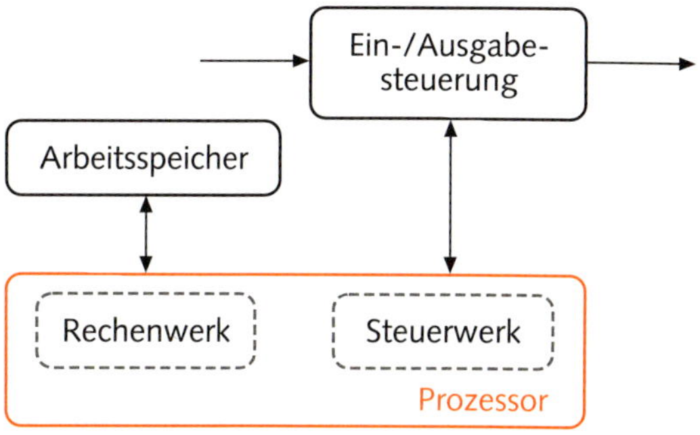

1 *von-Neumann-Struktur*

Den Prozessor und den Arbeitsspeicher fasst man unter dem Begriff **Zentraleinheit** zusammen. Der Prozessor besteht aus dem Rechenwerk und dem Steuerwerk.

② Die Struktur des Rechners ist unabhängig von der zu bearbeitenden Aufgabenstellung. Unterschiedliche Aufgaben werden durch entsprechende Programme gelöst; es handelt sich also um einen programmgesteuerten Rechner, im Gegensatz zu einem fest verdrahteten.
Ein Programm ist eine Folge von Bearbeitungsvorschriften; sie müssen von außen eingegeben und im Speicher abgelegt werden.

③ Programme, Daten, Zwischen- und Endergebnisse werden im selben Speicher, dem Arbeitsspeicher, abgelegt und können vom Rechenwerk verändert werden.

④ Der Hauptspeicher ist in Zellen gleicher Größe aufgeteilt, die fortlaufend nummeriert sind. Über die Nummer (Adresse) einer Speicherzelle kann deren Inhalt abgerufen oder verändert werden.

⑤ Das Programm besteht aus einer Folge von Befehlen, die im Allgemeinen nacheinander ausgeführt werden. Aufeinanderfolgende Befehle eines Programms werden in aufeinanderfolgenden Speicherzellen abgelegt.

⑥ Von der sequenziellen Abfolge der Ausführung der Befehle kann durch Sprungbefehle abgewichen werden, die die Programmfortsetzung an einer anderen Stelle des Hauptspeichers bewirken.

⑦ Die Speicherelemente kennen zwei Schaltzustände: ein oder aus. Aus diesem Grund wird einer binären Codierung der Daten, Befehle und Adressen der Vorzug gegenüber einer dezimalen Darstellung gegeben.

Das hier skizzierte Grundkonzept des von-Neumann-Rechners ist, über alle technischen Änderungen hinweg, bis heute in jedem Prozessor zu finden. Die technische Umsetzung dieses Konzepts werden wir nun untersuchen.

Arbeitsspeicher

Der Arbeitspeicher besteht aus einer großen Anzahl von Schaltelementen mit zwei möglichen Zuständen: ein oder aus bzw. „0" oder „1" (Binärsystem). Ein solches Schaltelement nennt man auch › **Bit**. Nach dem von-Neumann-Prinzip werden aber nicht einzelne Bits im Speicher angesprochen, sondern eine festgelegte Anzahl davon wird zu einer **Speicherzelle** (Speicherelement) zusammengefasst. Übliche Größen für die **Speicherbreite** sind 8 Bit (= 1 **Byte**) oder 16 Bit (= 1 Word), bei modernen Rechnern manchmal 32 oder 64 Bit. Mit n Bit lassen sich 2^n verschiedene Zustände einer Speicherzelle darstellen.

› engl.: binary digit

Der Arbeitsspeicher ist ein Bereich von sequenziell angeordneten, gleich großen und adressierbaren Speicherzellen. Sie sind die kleinsten adressierbaren Einheiten und werden von 0 bis zur maximalen Speichergröße fortlaufend durchnummeriert. Auf jede Speicherzelle kann durch Angabe der **Speicheradresse** unmittelbar zugegriffen werden. Es handelt sich um einen Speicher mit „wahlfreiem Zugriff" (RAM).

Die Kapazität eines Speichers ergibt sich aus

„maximale Anzahl der Speicheradressen" · „Größe der Speicherzelle in Bytes"

und wird in der Einheit Byte angegeben.

Größere Einheiten: 1 kByte = 1024 Byte; 1 MByte = 1024 kByte = 1 048 576 Byte;
1 GByte = 1024 MByte

Technisch wird der Arbeitsspeicher meist auf einzelne Bausteine (Speichermodule) aufgeteilt (siehe Kapitel 9, Abb. 3).

0	0100010111011100
1	1101001110101000
2	1111000001011111
3	1010010111000011
4	1000100010001111
5	0100101101001100
6	0111111100001010
7	0000000010101010
8	1110110010001100

2 *16-Bit-Speicher*

Darstellung von Zahlen

Der Inhalt der Speicherzelle kann als natürliche Zahl interpretiert werden, dabei entspricht jedem Bit ein Stellenwert im Dualsystem. Legt man für die „rechte Stelle" den kleinsten Stellenwert („lower bit") fest, so hat die k-te Stelle von rechts den Wert 2^k, wobei k mit 0 beginnt. Die 16 Bit lange Zahl 0100010111011100 (binäre Schreibweise) lautet in dezimaler Schreibweise: $2^{14} + 2^{10} + 2^8 + 2^7 + 2^6 + 2^4 + 2^3 + 2^2 = 17\,884$

Es handelt sich um ein **Zweier-Stellenwertsystem** (jede Stelle der Zahl ist eine Zweierpotenz), wohingegen wir Menschen üblicherweise ein **Zehner-Stellenwertsystem** benutzen (jede Stelle eine Zehnerpotenz). Es ist jedem geläufig, was die Zahl 4321 im Zehner-Stellenwertsystem bedeutet: 4 Tausender, 3 Hunderter, 2 Zehner und 1 Einer.

Bei dem in diesem Buch für Kapitel 12 verwendeten Rechnersimulator benutzen wir für den Inhalt einer Speicherzelle vereinfachend die Dezimalschreibweise, das erleichtert die Lesbarkeit und das Nachprüfen von Rechenoperationen.

W4

Bei dem Speichermodell steht für eine Zahl nur eine begrenzte, durch die Speicherbreite festgelegte Anzahl k an Bits zur Darstellung zur Verfügung. Mit k Bits lassen sich Zahlen von 0 bis $2^k - 1$ darstellen. Bei vier Bits sind dies zum Beispiel 0, 1, 2, 3, …, 14, 15 oder in binärer Schreibweise 0000, 0001, 0010, 0011, …, 1110, 1111.

Die wegen der begrenzten Speicherbreite begrenzte Anzahl der darstellbaren Zahlen hat Auswirkungen auf die Grundrechenarten. Als Beispiel betrachten wir die Addition von 1. Die Rechnungen $0 + 1 = 1$; $4 + 1 = 5$ usw. sind unproblematisch, aber was ergibt die Addition 15 + 1? Eine Zahl 16 steht nicht zur Verfügung!

Betrachten wir die Beispielrechnungen in der zugehörigen Binärschreibweise:
0000 + 0001 = 0001 und 0001 + 0001 = 0010 und 0011 + 0001 = 0100. Die Rechenregel ist sofort ersichtlich: „0 + 0 ergibt 0, 0 + 1 ergibt 1, 1 + 1 ergibt 0 und Übertrag 1 zur nächsthöheren Stelle".

Was ergibt damit die Addition 15 + 1? In binärer Schreibweise wird daraus die Gleichung 1111 + 0001 = 0000, wobei der letzte Übertrag verloren geht, denn es stehen in diesem Beispiel nur vier Stellen zur Verfügung.

Somit ist im begrenzten 4-Bit-Zahlensystem 15 + 1 = 0.

Begrenzte Zahlensysteme kann man übersichtlich als **Zahlenkreis** darstellen (siehe Abb. 3).

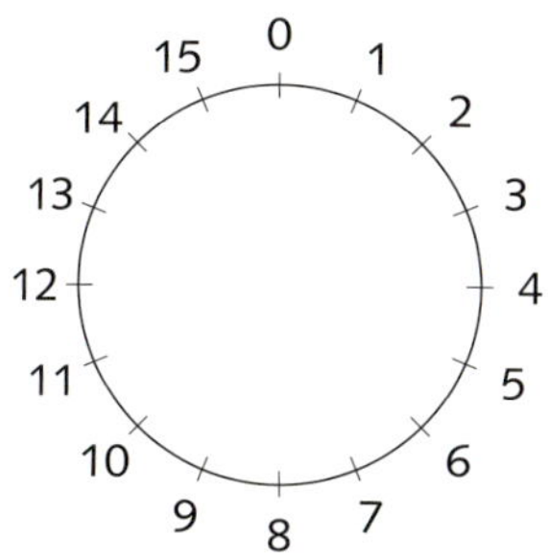

***3** Zahlenkreis nur mit positiven Zahlen*

Bislang haben wir mit dem Zahlenkreis nur positive Zahlen dargestellt. Dabei bedeutet eine Addition eine Bewegung im Uhrzeigersinn, eine Subtraktion gegen den Uhrzeigersinn.

Wie kann man die Binärschreibweise so interpretieren, dass auch negative Zahlen darstellbar sind? Bei der Subtraktion gilt $0 - 1 = -1$. Das bedeutet, im Gegenuhrzeigersinn von 0 ist die Zahl –1 anzuordnen und davon wieder links die Zahl –2 usw. Die Zahlen links von der 0 interpretiert man als negative Zahlen und die rechts von der 0 als positive. In binärer Schreibweise steht also 1111 für –1, 1110 für –2, 1101 für –3 usw. Betrachtet man die binäre Darstellung, so erkennt man, dass alle Zahlen im linken Halbkreis an der höchsten Stelle eine 1 haben, alle Zahlen rechts eine 0. Bei vier Stellen entspricht die Bitfolge 1000 somit der Zahl –8. Damit sind in der Binärschreibweise alle negativen Zahlen leicht an der 1 im „linken" Bit erkennbar. Es ergibt sich ein Zahlenkreis wie in Abbildung 4.

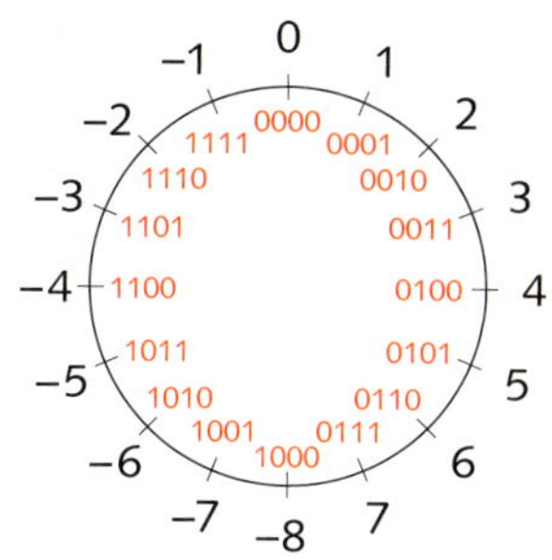

***4** Zahlenkreis mit positiven und negativen Zahlen*

Mit vier Bit lassen sich damit die Zahlen –8 bis einschließlich +7 darstellen und mit 16 Bit ist es der Bereich –32768 bis 32767.

Mit n Bit ist es allgemein der Zahlenbereich -2^{n-1} bis $+2^{n-1} - 1$.

Zur Darstellung größerer ganzer Zahlen oder rationaler Zahlen werden in den Computersystemen zwei oder mehr Speicherzellen verwendet. Auch Buchstaben und Sonderzeichen werden als Bitfolge in den Speicherzellen abgelegt, wobei der Umsetzung fest vereinbarte Regeln (Codes) zugrunde liegen (z. B. ASCII-Code, Unicode).

* Die binäre Schreibweise mit Nullen und Einsen ist sehr umständlich und ihre Umrechnung in die dezimale Schreibweise aufwendig. Deshalb verwendet man in der Informatik oft eine andere Schreibweise. Man fasst vier Bits zusammen. Mit vier Bits lassen sich die 16 Zustände „0" bis „15" beschreiben. Jeder dieser Zustände soll von einem Zeichen repräsentiert werden. Für die Zustände „0" mit „9" eignen sich die Ziffern 0 mit 9 und für die Zustände „10" mit „15" verwendet man die Zeichen A mit F. Die Zeichen 0, 1, ..., 9, A, B, C, D, E, F bilden somit die Ziffern eines 16er-Zahlensystems (**Hexadezimalsystem**). Die binäre Schreibweise 0100 wird zu 4, 0101 wird zu 5, 1101 wird zu D. Die 16-Bit-Zahl 0100 0101 1101 1100 von der Vorseite wird zu 45DC.

Modell eines Prozessors

Ein sehr einfaches Modell eines Prozessors stellt sich wie in Abbildung 5 dar.

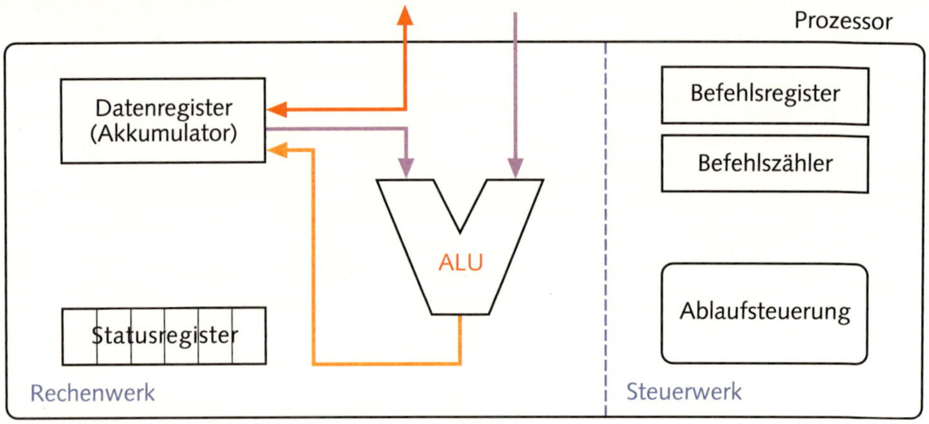

***5** Einfaches Modell eines Prozessors (Erläuterungen im Text)*

Der Prozessor besteht aus Rechenwerk und Steuerwerk. Letzteres organisiert die Programmausführung, es steuert Schritt für Schritt den Ablauf. Das Rechenwerk ist eine elektronische Schaltung, die auf Veranlassung des Steuerwerks sämtliche arithmetischen und logischen Operationen durchführt.

Der momentan auszuführende Befehl wird im **Befehlsregister** (engl. Instruction Register, IR) abgelegt. Je nach dem aktuellen Befehl werden über die Ablaufsteuerung bestimmte Aktionen ausgeführt.
Das gesamte Programm mit seinen Befehlen ist im Arbeitsspeicher gespeichert. Der **Befehlszähler** (Programmzähler; engl. Program Counter, PC oder Instruction Pointer, IP) enthält die Speicheradresse des nächsten zur Ausführung kommenden Maschinenbefehls.

Bei einer allgemeinen Registermaschine nach dem von-Neumann-Prinzip kann das Rechenwerk auf alle Speichereinheiten des Arbeitsspeichers direkt zugreifen. In der praktischen Umsetzung einer Registermaschine werden üblicherweise einige Speichereinhei-

ten direkt in dem Prozessor integriert. Diese **Datenregister** sind spezielle Speichereinheiten im Prozessor, auf die ein schnellerer Zugriff als auf den Arbeitsspeicher möglich ist. In den Datenregistern werden die zu verarbeitenden Werte abgelegt und es können Berechnungsergebnisse zwischengelagert werden. Die Anzahl der Datenregister ist von der „Architektur" des Prozessors abhängig. Moderne Prozessoren haben mehrere, einfachere und ältere Prozessoren haben oft nur ein Datenregister. An einem Prozessor mit nur einem Datenregister lässt sich das Prinzip einer Registermaschine besser verstehen. Deshalb wird in diesem Buch von dem in Abbildung 5 dargestellten Modell ausgegangen.
Im Sinne einer Registermaschine sind auch alle Speicherzellen des Arbeitsspeichers Register; zur besseren Unterscheidung werden in diesem Buch aber nur die speziellen Speicherzellen im Prozessor so genannt. Man spricht in diesem Sinne bei Abbildung 5 von einer 1-Registermaschine.

Wie wird eine „Rechnung" durchgeführt? Auf Veranlassung des Steuerwerks führt das Rechenwerk in der **arithmetisch-logischen Einheit** (Arithmetic Logic Unit, **ALU**) eine Operation aus. Typischerweise beherrscht eine ALU zumindest die Operationen Addition, Subtraktion, Multiplikation, Ganzzahldivision, Vergleichen sowie logisches AND, OR und NOT. Die Operanden werden je nach Befehl aus den Datenregistern bzw. aus dem Arbeitsspeicher zugeführt. Bei einer 1-Registermaschine kommt der eine Operand aus dem Datenregister, der andere wird direkt aus dem Arbeitsspeicher entnommen. Beide Wege sind in Abbildung 5 als lila Pfeile gezeichnet. Das Ergebnis der Operation wird wieder im Datenregister abgelegt (orangefarbener Pfeil). Da bei der 1-Registermaschine das eine Datenregister immer der Empfänger des Operationsergebnisses ist, wird es auch › **Akkumulator**, kurz Akku (AC), genannt.
Eine Operation könnte lauten: „Addiere die Zahlen, die im Akkumulator und im Arbeitsspeicher an der Adresse xy stehen, und lege das Ergebnis im Akkumulator ab."

› lat. accumulare: sammeln

Das Steuerwerk kann veranlassen, dass der Inhalt einer Speicherzelle des Arbeitsspeichers in das Datenregister kopiert wird bzw. aus dem Datenregister in eine durch die Adresse festgelegte Speicherzelle übertragen wird (roter Pfeil).

Das **Statusregister** (SR) liefert zusätzlich Informationen über den aktuellen Zustand der Registermaschine. Damit können Fragen wie „War der letzte geprüfte Wert negativ?" oder „War der zuletzt berechnete Wert 0?" beantwortet werden. Da es sich um binäre Fragestellungen handelt, reicht für jede Information ein Bit. Das Statusregister besteht aus mehreren solcher einzelner Bits, **Flags** genannt. Zum Beispiel: Z = zero, N = negativ und V = overflow. Das Steuerwerk kann im Rahmen der Ablaufsteuerung diese Flags auswerten und je nach deren Wert unterschiedlich mit dem Ablauf fortfahren.

Kommunikation zwischen Prozessor und Arbeitsspeicher

Die Kommunikation zwischen Prozessor, Arbeitsspeicher und Ein-/Ausgabesteuerung erfolgt über ein **Bus-System**, denn eine paarweise direkte Verbindung zwischen Prozessor und jeder Speicherzelle in Form einer Netzstruktur kommt wegen der großen Zahl an erforderlichen Verbindungen nicht in Betracht. 5
Busse verbinden die verschiedenen Funktionsbausteine, wie hier CPU und Arbeitspeicher, mit einer festen Anzahl paralleler Leitungen. Jede Leitung kennt nur zwei Zustände: ein oder aus (binär).

Aus logischen Gesichtspunkten unterteilt man die Busleitungen in drei Bereiche: Adressbus, Datenbus und Steuerbus.

- Der **Adressbus** dient zur Übergabe von Adressen. Er adressiert jede einzelne Speicherzelle des Arbeitsspeichers. Je nach Anzahl n der parallelen Leitungen im Adressbus ist die maximale Anzahl an ansprechbaren Speicherzellen 2^n. Man spricht von einem Adressbus der Breite n Bit.
  Gebräuchlich sind in PCs derzeit Adressbusbreiten von 32 Bit, das entspricht 32 parallelen Leitungen. Damit können $2^{32} = 4\,294\,967\,296 \approx 4{,}3$ Milliarden Speicherzellen des Arbeitsspeichers adressiert werden.
- Der **Datenbus** übernimmt den eigentlichen Datentransfer. Dabei werden die Daten einzeln, jeweils im Umfang einer Speicherzelle, zwischen den Kommunikationspartnern übertragen. Auch hier wird die Breite des Datenbusses mit n Bit angegeben.
  Übliche Speicherbreiten sind 16, 32 oder 64 Bit und somit wird auch der Datenbus in einer Breite von 16-, 32- oder 64-Bit-Leitungen ausgelegt.
- Der **Steuerbus** koordiniert die Benutzung von Adress- und Datenbus. Die einzelnen Leitungen des Steuerbus haben entsprechend ihres Einsatzes eigene Namen: Lesen, Schreiben, DatenBereit, DatenAngenommen, ...

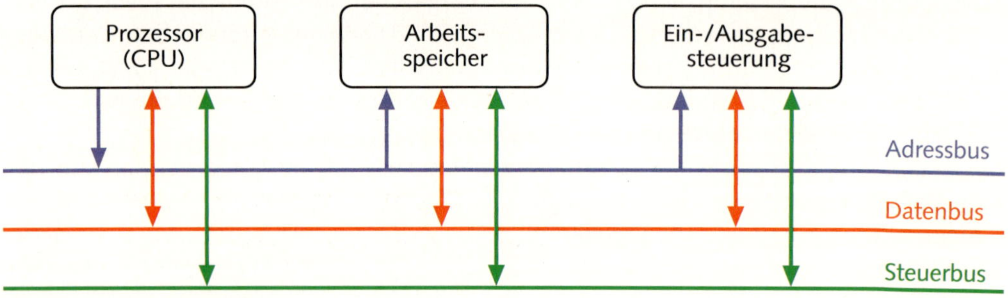

6 *Computer-Bus-System*

Bei der Kommunikation mit dem Arbeitsspeicher müssen Fragen beantwortbar sein wie: „Welche Speicherzelle soll angesprochen werden?“, „Soll diese Speicherzelle einen neuen Wert annehmen oder soll sie ihren Wert ausgeben?“.
Die Komponenten am Bus arbeiten mit unterschiedlichem Tempo und deshalb muss der Ablauf der Kommunikation synchronisiert werden. Die Kommunikation wird immer vom Steuerwerk der CPU eingeleitet, hier am Beispiel der Übertragung von Daten vom Speicher in die CPU:

- CPU legt Adresse der Speicherzelle auf den Adressbus.
- CPU aktiviert die Leseleitung am Steuerbus und wartet.
- Arbeitsspeicher (Speicherbaustein) bemerkt die aktive Leseleitung und legt die Daten der adressierten Speicherzelle auf den Datenbus.
- Arbeitsspeicher aktiviert die Datenbereit-Leitung am Steuerbus.
- Die wartende CPU bemerkt, dass die Datenbereit-Leitung aktiv ist, und übernimmt die Daten vom Datenbus.
- CPU setzt Datenangenommen-Leitung am Steuerbus auf aktiv.
- Arbeitsspeicher erkennt dies, versorgt den Datenbus nicht mehr mit Daten und nimmt das Signal auf der Datenbereit-Leitung am Steuerbus zurück.
- CPU deaktiviert Adressbus und Leseleitung am Steuerbus.

Allein die Übertragung von Daten zwischen Arbeitsspeicher und CPU ist ein komplexer Ablauf, für den eine genaue Vorschrift (ein Protokoll) erforderlich ist. Diese Vorschrift wird

taktgesteuert abgearbeitet. Der Bus wird immer exklusiv von einem Prozess (hier z. B. Datenübertragung vom Speicher zum Prozessor) benutzt. Das ist auch einer der wesentlichen Nachteile der von-Neumann-Architektur: Der Bus ist der Flaschenhals des Systems („von-Neumann'scher Flaschenhals"). Moderne Prozessoren sind in der Regel in der Verarbeitung wesentlich schneller, als Daten über den Bus vom Speicher in den Prozessor geladen werden können. Als Folge davon wird die Programmausführung gebremst.

Prozessor und **Arbeitsspeicher** bilden die **Zentraleinheit** eines Computers.

Der Prozessor gliedert sich in Steuer- und Rechenwerk.
- Das **Steuerwerk** holt die Befehle in der richtigen Reihenfolge aus dem Speicher, entschlüsselt ihre Bedeutung und veranlasst und überwacht ihre Ausführung durch das Rechenwerk. Für diese Aufgabe benutzt es drei Register innerhalb des Prozessors, das **Befehlsregister**, den **Befehlszähler** und das **Statusregister**.
- Das **Rechenwerk** hat ein oder mehrere Datenregister, in denen die Operanden für eine Rechenoperation bereitgestellt und Ergebnisse der Rechnung abgelegt werden. Die eigentliche „Berechnung" erfolgt in der **arithmetisch-logischen Einheit** (ALU).

Der Arbeitsspeicher besteht aus sequentiell angeordneten, gleich großen und durch Nummern adressierbaren Speicherzellen.

Der Datenaustausch zwischen Prozessor und Arbeitsspeicher erfolgt über ein **Bus-System**.

Aufgaben

1 sequenziell kontra wahlfrei

Nennen Sie einige Speichermedien, die prinzipiell nur sequenziell ausgelesen werden können. Sequenziell ist ein Ablauf auch dann, wenn man zwar an irgendeiner anderen Stelle als am Anfang aufsetzen kann, es aber nicht möglich ist, eine Stelle des Speichermediums gezielt anzusprechen.

2 ROM

Bei den meisten Computern gibt es zusätzlich einen Arbeitsspeicher mit der Bezeichnung ROM (read only memory). Wodurch unterscheidet sich diese Art von Speicher von einem RAM? Wie kann ein Prozessor auf ein ROM zugreifen? Für welche Aufgaben wird in einem Computer ein ROM zur Speicherung von Programmen und Daten benutzt? Wieso sind diese Aufgaben nicht mit einem RAM erfüllbar?

3 Zahlendarstellung in Speicherzellen

a Wandeln Sie die binäre Schreibweise 0100110011110111 einer Zahl in die Dezimalschreibweise um.

b Wandeln Sie die Dezimalschreibweisen 100, 2047 und 16384 in eine 16-stellige binäre Schreibweise um.

c Wie viele Zustände kann eine Speicherzelle der Größe 64 Bit annehmen? Welcher Zahlenbereich ist damit darstellbar, wenn auch negative Zahlen zum Einsatz kommen sollen?

4 Immer im Kreis herum

Ein Hauptspeicher habe die Speicherbreite 16 Bit. Es sollen positive und negative Zahlen dargestellt werden.

a Welcher Zahlenbereich ist damit möglich?

b Was ergibt die Rechnung 32760 + 10? Und was die Rechnung –32760 – 10? Begründen Sie Ihre Ergebnisse.

5

5 Bus-Systeme sind geeigneter

Wie viele Daten-Leitungsstränge wären bei einer direkten, paarweisen Vernetzung zwischen vier Teilnehmern erforderlich, damit jeder mit jedem kommunizieren kann? Erstellen Sie eine allgemeine Berechnungsformel für n Teilnehmer.
Bei 60 Teilnehmern sieht das schon schlimmer aus und erst recht bei 1 MByte Speicherzellen. Berechnen Sie diese Werte mit dem Taschenrechner. Erschwerend kommt hinzu, dass eine Datenleitung aus mehreren (z. B. acht) Einzelkabeln besteht.

6 Gut codiert

Informieren Sie sich über verschiedene Kodierungen zur Interpretation von Bitfolgen als Zeichen verschiedener Art. Vor allem sollten Sie sich mit diesen beiden Codes auseinandersetzen:
- American Standard Code for Information Interchange (ASCII).
- Unicode in der Form UTF-16.

11 Operationsprinzip einer Registermaschine

Mit dem Computer wurde eine universelle (Rechen-)Maschine geschaffen. Die Hardware ist leistungsfähig genug, dass sie zusammen mit einem uneingeschränkt änderbaren Programm eine Vielzahl von Aufgaben erledigen kann. In diesem Kapitel wird auf die Grundprinzipien der Programmierung eines Prozessors eingegangen.

Maschinensprache

Der Aufbau des Rechners ist unabhängig von der Problemstellung, daher auch die Bezeichnung › Universalrechner. Durch die Programmierung wird der Rechner in die Lage versetzt, wechselnde Aufgaben zu lösen. Der Prozessor beherrscht einige Befehle, von denen jeder für sich genommen sehr einfach ist. Die Menge aller Befehle nennt man Maschinensprache des Prozessors. Jedes **Maschinenprogramm** besteht aus einer Aneinanderreihung dieser Maschinenbefehle.

› engl. all-purpose machine

Ein **Maschinenbefehl** ist eine elementare Verarbeitungsvorschrift für den Prozessor, z. B. „Lade eine Zahl aus dem Speicher in den Akkumulator". Jeder Maschinenbefehl gliedert sich in zwei Teile: die Operationskennung und zu dem Befehl gehörige zusätzliche Daten. Die **Operationskennung** (Operationsteil, engl. Abkürzung **Opcode**) bestimmt die Operation, die vom Rechenwerk bzw. Steuerwerk ausgeführt werden soll. In den zugehörigen Daten werden zusätzliche Angaben zu der Operation festgelegt, zum Beispiel, aus welcher Speicherzelle oder welchem Datenregister die Daten für die Operation kommen sollen oder wo das Ergebnis abgelegt werden soll. Der zweite Teil des Maschinenbefehls wird auch oft Adressteil oder **Operandenteil** des Befehls genannt.

Die Maschinenbefehle werden genauso wie die reinen Zahlen als Bitfolge im Speicher abgelegt. Durch eine bestimmte Bitfolge ist die Operationskennung eines Maschinenbefehls eindeutig festgelegt. Ein Maschinenbefehl umfasst dabei ein oder mehrere Speicherzellen. Dem Inhalt einer Speicherzelle kann man nicht ansehen, ob es sich um einen Maschinenbefehl, reine Daten oder eine Adresse handelt.

Befehlszyklus

Alle Befehle einer Maschinensprache werden durch den Prozessor nach dem gleichen Grundprinzip ausgeführt (Maschinenbefehls-Grundzyklus). Den Ablauf dieses Zyklus kann man in drei Phasen einteilen, die üblicherweise mit englischen Begriffen bezeichnet werden.

FETCH-Phase, 1.Teil

- Befehl holen: Einlesen des Maschinenbefehls (Operationskennung) aus der Speicherzelle, deren Adresse im Befehlszähler steht; die Operationskennung wird im Befehlsregister abgelegt; weiterschalten des Befehlszählers um 1.

DECODE-Phase

- Befehl dekodieren: Analysieren des Maschinenbefehls durch Entschlüsselung des Operationscodes.

FETCH-Phase, 2.Teil

- Befehl vervollständigen: Umfasst der Maschinenbefehl mehrere Speicherzellen (für Operanden), so werden diese weiteren Teile des Befehls eingelesen und im Befehlsregister ergänzt. Weiterschalten des Befehlszählers um die Anzahl der gelesenen Speicherzellen. Der Befehlszähler steht somit auf dem nächsten Befehl (Programmschritt). Bei der einfachen Modellmaschine im Werkzeugkasten hat jeder Maschinenbefehl keinen oder einen Operanden, bei marktüblichen Prozessoren sind es bis zu vier Operanden.

EXECUTE-Phase

Das Steuerwerk konfiguriert, je nach Maschinenbefehl im Befehlsregister, taktgesteuert die elektronischen Bauteile des Prozessors, sodass die folgenden Schritte nacheinander ausgeführt werden können:

- Operanden holen: ggf. Bestimmung der Operandenadresse und holen des Operanden aus dem Speicher; Bereitstellung der Operanden an den Eingängen der ALU.
- Befehl ausführen: Der Prozessor führt in der ALU die entsprechenden Berechnungen durch.
- Rückschreiben: Das Ergebnis der Berechnung wird in das hierfür bestimmte Register übertragen.
- Ggf. geänderter Programmschritt: Normalerweise zeigt der Befehlzähler schon auf den sequenziell nachfolgenden Befehl im Programm (siehe FETCH-Phase); bei Sprüngen aber wird der Befehlszähler auf die Zieladresse des Sprungs gesetzt.

Teilweise überschneiden sich die einzelnen Schritte, so wird etwa die Befehlsdecodierung weitergeführt, während die Operanden geholt werden.

Die Arbeit des Steuerwerks und damit die Ausführung der Maschinenbefehle erfolgt in einem festen Rhythmus, sie ist taktgesteuert. Hierzu führt ein Taktgeber dem Prozessor Taktimpulse zu (z. B. 10^9 Impulse pro Sekunde, d. h. Taktfrequenz 1 GHz). Ein Maschinenbefehl erfordert, je nach Komplexität, mehrere Taktzyklen.
Zu Beginn der Programmausführung muss der Befehlszähler auf die Anfangsadresse des Programms gesetzt werden. Das Steuerwerk des Prozessors arbeitet zyklisch und wiederholt den Befehlszyklus solange, bis ein bestimmter Befehl den Ablauf stoppt.

Die folgende Bildreihe zeigt den Befehlzyklus für den Befehl „Lade den Akkumulator mit dem Wert, der in der Speicherzelle mit der Adresse 100 abgelegt ist"; in Kurzschreibweise: LOAD 100.

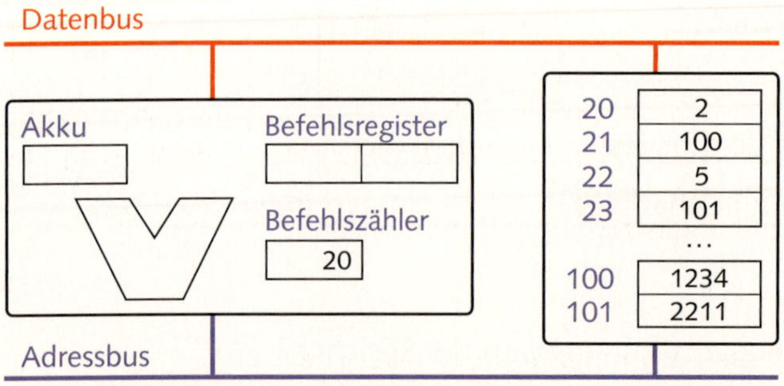

Ausgangszustand der Registermaschine vor dem Befehl. Der Befehlszähler hat den Wert 20. Der Speicher enthält Maschinenbefehle und Zahlenwerte als Bitfolgen.
In der Veranschaulichung werden die Speicherinhalte in Dezimalschreibweise dargestellt.

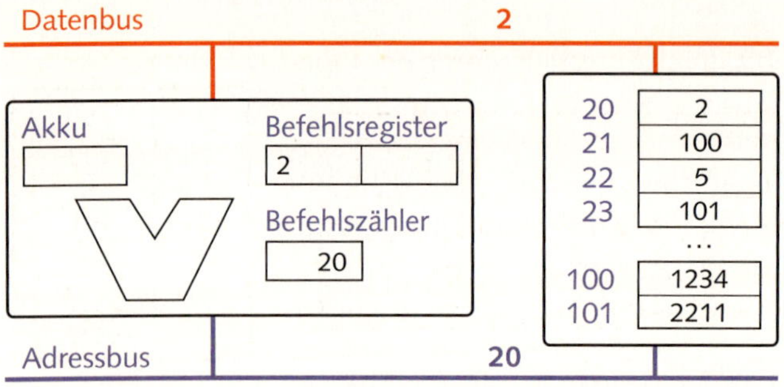

FETCH
1) Inhalt des Befehlszählers (IP) auf den Adressbus legen (hier 20).
2) Inhalt der Speicherzelle an der Adresse 20 auf den Datenbus legen (hier 2).
3) Datenbusinhalt als Opcode des Maschinenbefehls im Befehlsregister (IR) ablegen. Die Zahl 2 steht für den Maschinenbefehl.

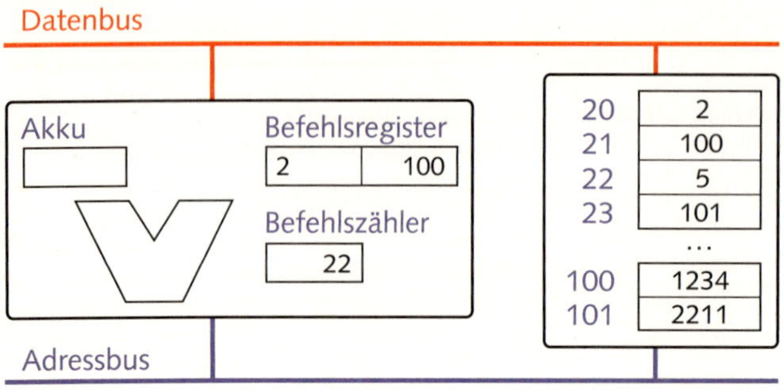

FETCH
4) Befehlszähler um 1 erhöhen
5) Inhalt des Befehlszählers auf den Adressbus legen (hier 21).
6) Inhalt der Speicherzelle 21 auf den Datenbus legen.
7) Den zweiten Teil des Maschinenbefehls im Befehlsregister ablegen.
8) Befehlszähler um 1 erhöhen.

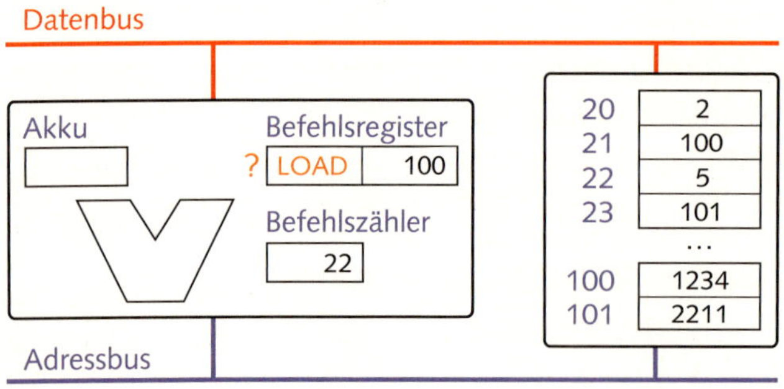

DECODE
Den Befehl dekodieren.
Die Zahl 2 steht für den Befehl LOAD.

EXECUTE
Das Schaltwerk organisiert aufgrund des Maschinenbefehls die Schaltung der anderen Bauteile.
1) Adresse 100 aus dem zweiten Teil des Maschinenbefehls (im Befehlsregister) auf den Adressbus legen.
2) Inhalt der Speicherzelle 100 auf den Datenbus legen (hier 1234).
3) Wert auf dem Datenbus in den Akkumulator (AC) übernehmen.

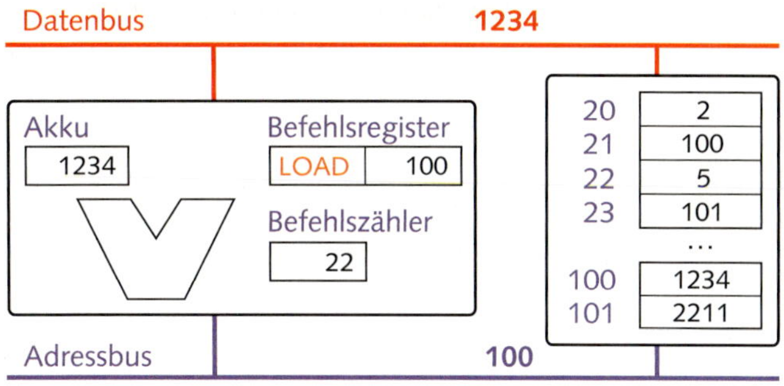

Im Anschluss wird nun der Befehl „Addiere zum Inhalt des Akkumulators den Wert in der Speicherzelle 101" oder kurz ADD 101 ausgeführt.

Ausgangszustand der Registermaschine vor dem Befehl ADD. Der Akku hat den Inhalt 1234 aus der Ausführung des vorherigen Befehls.

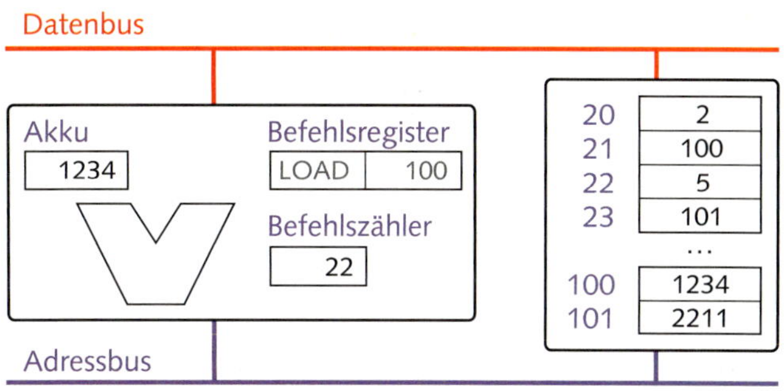

FETCH
Der nächste Maschinenbefehl an der Speicherstelle 22 (Befehlszählerinhalt) wird in das Befehlsregister geladen; Ablauf siehe vorheriges Beispiel. Der Befehlszähler steht am Ende der FETCH-Phase auf 24.

DECODE
Den Befehl dekodieren. Die Zahl 5 steht für den Maschinenbefehl ADD.

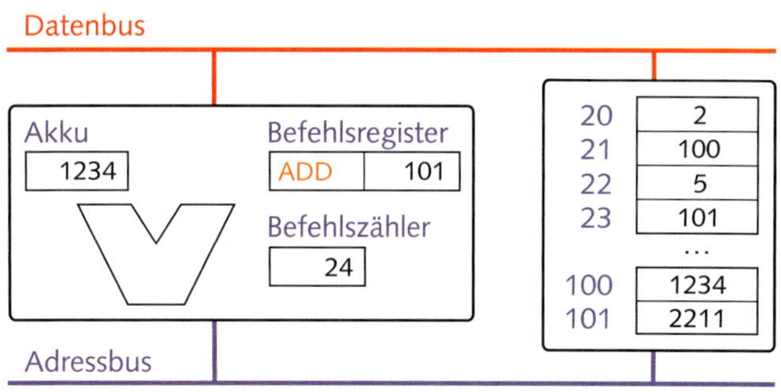

EXECUTE
Das Schaltwerk organisiert die Schaltung der anderen Bauteile.
1) Den ersten Operanden aus dem Akku entnehmen und an der ALU bereitstellen (hier 1234).
2) Adresse 101 aus dem zweiten Teil des Maschinenbefehls (im Befehlsregister) auf den Adressbus legen (hier 101).
3) Inhalt der Speicherzelle 101 auf den Datenbus legen (hier 2211).
4) Wert auf dem Datenbus als zweiten Operanden an der ALU bereitstellen (hier 2211).

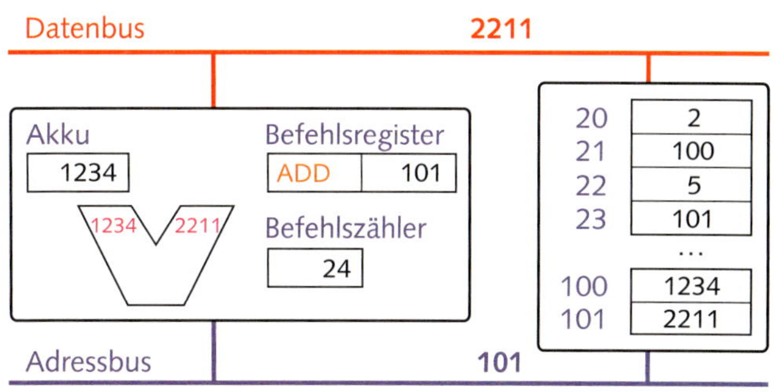

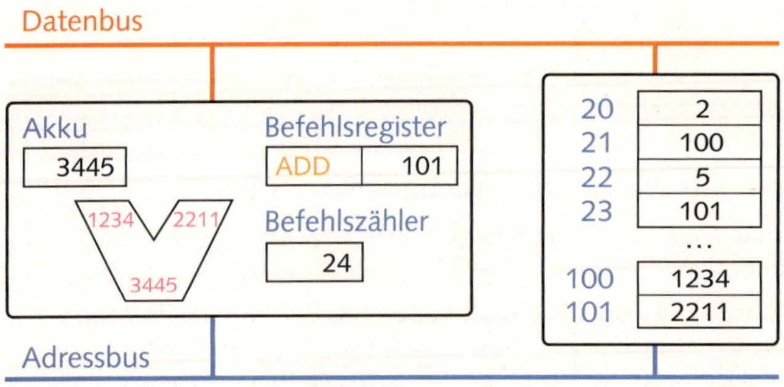

EXECUTE

5) ALU führt eine Addition durch. Das Ergebnis 3445 steht am Ende der ALU bereit.
6) Ergebnis in den Akku übertragen.

Befehlssatz

Die nun folgenden Maschinenbefehle stellen eine Reduzierung von in der Praxis vorhandenen und gebräuchlichen Befehlssätzen dar. Die wesentlichen Prinzipien der Maschinenprogrammierung lassen sich daran gut zeigen.

Zur symbolischen Darstellung von Maschinenbefehlen werden Abkürzungen (Mnemonics) benutzt, die sich ein Programmierer leichter einprägen kann als den binären Wert für die Operationskennung eines Befehls. Meist werden die englischen Begriffe wie LOAD, STORE usw. verwendet. Diese Kürzel bilden die Grundlage einer maschinennahen Sprache, der Assemblersprache.
1 Ihr Sprachumfang ist selbstverständlich von den Fähigkeiten des jeweiligen Prozessors abhängig.

Das vereinfachte Modell geht davon aus, dass es zu jedem Maschinenbefehl neben der Operationskennung nur einen Zusatzparameter (Adresse) gibt; man spricht von einem Ein-Adress-Befehl. Die Operationskennung und die Zusatzdaten sind in diesem Modell jeweils eine Speichereinheit groß. Ihre Größe und damit auch die Breite der Speicheradressen beträgt 16 Bit.

10 Manche Operationen beeinflussen die Flags des Statusregisters (SR). Für die einfache Modellmaschine gelten die Regeln:

- Z-Flag wird gesetzt, wenn das Ergebnis der Operation den Wert 0 ergibt.
- N-Flag wird gesetzt, wenn das Ergebnis der Operation eine negative Zahl ist (siehe Teilkapitel „Darstellung von Zahlen“).
  Bei dem 16-Bit-Modell bedeutet dies: $-32768 \leq$ Ergebnis ≤ -1
- V-Flag wird gesetzt, wenn durch die letzte Rechenoperation der Zahlenbereich nach oben oder nach unten überschritten wurde (siehe Teilkapitel „Darstellung von Zahlen“). Beim 16-Bit-Modell ist der Zahlenbereich $-32768 \leq x \leq 32767$. Die Rechnung 32760 + 10 würde den Zahlenbereich oben überschreiten, die Rechnung -32760 – 10 unten.
- Trifft die Bedingung für das jeweilige Flag nicht zu, wird es am Ende der Operation zurückgesetzt.

Opcode	zusätzliche Daten	PC nachher	SR beeinflusst?	Beschreibung
Transportbefehle				
LOAD	*Adresse*	+2	x	Lade den Akku mit Daten aus dem Hauptspeicher an der *Adresse*.
LOADI	*Wert*	+2	x	Lade den Akku mit dem *Wert*, der unmittelbar der Operationskennung folgt (I für immidiate; engl. unmittelbar).
STORE	*Adresse*	+2		Speichere den Akkuinhalt im Hauptspeicher an der *Adresse*.

Opcode	zusätzliche Daten	PC nachher	SR beeinflusst?	Beschreibung
arithmetische Befehle				
ADD	*Adresse*	+2	x	Addiere zum Akkuinhalt den Inhalt der Speicherzelle an der *Adresse* und speichere das Ergebnis im Akku.
ADDI	*Wert*	+2	x	Addiere zum Akkuinhalt den *Wert* und speichere das Ergebnis im Akku.
SUB	*Adresse*	+2	x	Subtrahiere vom Akkuinhalt den Inhalt der Speicherzelle an der *Adresse* und speichere das Ergebnis im Akku.
SUBI	*Wert*	+2	x	Subtrahiere vom Akkuinhalt den *Wert* und speichere das Ergebnis im Akku.
MUL	*Adresse*	+2	x	Multipliziere den Akkuinhalt mit dem Inhalt der Speicherzelle an der *Adresse* und speichere das Ergebnis im Akku.
MULI	*Wert*	+2	x	Multipliziere den Akkuinhalt mit dem *Wert* und speichere das Ergebnis im Akku.
DIV	*Adresse*	+2	x	Dividiere den Akkuinhalt durch den Inhalt der Speicherzelle an der *Adresse* und speichere das Ergebnis der Ganzzahldivision im Akku (z. B.: 38 : 3 → 12).
DIVI	*Wert*	+2	x	Dividiere den Akkuinhalt durch den *Wert* und speichere das Ergebnis der Ganzzahldivision im Akku.
MOD	*Adresse*	+2	x	Dividiere den Akkuinhalt durch den Inhalt der Speicherzelle an der *Adresse* und speichere den Rest der Ganzzahldivision im Akku (z. B.: 38 : 3 → 2).
MODI	*Wert*	+2	x	Dividiere den Akkuinhalt durch den *Wert* und speichere den Rest der Ganzzahldivision im Akku.
CMP	*Adresse*	+2	x	Vergleiche den Akkuinhalt mit dem Inhalt der Speicherzelle an der *Adresse* und setze das Statusregister entsprechend. Dies ist gleichwertig zu einer Subtraktion „Akku – Speicherzelleninhalt", nur wird das Ergebnis nicht im Akku abgelegt. Akkuinhalt > Speicherzelleninhalt ⇒ kein Flag Akkuinhalt = Speicherzelleninhalt ⇒ Zero-Flag Akkuinhalt < Speicherzelleninhalt ⇒ Negativ-Flag
CMPI	*Wert*	+2	x	Vergleiche den Akkuinhalt mit dem *Wert* und setze das Statusregister entsprechend (siehe CMP).
Steuerbefehle				
JMP	*Adresse*	*Adresse*		Springe zur *Adresse* (jump), durch Schreiben von *Adresse* in den Befehlszähler (PC).
JMPZ	*Adresse*	+2 oder *Adresse*		Springe zur *Adresse*, wenn das Zero-Flag gesetzt ist (jump on zero).
JMPNZ	*Adresse*	+2 oder *Adresse*		Springe zur *Adresse*, wenn das Zero-Flag nicht gesetzt ist (jump on not zero).
JMPN	*Adresse*	+2 oder *Adresse*		Springe zur *Adresse*, wenn das Negativ-Flag gesetzt ist (jump on negativ).
JMPNN	*Adresse*	+2 oder *Adresse*		Springe zur *Adresse*, wenn das Negativ-Flag nicht gesetzt ist (jump on not negativ).
JMPP	*Adresse*	+2 oder *Adresse*		Springe zur *Adresse*, wenn das Negativ-Flag und das Zero-Flag nicht gesetzt sind (jump on plus).
JMPNP	*Adresse*	+2 oder *Adresse*		Springe zur *Adresse*, wenn das Negativ-Flag oder das Zero-Flag gesetzt sind (jump on not plus).
HOLD				Halte den Prozessor an.

Weitere Befehlsgruppen gibt es für logische Operationen, zum Verschieben der Bitfolge im Register, für Unterprogrammaufrufe usw. Sie sind in unserem einfachen Modellrechner aber nicht vorgesehen.
Durch die Operationskennung des Maschinenbefehls ist nicht nur festgelegt, was er ausführt, sondern auch die Anzahl der Zusatzparameter und deren Funktionalität. Die Zusatzdaten können Adressen oder unmittelbare Werte sein. Im einfachen Modellrechner werden die Adressen direkt angegeben (direkte Adressierung). Die modernen Prozessoren verfügen auch über Befehle mit anderen Arten der Adressangabe wie relative oder indirekte Adressierung.

Programme, die ein Prozessor abarbeiten soll, müssen in einer **Maschinensprache**, einer Folge von Maschinenbefehlen, vorliegen. Ein **Maschinenbefehl** besteht aus **Operationskennung** (opcode) und aus zum Befehl gehörigen Operanden (Adressen oder Werte).

Die Befehle werden durch den Prozessor nach den drei **Phasen des Befehlszyklus** abgearbeitet: fetch, decode, execute. Das Maschinenprogramm wird sequentiell abgearbeitet, sofern kein Sprungbefehl vorliegt.

Je nach Prozessor steht ein bestimmter Satz an Befehlen zur Verfügung, deren bedeutendste Vertreter sich nach **Transportbefehlen**, **arithmetischen Befehlen** und **Steuerbefehlen** klassifizieren lassen.

Aufgaben

1 Befehlssequenz

Erstellen Sie mit einem Grafikprogramm eine Vorlage aus Prozessor und Arbeitsspeicher ähnlich der Abbildung in der Bildreihe zum Befehlszyklus. Auf einer Seite haben mehrere dieser Schemazeichnungen Platz. Drucken Sie einige Vorlageseiten aus. Tragen Sie in die Vorlagenseiten die Schritte der Befehlssequenzen für die beiden aufeinanderfolgenden Befehle ein und beschreiben Sie den Ablauf:

- LOADI 123: „Lade den Akku direkt mit dem Zahlenwert 123."
- ADD 100: „Addiere zum Akku den Inhalt der Speicherzelle 100."

2 Wo geht's los?

a Warum ist es so wichtig, dass die Startadresse für ein Maschinenprogramm festgelegt ist?

b Begründen Sie die Aussage: „Die Maschine trifft die Entscheidung zwischen Befehlen und Daten aufgrund ihres Zustands."

c Ein Programmablauf kommt durch stete Wiederholung des Befehlszyklus für die einzelnen Befehle zustande. Was muss deshalb am Ende jedes Befehlszyklus gewährleistet werden? Wann endet der Programmablauf?

12 Systemnahe Programmierung

W4

Mit Ihrer Kenntnis über Maschinenbefehle sind Sie nun in der Lage, kleinere Algorithmen in Form von Maschinenprogrammen abzufassen und laufen zu lassen. Im nächsten Schritt werden Sie sehen, wie die Kontrollstrukturen der Algorithmik mit Maschinenprogrammen umgesetzt werden können. Viel Übung im Aufgabenteil mit einem Simulationsprogramm für einen Modellrechner ist hier wesentlich und trägt zum Verständnis der Thematik bei.

Assembler

Maschinenprogramme unter Angabe von Opcodewerten, Datenwerten und Adressen in binärer Form direkt in den Speicher einzutragen ist uneffizient und fehleranfällig. Deshalb bedient man sich einer Assemblersprache – einer Sprache, die sich stark an dem verwendeten Prozessor orientiert. Ein › Assembler beinhaltet einen Texteditor, mit dem das Programm in einer lesbaren Form, der Assemblersprache, unter Verwendung der Befehlsnamen erfasst werden kann. Des Weiteren stellt der Assembler einen Compiler zur Verfügung, der diesen Text in eine Folge von Bits (das Maschinenprogramm) übersetzt und diese im Speicher ab einer bestimmten Speicheradresse ablegt. Diese Startadresse muss im Assemblerprogramm angegeben werden. In den folgenden Beispielen wird immer vom Programmstart an der Speicheradresse 0 ausgegangen.
Das vom Assembler erstellte Maschinenprogramm kann dann vom Prozessor abgearbeitet werden.

› engl. to assemble: sammeln, zusammensetzen

Erste sequentielle Algorithmen

Beispiel 1

Addiere zu der Zahl, die an der Speicheradresse 100 abgelegt ist, die Zahl 5.
In Kurzschreibweise: [100] = [100] + 5
Hinweis: [100] bedeutet „Inhalt der Speicherzelle an der Adresse 100".

```
LOAD 100
ADDI 5
STORE 100
HOLD
```

Beispiel 2

Addiere zum Inhalt der Speicherstelle 100 den Inhalt der Speicherstelle 101.
In Kurzschreibweise: [100] = [100] + [101]

```
LOAD 100
ADD 101
STORE 100
HOLD
```

Beispiel 3

Abgerundeter Mittelwert der Zahlen, die an der Speicherstelle 100 und 101 abgelegt sind. Das Ergebnis soll in der Speicherzelle 102 gespeichert werden. Dabei ist zu beachten, dass DIV sowie DIVI eine Ganzzahldivision mit Abrunden durchführen.
In Kurzschreibweise: [102] = ([100] + [101]) : 2

```
LOAD 100
ADD 101
DIVI 2
STORE 102
HOLD
```

Zustand der Registermaschine

Im Informatikunterricht früherer Jahrgangsstufen wurde definiert, dass der Zustand eines Objekts durch die Gesamtheit der Werte aller seiner Attribute festgelegt wird. Auf eine Registermaschine übertragen bedeutet dies: Der **Zustand einer Registermaschine** wird durch die aktuellen Inhalte aller Register beschrieben. Zu den Registern zählen dabei sowohl die internen Register in der CPU (Datenregister, Befehlszähler, Statusregister) als auch die Speicherzellen des Hauptspeichers. Das Befehlsregister wird nicht berücksichtigt, denn es ist nur ein technischer Zwischenspeicher, der die Abarbeitung beschleunigt.

Für die einfache Modellmaschine kann ein Zustand, unter Verwendung der in Kapitel 10 geprägten Abkürzungen, durch ein Tupel

(IP, AC, SR, AS0, AS1, AS2, AS3, ...)

beschrieben werden (IP = Befehlszähler; AC = Akkumulator; SR = Statusregister; ASn = Speicherzelle an der Adresse n).

Ein Maschinenprogramm besteht aus einer Menge von Maschinenbefehlen. Jeder Befehl bewirkt die Änderung gewisser Speicherzellen bzw. Register oder die Übertragung von Werten in oder aus Speicherzellen bzw. Registern. Die Ausführung eines Befehls entspricht einem **Zustandsübergang**. Der Befehlsvorrat beschreibt also die möglichen Zustandsübergänge der Registermaschine.

Der Ablauf eines Maschinenprogramms lässt sich gut in Zustandsübergangstabellen (Belegungstabellen) veranschaulichen. Jede Zeile der Tabelle stellt einen Zustand dar und für jedes sich ändernde Register ist eine Spalte vorgesehen. Das Zeichen „?" steht für Werte, die unbekannt sind, und im Statusregister werden gesetzte Flags mit Z, N, V gekennzeichnet; nicht gesetzte Flags werden nicht aufgeführt. Speicherzellen, die das Programm enthalten, ändern ihren Wert normalerweise während des Programmablaufs nicht und werden deshalb nicht in die Zustandsübergangstabelle aufgenommen.

Beispiel 1

(vgl. auf der Vorseite)

				Arbeitsspeicher			
IP	AC	SR		AS100	AS101	AS102	
0	?			32	?	?	
2	32			32	?	?	
4	37			32	?	?	
6	37			37	?	?	

LOAD 100
ADDI 5
STORE 100

? Was macht folgendes Maschinenprogramm?

Beispiel 4

				Arbeitsspeicher			
IP	AC	SR		AS100	AS101	AS103	
0	?			37	3	?	
2	37			37	3	?	
4	12			37	3	?	
6	36			37	3	?	
8	36			37	3	36	
10	37			37	3	36	
12	1			37	3	36	
14	1			37	3	1	

LOAD 100
DIV 101
MUL 101
STORE 103
LOAD 100
SUB 103
STORE 103

Der Inhalt der Speicherzelle 100 (hier 37) wird durch den Inhalt der Speicherzelle 101 (hier 3) dividiert. Das Ergebnis der Ganzzahldivision (hier 37 : 3 = 12) befindet sich im Akkumulator. Dieser Wert im Akku wird wieder mit dem Inhalt der Speicherzelle 101 multipliziert (hier 12 · 3 = 36) und in der Speicherzelle 103 abgelegt.
Der Akkumulator wird erneut mit dem Inhalt der Speicherzelle 100 (hier 37) geladen und davon wird das Produkt aus dem Quotient der Ganzzahldivision und dem Divisor (in Speicherzelle 103 zwischengelagert) subtrahiert. Das Endergebnis (hier 1) wird in der Speicherzelle 103 abgelegt.
Das Programm bestimmt den Rest bei der Ganzzahldivision. Für dieses Beispiel gilt die Rechnung 37 : 3 = 12 Rest 1, und somit ist das Ergebnis 1.
Der Dividend und der Divisor sind in den Speicherzellen 100 bzw. 101, der Rest bei der Ganzzahldivision wird in Speicherzelle 103 abgelegt.
Für die Berechnung des Restes bei der Ganzzahldivision steht bei unserem Modellrechner der Befehl MOD zur Verfügung, der dieses Maschinenprogramm ersetzt.

Algorithmen auf die Sprünge helfen

Bisher sind nur rein sequenzielle Algorithmen umsetzbar. Bedingte Anweisungen und Wiederholungen mit Bedingungen sind aber wichtige Kontrollstrukturen der Algorithmik.

Was ist eine Bedingung? Welche Bedingungen kann es bei einem Prozessor geben? Welche Befehle reagieren auf diese Bedingungen? **?**

Eine Bedingung ist ein logischer Ausdruck, d. h. ein Ausdruck, der als Ergebnis einen Wahrheitswert (boolschen Wert) liefert. Zur Formulierung von Bedingungen stehen in Programmiersprachen zahlreiche Vergleichsoperatoren zur Verfügung, zum Beispiel der Operator „>" in: `Preis > 145,5`. Bei einem Prozessor hingegen beruhen die Bedingungen einzig auf Zuständen des Statusregisters, die von den zugehörigen gesetzten oder nicht gesetzten Flags signalisiert werden.
Aus der Tabelle der Maschinenbefehle für die Modellmaschine wird ersichtlich, dass es dort nur die Sprünge als Befehle gibt, die je nach Status der Flags eine Steuerung des Programmablaufs ermöglichen. 11
Bei der einfachen Modellmaschine betrachten wir in den folgenden Beispielen nur die Flags Z = Zero und N = Negativ.

Bedingte Anweisung (einseitig)

Beispiel 5

Eine Aufgabenstellung aus der Praxis lautet: Beträgt der Preis einer Ware mindestens 150 Euro, dann wird ein Nachlass von 10 Euro gewährt.
Das ist typisch für eine einseitige bedingte Anweisung. Ein grober Entwurf könnte lauten:

```
x = Preis
wenn x >= 150
dann
    x = x – 10
endewenn
weiterer Programmablauf
```

Das heißt, der Wert von x muss mit 150 verglichen werden. Vergleiche sind in der Maschinensprache mit CMP (compare) möglich. Wenn x größer als 150 ist, wird nach dem Vergleich im Statusregister kein Flag gesetzt, wenn x = 150, dann das Zero-Flag, und wenn x < 150, dann das Negativ-Flag. Je nach Zustand des Statusregisters wird das Programm durch einen bedingten Sprungbefehl an einer anderen Stelle fortgesetzt. Wenn der Flag-Zustand nicht zutrifft, dann wird ohne Sprung mit dem nächsten Maschinenbefehl fortgefahren. Für den Sprungbefehl ist die Angabe der Zieladresse erforderlich, die man aber nur errechnen kann, wenn man die Startadresse des Programms kennt. Im Folgenden wird von der Startadresse 0 ausgegangen. Der Wert für x stehe in der Speicherzelle 100, das Ergebnis soll nach 101 kommen.

0	LOAD 100	
2	CMPI 150	Berechnet Akku – 150
4	JMPN 8	Wenn aufgrund des letzten Befehls das Negativ-Flag gesetzt wurde, darf kein Rabatt abgezogen werden. Es erfolgt der Sprung zur Speicheradresse 8.
6	SUBI 10	Sonst wird 10 abgezogen.
8	STORE 101	Im Akku ist das Ergebnis; es wird in 101 abgelegt.
10	HOLD	

Zustandsübergangstabellen für die Ausgangswerte 200 bzw. 50 veranschaulichen den Ablauf.

				Arbeitsspeicher			
IP	AC	SR		AS100	AS101	AS102	
0	?			200	?	?	
2	200			200	?	?	
4	200			200	?	?	
6	200			200	?	?	
8	190			200	?	?	
10	190			200	190	?	

LOAD 100
CMPI 150
JMPN 8
SUBI 10
STORE 101

				Arbeitsspeicher			
IP	AC	SR		AS100	AS101	AS102	
0	?			50	?	?	
2	50			50	?	?	
4	50	N		50	?	?	
8	50			50	?	?	
10	50			50	50	?	

LOAD 100
CMPI 150
JMPN 8
STORE 101

Hinweis:
Die Berechnung der absoluten Zieladresse für den Sprungbefehl ist aufwendig. Deshalb kann man in den meisten Assemblersprachen **Marken** (Label) für Speicheradressen setzen und diese bei den Sprüngen als Ziel angegeben. Der Assembler berechnet beim Übersetzen in das Maschinenprogramm die richtige Adresse der Speicherzelle für das Ziel und setzt diese Adresse ein. Hier wurde im Programmbeispiel 5 die Marke „Ziel1" benutzt:

```
       LOAD 100
       CMPI 150
       JMPN Ziel1
       SUBI 10
Ziel1: STORE 101
       HOLD
```

Die Umsetzung der einseitig bedingten Anweisung in Maschinensprache lässt sich allgemein wie folgt darstellen. Man beachte, dass der dann-Teil bei Nichtzutreffen der Bedingung übersprungen werden muss:

allgemeine Form	Label	Befehle
		Bedingung in Flag-Status umsetzen
wenn *Bedingung* dann		wenn Flag-Bedingung nicht zutrifft, dann Sprung zu weiter
dann-Teil		Befehle des dann-Teils
endewenn		
weiterer Programmverlauf	weiter:	weitere Befehle

Bedingte Anweisung (zweiseitig)

Beispiel 6

Sortieren zweier Zahlen: Von zwei Zahlen soll die kleinere in der Speicherzelle Zelle1 und die größere in der Speicherzelle Zelle2 abgelegt werden. Ein Fall für die zweiseitige bedingte Anweisung.

```
x1 = Zahl1
x2 = Zahl2
wenn x1 >= x2
dann
    Zelle1 = x2, Zelle2 = x1
sonst
    Zelle1 = x1, Zelle2 = x2
endewenn
```

Erst muss die Bedingung in Flag-Zustände umgesetzt werden. Bei den bedingten Sprüngen ist darauf zu achten, dass die Blöcke dann-Teil und sonst-Teil voneinander separiert sind. Am Ende des dann-Teils muss daher der sonst-Teil übersprungen werden.

allgemeine Form	Label	Befehle
		Bedingung in Flag-Status umsetzen
wenn *Bedingung* dann		wenn Flag-Bedingung nicht zutrifft, dann Sprung zu sonst
dann-Teil		Befehle des dann-Teils
sonst		immer Sprung zu weiter
sonst-Teil	sonst:	Befehle des sonst-Teils
endewenn		
weiterer Programmverlauf	weiter:	weitere Befehle

Die beiden Ausgangszahlen sollen in den Speicherzellen 100 und 101 stehen und dort unverändert bleiben. Nach dem Programm soll die kleinere Zahl in Speicherzelle 102, die größere in 103 abgelegt sein.

0	LOAD 100	
2	CMP 101	Ist [100] < [101], so wird das Negativ-Flag gesetzt.
4	JMPN sonst	Bei gesetztem Negativ-Flag geht es an der Speicheradresse 14 weiter.
6	STORE 103	dann-Teil der zweiseitigen bedingten Anweisung
8	LOAD 101	
10	STORE 102	
12	JMP weiter	Ende des dann-Teils
14	sonst: STORE 102	sonst-Teil der zweiseitigen bedingten Anweisung
16	LOAD 101	
18	STORE 103	
20	weiter: HOLD	

Wiederholung mit Anfangsbedingung

Beispiel 7

Die Fakultät einer Zahl soll berechnet werden, mit $n! = n \cdot (n-1) \cdot (n-2) \cdot \ldots \cdot 1$ und $0! = 1$.

```
n = Zahl
Ergebnis = 1
wiederhole solange n > 0
    Ergebnis = Ergebnis * n
    n = n – 1
endewiederhole
```

Für die allgemeine Lösung sind zwei Sprünge erforderlich:

- Wenn die Anfangsbedingung nicht erfüllt ist, muss die gesamte Wiederholung übersprungen werden.
- Ein Sprung am Ende des Wiederholungsteils, um ggf. eine erneute Wiederholung einzuleiten; dabei muss der Wert der Bedingung aktualisiert werden.

allgemeine Form	Label	Befehle
		Vorbelegung von Variablen, die in der Wiederholung bearbeitet werden
wiederhole solange	wiederh:	*Bedingung* in Flag-Status umsetzen
		wenn Flag-Bedingung nicht zutrifft, dann Sprung zu weiter
Bedingung wahr		
wiederhol-Teil		Befehle des wiederhol-Teils
endewiederhole		immer Sprung zu wiederh
weiterer Programmverlauf	weiter:	weitere Befehle

Die Zahl, deren Fakultät berechnet wird, steht in der Zelle 100, das Ergebnis in 101. Die Lösung orientiert sich an dem allgemeinen Schema für Wiederholungen mit Anfangsbedingung, eine Lösung mit weniger Befehlen wäre möglich.

0		LOADI 1	
2		STORE 101	Vorbelegung: Ergebnis = 1
4	wiederh:	LOAD 100	Lädt die Zahl n in den Akku, setzt das Zero-Flag, wenn die Zahl 0 ist.
6		JMPZ weiter	Springt bei gesetztem Zero-Flag, d. h. bei Ende der Wiederholung mit Anfangsbedingung.
8		MUL 101	Akku enthält n multipliziert mit dem Ergebnis.
10		STORE 101	(Zwischen-)Ergebnis ablegen.
12		LOAD 100	Lädt wieder n.
14		SUBI 1	n verringern.
16		STORE 100	Verringertes n speichern; Akku enthält n.
18		JMP wiederh	Ende des Wiederholungsteils
20	weiter:	HOLD	

Wiederholung mit fester Anzahl

Es soll die Summe der natürlichen Zahlen, ausgehend von einer gegebenen Untergrenze bis zu einer gegebenen Obergrenze, berechnet werden.

Beispiel 8

Summe = 0
wiederhole mit n von Startwert bis Endwert
    Summe = Summe + n
endewiederhole

Die Umsetzung der Wiederholung mit fester Anzahl in eine Assemblersprache verläuft analog zur Wiederholung mit Eingangsbedingung.

allgemeine Form	Label	Befehle
		Vorbelegung von Variablen, die in der Wiederholung bearbeitet werden
		Zählspeicherzelle mit Startwert belegen.
wiederhole mit i von Startwert bis Endwert	wiederh:	Ist der Inhalt der Zählspeicherzelle kleiner oder gleich Endwert? Flag-Status setzen.
		wenn Flag-Status nicht zutrifft, dann Sprung zu weiter
wiederhol-Teil		Befehle des wiederhol-Teils
		Inhalt der Zählspeicherzelle um 1 erhöhen.
endewiederhole		immer Sprung zu wiederh
weiterer Programmverlauf	weiter:	weitere Befehle

Es soll die Summe aller Zahlen bestimmt werden, deren Startwert sich in Zelle 100 und deren Endwert sich in Zelle 101 befindet; die Summe ist in Zelle 102 abzulegen.
Die Lösung ist nicht optimiert, sondern orientiert sich an der Standardübersetzung in der allgemeinen Form.

0		LOADI 0	
2		STORE 102	Vorbelegung: Summe = 0
4		LOAD 100	Zähler initialisieren mit Startwert.
6		STORE 103	Zählerspeicherzelle 103
8	wiederh:	CMP 101	Zähler vergleichen mit Endwert; falls Zähler kleiner oder gleich Endwert (d. h. Zähler – Endwert <= 0), wird Negativ-Flag bzw. Zero-Flag gesetzt.
10		JMPP weiter	Springt, wenn das Negativ-Flag und das Zero-Flag nicht gesetzt sind, d. h. bei Ende der Wiederholung.
12		ADD 102	Akku enthält Zähler; Zwischensumme dazuaddieren.
14		STORE 102	(Zwischen-)Summe ablegen.
16		LOAD 103	Lädt wieder Zähler.
18		ADDI 1	Zähler erhöhen.
20		STORE 103	Erhöhten Zähler speichern; Akku enthält Zähler.
22		JMP wiederh	Ende des Wiederholungsteils
24	weiter:	HOLD	

* Von der Hochsprache zur Maschinensprache

In den vorhergehenden Ausführungen konnte man sehen, dass sich alle Kontrollstrukturen der Algorithmik auch mit Maschinenbefehlen realisieren lassen. Es zeigte sich aber auch, dass es sehr aufwendig wäre, komplexere Programme direkt in der Maschinensprache zu schreiben. Maschinenprogramme sind unübersichtlich und schwer lesbar. Die Struktur des Algorithmus ist meist nicht mehr erkennbar. Des Weiteren ist ein Maschinenprogramm nur mit genau diesem Prozessortyp lauffähig, für den es geschrieben wurde.

Umfangreiche Programme werden üblicherweise in einer „höheren", maschinenunabhängigen Programmiersprache formuliert. Beispiele sind: Basic, Pascal, C, Java. Hierfür gibt es geeignete Entwicklungsumgebungen, die bei der Erstellung der Programme in dieser Sprache Unterstützung anbieten. Vom Compiler müssen diese in der „Hochsprache" abgefassten Programme in ein zu dem Prozessor passendes Maschinenprogramm übersetzt werden, das nur noch aus Maschinenbefehlen besteht. Eine Assemblersprache ist in diesem Sinne auch eine „höhere" Programmiersprache, die sich jedoch sehr nahe an der Maschinensprache orientiert.

Die Übersetzung eines in einer höheren Programmiersprache geschriebenen Programms in eine andere Programmiersprache, zum Beispiel ein Maschinenprogramm, wird allgemein als „kompilieren" bezeichnet.

Es gibt im Wesentlichen drei Ansätze für das Übersetzen eines Programms in Maschinenbefehle:

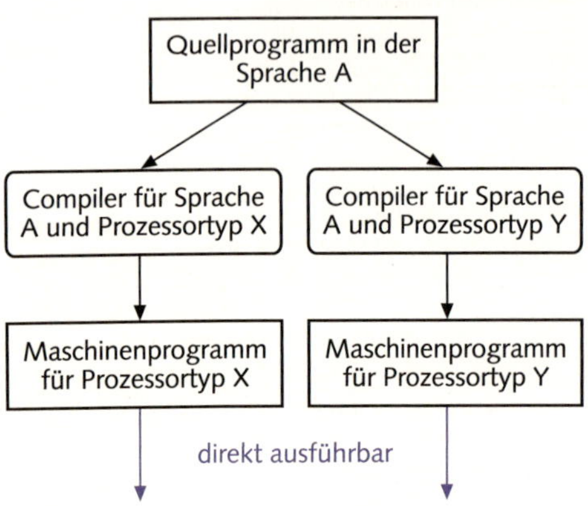

***1** Compiler*

- Compiler
  Beim Einsatz eines Compilers wird das in der Quellsprache geschriebene Programm direkt komplett in eine Maschinensprache übersetzt. Somit ist für jeden Prozessortyp ein eigener Compiler erforderlich und das erzeugte Maschinenprogramm ist nicht plattformunabhängig. Zum Ablauf des Programms wird dieses Maschinenprogramm direkt gestartet. Beispiele sind: C, C++, Pascal, Delphi, Modula-2, Oberon.

- Compiler für eine virtuelle Maschine
  Ein Compiler übersetzt das gesamte Quellprogramm in die „Maschinensprache“ einer virtuellen (gedachten) Maschine, die unabhängig von einem bestimmten realen Prozessortyp ist. Programme, die in solch einer „Maschinensprache“ abgefasst sind, werden in der Informatik oft als Bytecode bezeichnet. Sie nutzen nicht die spezifischen Eigenschaften eines einzelnen Prozessortyps aus und sind daher allgemeiner und oft kompakter. Ihr Nachteil ist, dass der erzeugte („Maschinen“-)Code von keinem Prozessor direkt ausgeführt werden kann. Zur Ausführung dieses Bytecodes wird ein Emulator benötigt, eine spezielle Software, die auf dem Prozessor läuft und den virtuellen Maschinencode schrittweise analysiert und dann direkt ausführt. Dabei werden die „Maschinenbefehle“ der virtuellen Maschine in Maschinenbefehle des vorhandenen Prozessortyps übertragen. Der Java-Compiler javac zusammen mit der Java-Runtime (JRE) java ist ein Vertreter dieser Art von Kompilierung.

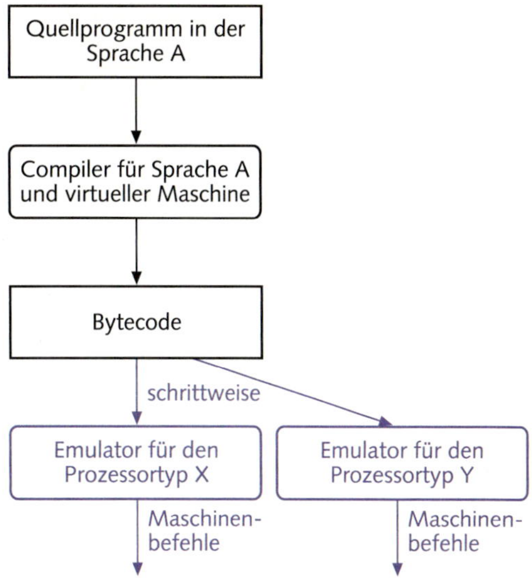

2 Compiler für virtuelle Maschine

- Interpreter
  Eine Kompilierung des gesamten Quellcodes findet nicht statt. Ein Interpreter analysiert beim Programmablauf Anweisung für Anweisung eines Quellprogramms und führt die analysierte Anweisung sofort aus. Dazu bedient sich der Interpreter einer Laufzeit-Bibliothek, in der jede einzelne Anweisung in Aufrufe von Funktionen übersetzt vorliegt, die in Maschinensprache abgefasst sind. Beim Programmablauf muss diese Laufzeit-Bibliothek vorhanden sein. Typische Vertreter sind: ursprüngliches Basic, JavaScript, php.

Der **Zustand einer Registermaschine** wird durch die aktuellen Inhalte aller Register (interne Register im Prozessor und Speicherzellen im Hauptspeicher) beschrieben. Die Ausführung eines Maschinenbefehls bewirkt einen Zustandsübergang.

Alle **Kontrollstrukturen der Algorithmik** lassen sich mit Maschinenbefehlen realisieren. Bedingungen werden in der Maschinensprache unter Verwendung der Statusflags formuliert. Die Kontrollstrukturen der bedingten Auswahl und der verschiedenen Arten von Wiederholungen werden durch bedingte Sprünge bewerkstelligt.

Aufgaben

Für die folgenden Aufgaben ist eine Simulationssoftware einzusetzen,
- die es erlaubt, das Programm in einer Assemblersprache abzufassen,
- die den Speicherinhalt, das Maschinenprogramm und die Speicherzellenwerte in einer Tabelle übersichtlich abbildet,
- die den Prozessor und seine Register grafisch darstellt und
- die einen vom Benutzer gesteuerten schrittweisen Ablauf des Programms ermöglicht.

W4

Bei allen Aufgaben soll ein Modellrechner verwendet werden, dessen Aufbau und Funktionsweise dem in den vorherigen Kapiteln dargestellten Konzept entspricht. Bei der Formulierung der Aufgaben wird davon ausgegangen, dass die Eingabe- bzw. Ergebniswerte in den Speicherzellen 100 und aufwärts abgelegt sind. Die verwendete Assemblersprache soll über eine Anweisung zum direkten Belegen von Speicherzellen mit den Ausgangswerten verfügen und Sprungmarken unterstützen. Besitzt der Modellrechner weniger Flags bzw. bedingte Sprungbefehle als in den Beispielen verwendet, so sind die Lösungsschemata entsprechend anzupassen. Alle Programme sollen nicht nur implementiert, sondern auch an passenden Ausgangswerten getestet werden.

1 Rechenfehler – oder?

Der Modellrechner soll 16 Bit Speicherbreite haben.

a Erstellen Sie ein Assemblerprogramm zur Addition zweier Zahlen (vgl. Beispiel 2). Testen Sie mit Zahlen unter 10000.

b Verwenden Sie das Programm aus a) zur Addition der Zahlen 32000 und 31000. Wie lautet das Ergebnis? Erklären Sie seinen Wert mithilfe von Überlegungen zum begrenzten Zahlenbereich (Zahlenkreis). Kontrollieren Sie den Zustand der Flags.

2 Nachdenken

Das Negativ-Flag wird gesetzt, wenn das Ergebnis einer Operation negativ ist. Wie funktioniert dies? Wie kann man sehr schnell erkennen, ob ein Ergebnis negativ ist? Denken Sie daran, dass die Zahlen als Bitfolge vorliegen, und berücksichtigen Sie die Binärschreibweise bei Ihren Überlegungen.

3 Terme linear bearbeitet

a Schreiben Sie in der Assemblersprache ein Programm, das folgenden Term umsetzt:
[100] + [101] · [102] . Beachten Sie bei der Umsetzung die Regel „Punkt vor Strich".

b Ein Maschinenprogramm soll folgende Rechnung durchführen:
[100] + [101] + [102] + [103]

c Ein Maschinenprogramm soll folgende Rechnung durchführen:
[100] + 2 · [101] + 3 · [102] + 4 · [103]

d Erstellen Sie die Termkurzschreibweise für das Beispiel 4. Implementieren Sie das Programm ohne Verwendung von MOD.

e Implementieren Sie ein Programm „Ganzzahldivision" unter Verwendung von MOD. Am Ende des Programms soll das Ergebnis der Ganzzahldivision in Zelle 102, der Rest in Zelle 103 sein.

f Erstellen Sie ein Programm, das den Inhalt von zwei Speicherzellen vertauscht.

4 Terme mit MUL

a Schreiben Sie in der Assemblersprache ein Programm, das folgende Aufgabe umsetzt: „Addiere zum Inhalt der Speicherzelle 101 dreimal den Inhalt der Speicherzelle 102, das Ergebnis steht in 104."
In Kurzschreibweise: [104] = [101] + 3 · [102]

b Erweiteren Sie Ihr Programm so, dass der folgende Term umgesetzt werden kann: [104] = [101] + [103] · [102]

c Versuchen Sie, Teilaufgabe a) ohne Verwendung des MUL-Befehls zu lösen.

d Die zwei Seiten eines Rechtecks sind gegeben. Das Programm soll Umfang und Fläche bestimmen. Entscheiden Sie selbst, welche Speicherzellen verwendet werden.

5 Gut gesprungen ist halb gewonnen

Es wird der Befehl LOAD 100 ausgeführt. Beantworten Sie für die verschiedenen Werte in der Speicherzelle 100 die Fragen:

- Welche Flags des Statusregisters werden gesetzt?
- Welche der bedingten Sprünge des Modellrechners würden eine Verzweigung ausführen?

a [100] = 0 b [100] = –5 c [100] = 17

6 Einseitige bedingte Anweisung

a Geben Sie das Beispiel 5 in Ihr Simulationsprogramm ein.

b Verwenden Sie nun eine Marke für die Sprungangabe im Assemblerprogramm in Teilaufgabe a).

c Erweitern Sie das Programm aus a) um folgende Vorgaben: Die Grenze für den Nachlass steht in Speicherzelle 102, die Höhe des Nachlasses in 103.
Erstellen Sie hierzu für zwei markante Ausgangssituationen die Zustandsübergangstabellen.

7 Zweiseitige bedingte Anweisung

a Setzen Sie das Beispiel 6 in Ihrem Simulationsprogramm um. Verwenden Sie im Assemblerprogramm für die Sprungangaben Marken.

b Erstellen Sie eine Zustandsübergangstabelle für die Ausgangswerte [100] = 45 und [101] = 31.

8 Betrag

Von einer Zahl in der Speicherzelle 100 soll der Betrag bestimmt werden und in Zelle 101 ausgegeben werden.

9 Mit bedingten Anweisungen geht viel

a Es soll das Minimum zweier (kleiner) Zahlen berechnet werden, die in 100 und 101 abgelegt sind. In der Zelle 102 wird das Minimum und in Zelle 103 dessen Quadrat erwartet. Verwenden Sie möglichst wenige Maschinenbefehle.

b Es soll das Maximum von drei im Speicher hintereinander liegenden Zahlen bestimmt und in einer weiteren Zelle ausgegeben werden.

c Sortieren Sie drei im Speicher hintereinander liegende Zahlen in aufsteigender Reihenfolge. Das heißt: Das Ergebnis befindet sich in denselben Zellen wie die Ausgangswerte.

10 Teilbarkeit

a Es soll bestimmt werden, ob eine Zahl gerade oder ungerade ist. Die Aussage „ist gerade" ist ein logischer Term mit dem Ergebnis wahr oder falsch. Das Ergebnis der Prüfung soll als Zahl 1 für wahr und als Zahl 0 für falsch dargestellt werden. Verwenden Sie den Befehl MOD.

b Prüfung auf Teilbarkeit: Es werden zwei Zahlen a und b in Speicherzelle 100 und 101 erfasst, wobei davon ausgegangen werden kann, dass a größer als b ist. Das Ergebnis der Prüfung „Ist a durch b teilbar" soll als „1" bei ja und als „0" bei nein in der Speicherzelle 103 stehen.

11 Wiederholung mit Eingangsbedingung

a Geben Sie das Beispiel 7 (Berechnung der Fakultät) in Ihr Simulationsprogramm ein. Verwenden Sie im Assemblerprogramm für die Sprungangabe Marken. Testen Sie für $n = 4$ und $n = 5$.

b Bis zu welchem n können Sie mit einem 16-Bit-Modellrechner die Fakultät berechnen, ohne dass sich ein Zahlenüberlauf ergibt?

c Erstellen Sie eine Zustandsübergangstabelle bei der Fakultätsberechnung für $n = 4$.

12 Wiederholung mit fester Anzahl

a Übertragen Sie das Programm Summe (Beispiel 8) in Ihr Simulationsprogramm. Verwenden Sie im Assemblerprogramm für die Sprungangabe Marken. Testen Sie für Summe von 1 bis 15 bzw. Summe von 3 bis 17.

b Erstellen Sie eine Zustandsübergangstabelle für die Summe von 1 bis 3.

c Optimieren Sie das Programm aus a) für den Fall „Summe von 1 bis n", wobei n eine gegebene Zahl ist. Verwenden Sie möglichst wenige Befehle. Testen Sie für $n = 160$.

d Erstellen Sie ein Assemblerprogramm, das die Summe von 1 bis n nach der „Gauß-Formel" $Summe = n \cdot (n + 1) / 2$ berechnet.

e Fertigen Sie ein Assemblerprogramm für die Berechnung von 2^n an. Testen Sie mit n im Bereich von 0 bis 14. Wieso liefert das Programm bei einem 16-Bit-Modellrechner für $n = 20$ ein „falsches" Ergebnis?

f Es soll die Summe aller geraden Zahlen von 2 bis n berechnet werden. Schreiben Sie hierzu ein Assemblerprogramm.

13 Multiplikation ohne MUL

Realisieren Sie in einem Programm die Multiplikation zweier Zahlen durch wiederholte Addition und ohne Verwendung des Befehls MUL (vgl. Aufgabe 4c).

14 Wiederholung mit Endbedingung

a Erstellen Sie ein allgemeines Schema für die Umsetzung der Wiederholung mit Endbedingung in Maschinensprache. Verwenden Sie eine tabellarische Darstellung, wie sie in diesem Kapitel für die anderen Kontrollstrukturen verwendet wurde.

„Eine natürliche Zahl ist Primzahl, wenn sie nur durch 1 und sich selbst teilbar ist."
„Eine natürliche Zahl ist durch eine andere teilbar, wenn bei der Ganzzahldivision dieser Zahlen der Rest 0 entsteht."

b Schreiben Sie auf Basis der beiden obigen Aussagen ein Programm in der Assemblersprache, das bestimmt, ob eine Zahl größer 3 keine Primzahl ist. Lösungsansatz: Versuchen Sie, einen Teiler der Zahl zu finden. Testen Sie hierzu mit Teilern,

die bei 2 beginnen und fortwährend um 1 erhöht werden. Verwenden Sie dabei die Kontrollstruktur „Wiederholung mit Endbedingung“.
Die zu untersuchende Zahl befinde sich in Speicherzelle 100. Die Speicherzelle 101 nimmt den Teiler auf, der zu Beginn auf 2 gesetzt wird.
An was kann man bei Ihrem Algorithmus erkennen, ob ein Teiler gefunden wurde oder nicht? In der Speicherzelle 102 soll am Ende 1 stehen, wenn es sich bei der zu untersuchenden Zahl um eine Primzahl handelt, sonst 0.

15 ggT
Informieren Sie sich über den euklidischen Algorithmus zur Bestimmung des größten gemeinsamen Teilers zweier Zahlen a und b, kurz ggT(a; b). Bei diesem Beispiel soll nur die nichtrekursive Form verwendet werden.

a Machen Sie sich mit dem Algorithmus vertraut und berechnen Sie, ohne Programmhilfe, nach diesem Verfahren die ggT(27; 6), ggT(336; 16) und ggT(103; 9).

b Schreiben Sie ein Assemblerprogramm zu diesem Algorithmus. Die Berechnung des Restes bei der Ganzzahldivision mit MOD ist hilfreich.

c Übertragen Sie den Assemblercode in Ihr Simulationsprogramm und starten Sie den Programmablauf. Testen Sie die drei Fälle aus a).

d Erstellen Sie eine Zustandsübergangstabelle für den Fall ggT(21; 15).

* 16 Es geht auch größer
Der Modellrechner hat eine Speicherbreite von 16 Bit, dadurch ist der Bereich der darstellbaren Zahlen eingeschränkt.

a Überlegen Sie sich ein Konzept, wie unter Verwendung von zwei Speicherzellen ein größerer Zahlenbereich für negative und positive Zahlen dargestellt werden könnte.

b Wie groß ist der Zahlenbereich bei der Verwendung von 32 Bit?

c Schreiben Sie ein Programm zur Addition zweier „großer“ Zahlen, wobei nur die Befehle des 16-Bit-Modellrechners zum Einsatz kommen können. Die beiden Zahlen stehen hierbei in Speicherzelle 100 und 101 bzw. 102 und 103, das Ergebnis soll in 104 und 105 zu finden sein. Wie ist das Ergebnis zu interpretieren? Testen Sie erst mit Zahlen unter 32768, dann mit einer der beiden Zahlen größer als 32768 und dann mit beiden Zahlen größer als 32768.

4 Historie der Computer

Es gibt unter Computer-Historikern keine einheitliche Meinung, welcher Computer „der Erste" gewesen sei. Hinter der Entstehung der Computer steckt eine Reihe von Ideen und Entwicklungen. In der folgenden Historie werden die wichtigen Meilensteine verfolgt: ausgehend von den mechanischen Rechenmaschinen, den programmgesteuerten Rechenautomaten, der Entwicklung elektronischer Rechenmaschinen bis hin zu der neuesten Generation der modernen Computer.

Mechanische Rechenmaschinen

Schon immer sind die Menschen bestrebt gewesen, sich durch technische Geräte die Arbeit zu erleichtern. Mit dem Aufkommen der Naturwissenschaften und des Handels stieg der Bedarf an Berechnungen jeder Art stark an und somit der Wunsch nach „Rechenknechten".

1 Rechenmaschine von Schickard (Nachbau)

2 Rechenmaschine von Pascal

1623 Der Tübinger Professor Wilhelm Schickard konstruiert eine zahnradgetriebene Rechenmaschine für sechsstellige Addition, Subtraktion, Multiplikation und Division mit automatischem Zehnerübertrag. Zur Darstellung der Ziffern wurden Zählräder verwendet, auf deren Umfang zehn Zähne die Ziffern 0 bis 9 repräsentierten.

1642 Der französische Mathematiker Blaise Pascal stellt in Paris seine Rechenmaschine „Pascaline" für sechsstellige Addition und Subtraktion mit automatischem Zehnerübertrag vor.

1673 Gottfried Wilhelm von Leibnitz entwickelt eine Rechenmaschine, die, als Erweiterung der Maschine von Pascal, zusätzlich Multiplikation und Division beherrscht.

1700 – 1900 Fortwährende Verbesserung der mechanischen Rechenmaschinen. Teilweise serienmäßige Produktion in großen Stückzahlen.

Kennzeichen aller dieser Maschinen war, dass der Mensch den Rechenvorgang durch Vorwärts- und Rückwärtsdrehen und durch Schieben von Walzen und Stangen durchführte.

Mechanische Rechenautomaten mit Programmsteuerung

Soll ein Prozess automatisch ablaufen, so muss eine Programmsteuerung vorhanden sein. Erste Formen benutzten Stiftwalzen, wie sie heute noch auf Volksfesten bei alten Musikautomaten zu sehen sind. Später kamen Lochkarten und Lochstreifen als Träger der Programmsteuerung zum Einsatz.

1728 Der französische Seidenweber Falcon baut einen Webstuhl, der von Holzblättchen mit Lochkombinationen automatisch gesteuert wird.

1805 Der Franzose Jacquard verbessert diese Erfindung und stellt einen mechanischen Webstuhl vor, der durch Endlos-Lochstreifen gesteuert wird. Auf diese Weise ließen sich komplizierte Webmuster in gleichbleibender Qualität herstellen.

1822 Der englische Mathematiker Babbage beginnt mit dem Bau einer „Differenzmaschine". Weit von einem Computer zur Lösung allgemeiner Aufgaben entfernt, ist sie ein sehr spezialisierter Uhrwerkmechanismus mit vielen Zahnrädern zur Berechnung der Werte von Polynomfunktionen durch wiederholte Additionen. Das Gerät wurde nie funktionsreif.

1833 Babbage konzipierte, seiner Zeit weit voraus, einen programmgesteuerten „analytischen Rechenautomaten“ in Zahnradtechnik. Zur Steuerung des Rechenvorgangs sollten Lochkarten zum Einsatz kommen. Aufgrund technischer Schwierigkeiten (50000 Zahnräder auf 1000 Achsen) konnte diese Maschine nicht vollendet werden.

1936 Der deutsche Konrad Zuse entwickelt von 1936 bis 1938, in vollständig mechanischer Bauweise, den ersten programmgesteuerten, frei programmierbaren Rechenautomaten. Er wird durch Lochstreifen programmiert, verwendet bereits das binäre Zahlensystem und beherrscht rationale Zahlen. Die Steuerung der Berechnung erfolgte mittels unterschiedlich geschlitzter Bleche, durch die Stahlstifte führten. Der Rechner war aufgrund mechanischer Mängel nicht voll einsatzfähig.

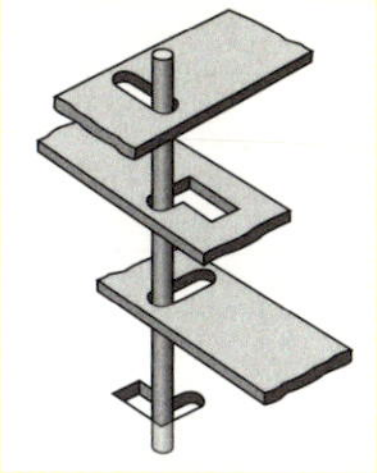

***3** Schlitzbleche der Zuse Z1*

Elektrische Rechenautomaten mit Programmsteuerung

In der Mitte des 20. Jahrhunderts beginnt, im Zusammenhang mit der Entwicklung der Fernsprechtechnik hin zur Selbstwahl und zu automatischen Vermittlungsstationen, der Aufstieg der Elektromechanik: Relais, Schrittschaltwerke und -wähler werden weiterentwickelt und finden weite Verbreitung.

1941 Konrad Zuse stellt nach 5-jähriger Bauzeit den in allen Teilen funktionsfähigen digitalen Rechenautomaten Z3 vor, der in Relaistechnik realisiert wurde. Dieses wandschrankgroße Gerät bestand aus rund 1400 Relais im Speicherwerk (64 Zahlen mit 22 Bit Speicherbreite) und 600 Relais im Rechenwerk. Das Programm wurde über einen gelochten Filmstreifen eingelesen. Intern arbeitete der Rechner mit Gleitkommadarstellung und schaffte eine Addition in 0,8 Sekunden sowie eine Multiplikation in 3 Sekunden.

1944 Inbetriebnahme von MARK I, dem von Howard Aiken entwickelten ersten programmgesteuerten Rechner der USA. MARK I ähnelte im Aufbau stark der „analytical engine“ von Babbage und arbeitete mit Relais als Schaltelementen und Lochkarten als Datenträgern.
Im Gegensatz zur Z3 war MARK I ein Riese: seine Frontfläche war 16 m lang und 2,5 m hoch, er hatte ein Gewicht von 3,5 t, bestand aus 700 000 Einzelteilen, darunter 3000 Kugellagern für die elektrisch angetriebenen Zahnräder und 80 km Leitungsdraht. Für eine Addition 23-stelliger Zahlen wurden 0,1 Sekunden, für die Multiplikation 6 Sekunden und für die Division 11 Sekunden benötigt

***4** Nachbau der Z3*

***5** MARK I*

Elektronische Rechenmaschinen

Seit der Erfindung der Elektronenröhre und der › Flipflop-Schaltung war eine Speicherung und Durchführung von Berechnungen rein elektronisch, ohne mechanische Bauteile, möglich. Die Vorteile der Elektronenröhren waren im ersten Moment bestechend, schließlich hatten sie Schaltzeiten, die nur bei einem Tausendstel der Relais-Schaltzeit lagen. Andererseits erfordern Elektronenröhren eine aufwendige Stromversorgung mit Heizspannung und Anodenspannung, sind kompliziert im Herstellungsprozess (Vakuum im Glaskolben), entwickeln enorme Temperaturen und haben nur eine kurze Lebensdauer.

› Flipflop = elektronische Schaltung, die zwei stabile Zustände einnehmen und diese speichern kann.

› 1948, Bardeen, Brattain, Shockley

Durch die › Erfindung des Transistors konnten in den Folgejahren die enorme Energiemengen verbrauchenden und anfälligen Elektronenröhren abgelöst werden. Wegen der niedrigen Betriebsspannung und vergleichsweise fast unbegrenzter Lebensdauer wurde der Transistor zum bevorzugten Steuer- und Schaltelement in der Elektronik. Die Entwicklung der ersten integrierten Schaltungen (mehrere Transistoren auf einem Bauteil) ab 1960 bedeutete einen weiteren riesigen Sprung in der Steigerung der technischen Leistungsfähigkeit der Computer.

1. Generation: Elektronenröhren als Schaltelemente

1945 Die erste vollelektronische Großrechenanlage ENIAC (**E**lectronical **N**umerical **I**ntegrator **A**nd **C**omputer) wird fertiggestellt. ENIAC füllte einen ganzen Saal, hatte ein Gewicht von 30 t, besaß ca. 18000 Elektronenröhren, 7200 Dioden, 1500 Relais, verbrauchte 174 kW und schaffte 5000 Additionen pro Sekunde. Die Elektronenröhren waren sehr anfällig und selten war es möglich, größere Berechnungen am Stück durchzuführen. ENIAC wurde programmiert, indem man die einzelnen Komponenten mit Kabeln verband und die gewünschten Operationen auf Drehschaltern einstellte (siehe Bediener in der Mitte der Abbildung). ENIAC diente anfangs der US-Armee zur Berechnung der Flugbahnen von Geschossen.

6 ENIAC

2. Generation: Halbleiterschaltkreise (Transistoren, Dioden)

1951 Der erste nichtmilitärische Computer UNIVAC auf Transistorbasis wird fertiggestellt. Die Zentraleinheit bestand aus 5600 Röhren, 18000 Halbleiterdioden und 300 Relais. Für die Addition benötigte UNIVAC 0,5 Millisekunden, für die Multiplikation 1,8 Millisekunden und für die Division 3,6 Millisekunden. Es beginnt der serienmäßige Bau von Universalrechnern für Handel und Industrie (Preis damals 1 Mio. $).

1955 Der erste vollständig mit Transistoren realisierte Rechner TRADIC wird fertiggestellt.

1956 Die Technische Universität München entwickelt und baut den Großrechner PERM (Programmgesteuerte Elektronische Rechenanlage München).

1957 Die Rechenanlage „2002" der Firma Siemens kommt als erster in Serie hergestellter volltransistorisierter Computer auf den Markt.

1961 IBM ist führender Hersteller von Computern für den Büroeinsatz. 1964 stellt IBM die Serie „System/360 Family of Business Mainframe Computers" vor. Die Computer befanden sich damals in separaten Rechnerräumen und konnten nur von Spezialisten bedient werden, die Aufträge entgegennahmen und die Ergebnisausdrucke später bei dem Auftraggeber ablieferten.

7 IBM Mainframe

3. Generation: salzkorngroße Transistoren; teilweise integrierte Schaltkreise; Steigerung der Rechengeschwindigkeit bei gleichzeitiger Abnahme des Raumbedarfs.

ab 1961 Die Firma Digital Equipment Corporation (DEC) bringt „Minicomputer" auf den Markt. Der erste Minicomputer PDP-1 spielte eine entscheidende Rolle, weil er die erste Maschine war, die Menschen in Echtzeit benutzen konnten. Anstatt einen Tag zu warten, bis man seine stapelweise verarbeiteten Ergebnisse erhielt, ließ sich der PDP-1 über eine Tastatur programmieren und mit Daten versorgen. Die Ergebnisse bekam man sofort durch Ausdrucke mit einer elektrischen Schreibmaschine oder durch eine Bildschirmanzeige.

1962 Douglas Engelbart erfindet die erste Maus, die er „X-Y-Positions-Anzeiger für ein Bildschirmsystem" nannte. 1963 erhält Engelbart dafür ein Patent.

1968 Die Firma Hewlett-Packard stellt einen Tischrechner her, der als erster technisch-wissenschaftlicher und programmierbarer Tischrechner gilt.

8 *Erste Computermaus mit Holzgehäuse*

Computer mit integrierten Schaltkreisen

Mit der Einführung integrierter Schaltkreise in Miniaturform nimmt die vierte Computergeneration ihren Anfang. Es folgt 1971 die Entwicklung der ersten Mikroprozessoren, z. B. Intel 4004 mit 4-Bit-Datenbus: Auf einem Siliziumplättchen von 6 mm Kantenlänge konnte die Funktionalität von 2300 Transistoren realisiert werden, die mit einem Takt von 200 kHz arbeiten. Die Integration von Schaltelementen auf einem Chip hat in den folgenden Jahren bis heute stets zugenommen. 2009 sind Mikroprozessoren mit 500 Millionen Transistoren auf einem Chip im Einsatz, die mit einem Arbeitstakt von 3 GHz arbeiten.

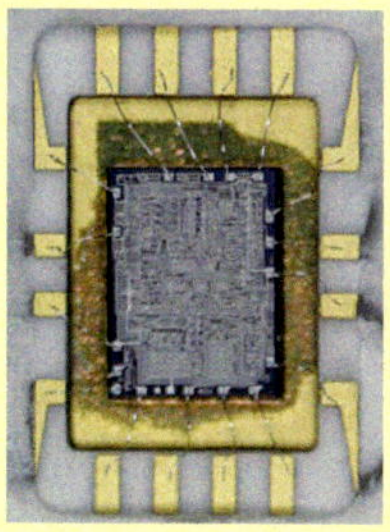

9 *Mikroprozessor 4004*

4. Generation: überwiegend hochintegrierte Schaltkreise

1973 In den USA beginnt die Serienproduktion von Taschenrechnern.

1977 Mit dem Apple II und dem Commodore PET beginnt der Einsatz und Siegeszug von Arbeitsplatzrechnern (Personal Computer; PC) in fast allen Lebensbereichen. Weitere Anbieter folgen, unter anderem 1981 IBM mit dem PC 5150. Dieses Modell steht für den Begriff „PC", fixiert die Hardwarearchitektur für „kompatible" Rechner (Quasi-Standard) sowie als Betriebssystem MS-DOS. Das Grundmodell kostete 2880 $, hatte 64 KByte Speicher und eine 5.25"-Floppy-Disk mit 160 KByte Kapazität. Als Prozessor kam ein Intel 8088 mit 4,77 MHz Arbeitstakt zum Einsatz.

10 *Apple II*

11 *IBM PC*

5. Generation: Höchstintegrierte Schaltkreise; mehrere Prozessoren auf einem Chip; Zusammenschaltung vieler Einzelprozessoren.

ab 1985 Je nach Anwendungsbereich zeigen sich unterschiedliche Entwicklungen. Rasante Entwicklung bei den **PCs** für den Heim- und Büroarbeitsplatz: immer kleiner, preiswerter und leistungsfähiger; grafische Bedienoberflächen erleichtern dem Benutzer das Arbeiten; Entwicklung diverser Peripheriegeräte und hochauflösender Grafiken bis hin zum Multimedia-Einsatz. Tragbare Computer (Laptop) für den mobilen Einsatz werden zunehmend kompakter und finden starke Verbreitung.

Großrechner für die Industrie, Banken und Verwaltung: Arbeitsspeicher im › Terabyte-Bereich; Systeme mit etlichen Festplattenlaufwerken und Bandkassettenwechslern mit vielen Terabyte Kapazität; von vielen Arbeitsplätzen wird auf gemeinsame Daten zugegriffen.

› 1 TB = 1024 GB

Höchstleistungsrechner für extrem aufwendige Berechnungen in Wissenschaft und Technik. Anwendungsbereiche sind Simulationen für die Wetter- und Klimaforschung bzw. -vorhersage, Geophysik, Raumfahrt und für die Automobilindustrie. Die Rechner bestehen meist aus Tausenden von Einzelprozessoren. Die Leistungsfähigkeit gibt man in › FLOPS an. Zum Beispiel: BlueGene/L, IBM, 65536 Prozessoren, 136,8 Tera-FLOPS ($\approx 1 \cdot 10^{12}$ Gleitkomma-Rechnungen pro Sekunde)
Zur Unterbringung dieser Superrechner sind ganze Hallen erforderlich.

12 *Superrechner*

› floating point operations per second; Gleitkommarechnungen pro Sekunde

6. Generation: Hängt davon ab, was **Sie** zur Computerentwicklung beitragen werden.

5 Das von-Neumann-Prinzip

Grundlage für die Arbeitsweise der meisten heute gebräuchlichen Computer ist das von-Neumann-Prinzip. Im Jahr 1946 ersannen › John von Neumann, Arthur W. Burks und Herman H. Goldstine ein Konzept für die Funktionsweise eines Rechners, das für die Computerentwicklung wegweisend war und ist. Sie veröffentlichten es in der Dokumentation „Preliminary Discussion of the Logical design of an Electronic Computing Instrument". Die Tragweite dieser Aussagen kann man am Besten am Originaldokument erahnen, das im Folgenden auszugsweise wiedergegeben wird.
Bei Sätzen in Klammer, denen ein "Anmerkung" vorangestellt wurde, handelt es sich um Originaltexte aus übersprungenen Textpassagen, die eingefügt wurden, um die inhaltliche Verständlichkeit sicherzustellen.

› * 1903 in Budapest, † 1957 in Washington

10

1. Principal components of the machine

1.1. Inasmuch as the completed device will be a general-purpose computing machine it should contain certain main organs relating to arithmetic, memory-storage, control and connection with the human operator. It is intended that the machine be fully automatic in character, i.e. independent of the human operator after the computation starts.

1.2. It is evident that the machine must be capable of storing in some manner not only the digital information needed in a given computation such as boundary values, tables of functions ... and also the intermediate results of the computation ..., but also the instructions which govern the actual routine to be performed on the numerical data. In a special-purpose machine these instructions are an integral part of the device and constitute a part of its design structure. For an all-purpose machine it must be possible to instruct the device to carry out any computation that can be formulated in numerical terms. Hence there must be some organ capable of storing these program orders. There must, moreover, be a unit which can understand these instructions and order their execution.

1.3. Conceptually we have discussed above two different forms of memory: storage of numbers and storage of orders. If, however, the orders to the machine are reduced to a numerical code and if the machine can in some fashion distinguish a number from an order, the memory organ can be used to store both numbers and orders.

1.4. If the memory for orders is merely a storage organ there must exist an organ which can automatically execute the orders stored in the memory. We shall call this organ the Control.

1.5. Inasmuch as the device is to be a computing machine there must be an arithmetic organ in it which can per-form certain of the elementary arithmetic operations. There will be, therefore, a unit capable of adding, subtract-ing, multiplying and dividing.

The operations that the machine will view as elementary are clearly those which are wired into the machine. To illustrate, the operation of multiplication could be eliminated from the device as an elementary process if one were willing to view it as a properly ordered series of additions. Similar remarks apply to division. In general, the inner economy of the arithmetic unit is determined by a compromise between the desire for speed of operation – a non-elementary operation will generally take a long time to perform since it is constituted of a series of orders given by the control – and the desire for simplicity, or cheapness, of the machine.

1.6. Lastly there must exist devices, the input and output organ, whereby the human operator and the machine can communicate with each other. ...

2. First remarks on the memory

2.1. It is clear that the size of the memory is a critical consideration in the design of a satisfactory general-purpose computing machine.

2.2. ... Not only must the memory have sufficient room to store these intermediate data but there must be pro-vi-sions whereby these data can later be removed. This process of removing data from the memory and of replacing them with new information must, of course, be done quite automatically under the direction of the control.

2.3. ... We consequently plan on a fully automatic electronic storage facility of about 4,000 numbers of 40 binary digits each. ...

3. First remarks on the control and code

...

3.2. There must certainly be instructions for performing the fundamental arithmetic operations. ...

3.3. It must be possible to transfer data from the memory to the arithmetic organ and back again. In transferring information from the arithmetic organ back into the memory there are two types we must distinguish: Transfers of numbers as such and transfers of numbers which are parts of orders. ...

To summarize, transfers into the memory will be of two sorts:

Total substitutions, whereby the quantity previously stored is cleared out and replaced by a new number. Partial substitutions in which that part of an order containing a memory location-number – we assume the various posi-tions in the memory are enumerated serially by memory location-numbers – is replaced by a new memory loca-tion-number.

3.4. It is clear that one must be able to get numbers from any part of the memory at any time. The treatment in the case of orders can, however, be more methodical since one can at least partially arrange the control instructions in a linear sequence. Consequently the control will be so constructed that it will normally proceed from place n in the memory to place (n + 1) for its next instruction.

3.5. The utility of an automatic computer lies in the possibility of using a given sequence of instructions repe-at-edly, the number of times it is iterated being either preassigned or dependent upon the results of the computation. When the iteration is completed a different sequence of orders is to be followed, so we must, in most cases, give two parallel trains of orders preceded by an instruction as to which routine is to be followed. This choice can be made to depend upon the sign of a number (zero being reckoned as plus for machine purposes). Consequently, we introduce an order (the conditional transfer order) which will, depending on the sign of a given number, cause the proper one of two routines to be executed.

...

3.6. Finally we need orders which will integrate the input-output devices with the machine.

...

5. The arithmetic organ

...

5.2. In a discussion of the arithmetical organs of a computing machine one is naturally led to a consideration of the number system to be adopted. In spite of the longstanding tradition of building digital machines in the decimal system, we feel strongly in favor of the binary system for our device. Our fundamental unit of memory is naturally adapted to the binary system since we do not attempt to measure gradations of charge at a particular point in the Selectron (Anmerkung: The Selectron is an electron tube digital memory device. Described as a Selective Storage Electrostatic Memory Tube it stores multiple two-state bits which can be selected, written, and read by bi-level control voltages applied to internal electrodes.) but are content to distinguish two states. The flip-flop again is truly a binary device. On magnetic wires or tapes and in acoustic delay line memories one is also content to recognize the presence or absence of a pulse or (if a carrier frequency is used) of a pulse train, or of the sign of a pulse. ... The use of the binary system is therefore somewhat more economical of equipment than is the decimal.

...

6. The control

6.1. It has already been stated that the computer will contain an organ, called the control, which can automa-ti-cally execute the orders stored in the Selectrons. Actually, for a reason stated in 6.3, the orders for this computer are less than half as long as a forty binary digit number, and hence the orders are stored in the Selectron memory in pairs.

Let us consider the routine that the control performs in directing a computation. The control must know the loca-tion in the Selectron memory of the pair of orders to be executed. It must direct the Selectrons to transmit this pair of orders to the Selectron register and then to itself. It must then direct the execution of the operation speci-fied in the first of the two orders. Among these orders we can immediately describe two major types: An order of the first type begins by causing the transfer of the number, which is stored at a specified memory location, from the Selectrons to the Selectron register. Next, it causes the arithmetical unit to perform some arithmetical operations on this number (usually in conjunction with another number which is already in the arithmetical unit), and to retain the resulting number in the arithmetical unit. The second type order causes the transfer of the number, which is held in the arithmetical unit, into the Selectron register, and from there to a specified memory location in the Selectrons. (It may also be that this latter operation will permit a direct transfer from the arithmetical unit into the Selectrons.)

...

6.2. It is clear from what has just been stated that the control must have a means of switching to a specified location in the Selectron memory, for withdrawing both numbers for the computation and pairs of orders. Since the Selectron memory (as tentatively planned) will hold 212 = 4,096 forty-digit words (a word is either a number or a pair of orders), a twelve-digit binary number suffices to identify a memory location. Hence a switching mecha-nism is required which will, on receiving a twelve-digit binary number, select the corresponding memory location.

...

6.3. Since most computer operations involve at least one number located in the Selectron memory, it is reasonable to adopt a code in which twelve binary digits of every order are assigned to the specification of a Selectron location. In those orders which do not require a number to be taken out of or into the Selectrons these digit posi-tions will not be used.

...

6.4. Let us consider next the process of transferring a pair of orders from the Selectrons to the control. These orders first go into SR (Anmerkung: Selectron Register). The order which is to be used next may be transferred directly into FR (Anmerkung: Function Table Register). The second order of the pair must be removed from SR (since SR may be used when the first order is executed), but cannot as yet be placed in FR. Hence a temporary storage is provided for it. The storage means is called the Control Register, CR, and consists of 20 (or possibly 18) flip-flops, capable of receiving a number from SR and transmitting a number to FR.

As already stated (6.1), the control must know the location of the pair of orders it is to get from the Selectron memory. Normally this location will be the one following the location of the two orders just executed. That is, until it receives an order to do otherwise, the control will take its orders from the Selectrons in sequence. Hence the order location may be remembered in a twelve stage binary counter (one capable of counting 212) to which one unit is added whenever a pair of orders is executed. This counter is called the Control Counter, CC.

The details of the process of obtaining a pair of orders from the Selectron are thus as follows: The contents of CC are copied into FR, the proper Selectron location is selected, and the contents of the Selectrons are transferred to SR. FR is then cleared, and the contents of SR are transferred to it and CR. CC is advanced by one unit so the control will be prepared to select the next pair of orders from the memory. (There is, however, an exception from this last rule for the so-called transfer orders, cf. 3.5. This may feed CC in a different manner, cf. the next paragraph below.) First the order in FR is executed and then the order in CR is transferred to FR and executed. It should be noted that all these operations are directed by the control itself – not only the operations specified in the control words sent to FR, but also the automatic operations required to get the correct orders there.

IV Grenzen der Berechenbarkeit

13 Laufzeit von Algorithmen

Im Teil „Formale Sprachen“ haben Sie erfahren, dass ein Rechner nur Aufgabenstellungen bearbeiten kann, die ihm syntaktisch und semantisch korrekt übermittelt werden. Es gibt allerdings eine Vielzahl von Aufgabenstellungen, die diese Kriterien zwar erfüllen, deren Berechnung aber – auch bei Verwendung leistungsstärkster Rechenanlagen – nicht mit vertretbarem Zeitaufwand realisierbar ist. In diesem Kapitel werden Beispiele für aufwendige Probleme und ihre Aufwandsabschätzungen vorgestellt.

Kleinvieh macht auch Mist

Viele Programme, ob Standardsoftware, die man tagtäglich benutzt, oder selbst erstellte Programme, scheinen unmittelbar zu reagieren, ohne einen mit den menschlichen Sinnen wahrnehmbaren Zeitaufwand. Häufig benutzt man, z. B. bei Computerspielen oder zur Steuerung des blinkenden Cursors im Textverarbeitungsprogramm, sogar eine Timersteuerung, die das Programm gezielt „bremst“ und damit Abläufe im Rechner für die menschlichen Sinne wahrnehmbar macht.
Dank schneller Arbeitsspeicher und Prozessoren mit einer Taktfrequenz im mehrfachen Gigahertzbereich (10^9 Hz) muss man sich bei vielen Problemstellungen keine Gedanken darüber machen, ob ein Programm bezüglich der Geschwindigkeit optimierbar ist, weil die Rechenzeiten für die einzelnen Teilprozesse dazu auf Standard-PCs einfach zu kurz sind. Die folgende Übersicht zeigt typische Zeitdauern für die Ausführung elementarer Anweisungen einer Hochsprache:

Anweisung	Zeit in Nanosekunden (10^{-9} s)
Deklaration eines (lokalen) Attributs	2,1
Zuweisung eines Attributwerts an ein Attribut	0,6
Summe ganzer Zahlen	0,6
Produkt ganzer Zahlen	1,1
Summe von Kommazahlen	2,1
Produkt von Kommazahlen	2,4
Quotient von Kommazahlen	15,9
Objekt erzeugen	15,0

1 typische Ausführungszeiten

Nimmt man an, dass ein Benutzer eine Reaktion des Systems innerhalb einer zehntel Sekunde immer noch als „unmittelbar“ wahrnimmt, so können Millionen von einfachen Anweisungen ausgeführt werden, ohne dass die Zeit merklich vergangen ist. Dies genügt, um viele Programme in „Echtzeit“ arbeiten zu lassen.
Viele Problemstellungen erfordern aber ein Vielfaches mehr an Operationen, wie die folgenden Beispiele zeigen. In diesen Fällen spielt die Suche nach weitestgehend optimierten Softwarelösungen eine entscheidende Rolle.

Laufzeitmessung im Programm

Gängige Programmiersprachen stellen in ihren Bibliotheksklassen Methoden bereit, die die Zeitmessung für den jeweiligen Rechner erlauben. Um die Abarbeitungsdauer für einen bestimmten Codeabschnitt zu messen, geht man im Prinzip folgendermaßen vor: Man speichert die aktuelle Zeit vor Eintritt in den Codeabschnitt in einem lokalen Attribut startzeit und bildet nach Ausführung des Codeabschnitts die Differenz aus aktueller Zeit und Startzeit.

```
startzeit = SystemzeitGeben()
<zu untersuchender Codeabschnitt>
return SystemzeitGeben() – startzeit
```

Systemzeit ermitteln:
Java: `System.nanoTime()`
Python: `time.time()`
Delphi: `GetTickCount`

Zwei mögliche Fehlerquellen bestimmen die Präzision der ermittelten Zeitdauer:

- Auch die Zuweisung der Methode *SystemzeitGeben* an das lokale Attribut startzeit und der zweite Aufruf der Methode *SystemzeitGeben* erfordern Zeit, wodurch die gemessene Zeit gegenüber der tatsächlichen Zeit verlängert wird. Je größer die Laufzeit des zu messende Codeabschnitts ist, desto weniger Gewicht hat dieser Fehler. Er lässt sich dadurch korrigieren, dass man die nur für die Verwaltung benötigte Zeit zuvor anhand eines leeren Codeabschnitts ermittelt.
- Wenn der Prozess während der Ausführung des zu untersuchenden Codeabschnitts zugunsten anderer Prozesse (z. B. Garbage Collection, also das automatische Löschen nicht mehr referenzierter Objekte) durch das System unterbrochen wird, können zusätzliche Messfehler auftreten.
  Als Gegenmaßnahme kann es hilfreich sein, in gewissen Zeitabständen den Codeabschnitt vielfach hintereinander zu testen, unter Umständen unter Verwendung einer Wiederholung. Nicht der Mittelwert, sondern das Minimum der erhaltenen Werte sollte als Maß für die Laufzeit herangezogen werden, da dies der Messwert mit der geringsten Aktivität anderer Prozesse ist.

Je nach Vorgehensweise erreicht man eine Messgenauigkeit von maximal 10 ms.

Ist man nicht am absoluten Zeitbedarf einer Sequenz interessiert, sondern möchte nur qualitativ das Laufzeitverhalten in verschiedenen Anwendungssituationen vergleichen, so kann man auch „Schritte zählen". Diese Methode hat den Vorteil, dass sie unabhängig von einem konkreten Rechner und von Unterbrechungen durch andere Prozesse ist. Man benötigt ein Attribut schrittzähler, das nach jeder Anweisung um den Wert 1 erhöht wird:

```
anweisung1
schrittzähler = schrittzähler + 1
anweisung2
schrittzähler = schrittzähler + 1
...
```

Weiß man, dass einzelne Anweisungen deutlich erhöhten Zeitbedarf gegenüber anderen haben, so kann man auch eine Gewichtung auf der Basis einer Tabelle wie in Abbildung 1 vornehmen.

Ein komplexer Algorithmus: Die Aquarius-Simulation

Im Jahr 2007 wurde am Max-Planck-Institut für extraterrestrische Physik in Garching bei München die Aquarius-Simulation ausgeführt, ein Programm, das die Entstehung des Weltalls bis in die Gegenwart nachvollziehen sollte. Die Ausführung des Algorithmus erfordert ca. $80 \cdot 10^{18}$ (80 Trillionen) Rechenoperationen und ist damit so aufwendig, dass ein handelsüblicher PC mit einem schnellen Prozessor (Stand: 2010) und genügend Speicher für diese Aufgabe etwa 50 Jahre benötigen würde – im Bezug zum Weltalter ist das zwar eine kurze Zeit, viel zu lang aber für eine Forschergruppe, die Erkenntnisse möglichst rasch gewinnen und veröffentlichen möchte.

Um die **Laufzeit des Programms** zu verringern, wurde der Hochleistungsrechner Bayern II (HLRB II) verwendet, zum Zeitpunkt der Ausführung einer der 20 schnellsten Rechner weltweit. Er verfügt über 9728 Prozessorkerne, die parallel genutzt werden können. Die Simulation lief gleichzeitig auf mehreren tausend dieser Prozessoren, die zusammen mehrere 10 Billionen Fließkommaoperationen (Additionen und Multiplikationen) pro Sekunde durchführen können. Dadurch ließ sich die Laufzeit deutlich reduzieren – das Programm lief „nur" ein gutes halbes Jahr.

***2** HLRB II*

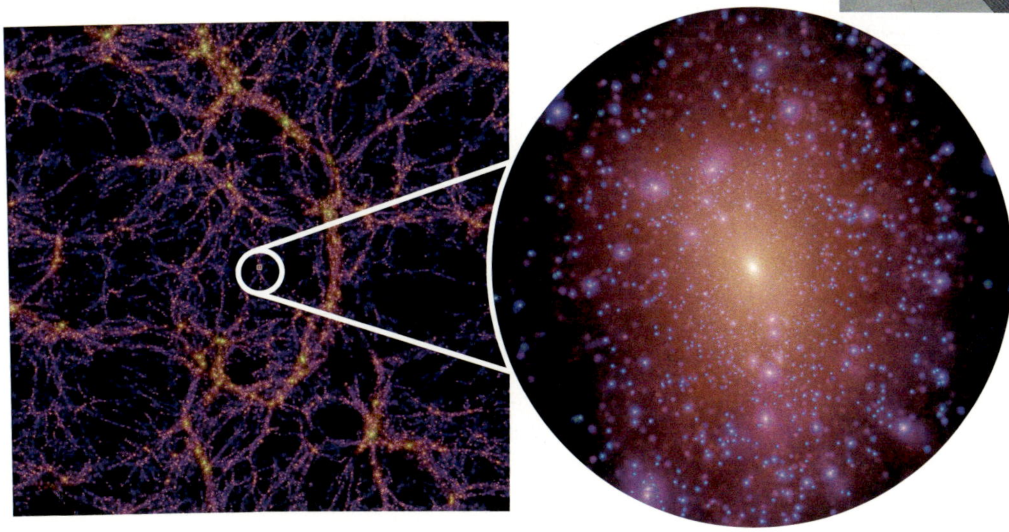

***3** Detail-Bild aus der Aquarius-Simulation*

Rohe Gewalt führt selten zum Ziel

Nicht nur in der wissenschaftlichen Spitzenforschung treten Probleme auf, bei denen Rechenanlagen schnell an ihre Grenzen stoßen. Auch die Planung einer optimalen Verkehrsroute mit einem Routenplaner erfordert je nach Implementierung einen enormen Zeitaufwand:

Zu den wesentlichen Aufgaben eines Navigationssystems gehört es, zu einem gegebenen Paar aus Start- und Zielort den kürzesten Verbindungsweg und seinen Verlauf zu bestimmen. Anders als das Gehirn verfügt der Routenplaner nicht über eine landkartenartige Repräsentation des Graphen; er „sieht" nur von einem zum nächsten Knoten und weiß nicht schon vorab, welche der Abzweigungen zum Ziel führen.

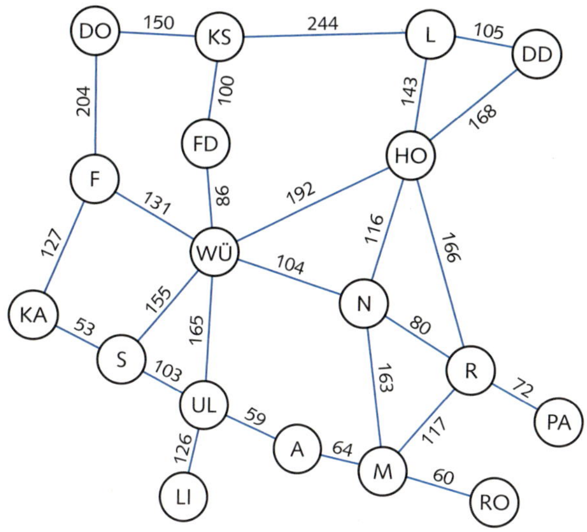

***4** Ausschnitt aus Autobahnnetz*

Ein erster Lösungsansatz geht von folgender Idee aus:

- Man bestimmt alle zyklenfreien Wege des zugrunde liegenden Graphen, die vom Startknoten ausgehen und den Zielknoten anlaufen. Der Aufbau eines Weges wird abgebrochen, wenn der Zielort erreicht ist oder wenn eine Fortsetzung nicht mehr möglich ist. Wege, die enden, ohne den Zielpunkt zu erreichen, werden verworfen.
- Für jeden der Wege, die an das Ziel führen, bestimmt man die Länge aus der Summe der Wegabschnitte.
- Dann sucht man den kürzesten der Wege aus.

› engl.: mit brutaler Gewalt

Ein solches Verfahren, das alle erdenklichen Lösungen vergleicht, nennt man › **Brute-Force-Verfahren**. Zur genaueren Untersuchung des Laufzeitverhaltens lässt man ausgehend vom Startknoten wie beschrieben alle Wege zum Zielknoten berechnen. Dies wiederholt man unter schrittweiser Erhöhung der Anzahl der Knoten (und Kanten). Das Diagramm rechts zeigt eine exemplarische Messreihe.
Mit zunehmender Anzahl der Knoten wächst auch die Laufzeit des Programms. Dies leuchtet ein, wenn man bedenkt, dass sich durch zusätzliche Knoten die Zahl möglicher Wege erhöht.

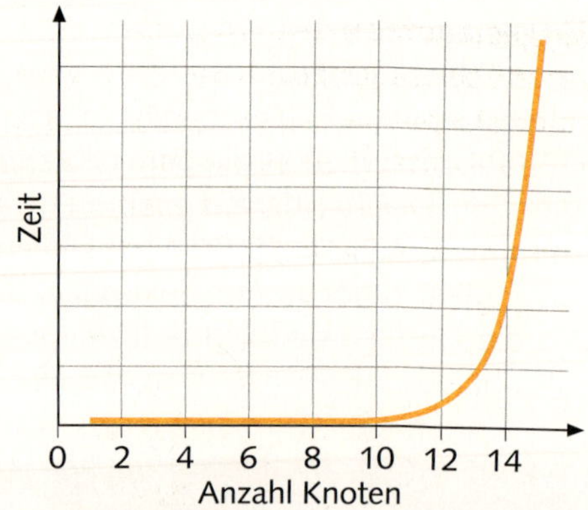

***5** Laufzeit (qualitativ) in Abhängigkeit von der Knotenzahl*

? Wie ist der stärkere Anstieg für große Werte von n zu erklären?

Für n verbundene Knoten kann man zwei Extremfälle unterscheiden: Im einfachsten Fall sind die Knoten aufgereiht wie auf einer Kette.

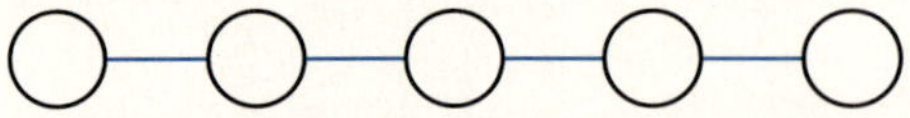

***6** Linearer Graph*

Ausgehend von einem Endknoten gibt es immer nur einen weiteren Weg zu einem noch nicht besuchten Knoten, insgesamt gibt es also $1^n = 1$ Möglichkeit, zum anderen Ende zu gelangen.

Kurznotation der Ordnung: $\mathcal{O}(2^n)$ **(Landau-Notation)**. nach dem deutschen Zahlentheoretiker Edmund Landau.

Das andere Extrem wäre ein vollständiger Graph, bei dem jeder der n Knoten mit jedem anderen über eine direkte Kante verbunden ist, was aber nicht notwendig heißt, dass die direkte Verbindung immer der kürzeste Weg ist. Ausgehend vom Startknoten müsste man (n – 1) Kanten untersuchen, für jeden Knoten am Kantenende (n – 2) weitere Kanten, da die Kante der Anreise schon behandelt ist, bis nur noch eine Kante untersuchbar ist. Hier gibt es also insgesamt $(n-1) \cdot (n-2) \cdot (n-3) \cdot \ldots \cdot 1 = (n-1)!$ mögliche Wege.
Bei einem Graphen, der ein Verkehrssystem nachbildet, liegt die Realität irgendwo dazwischen: Von einem Knoten gehen drei oder mehr Kanten aus, bei einem Knoten sind also zwei oder mehr Weiterfahrten möglich. So ergeben sich, großzügig nach unten abgeschätzt, $2 \cdot 2 \cdot 2 \cdot 2 \cdot \ldots = 2^n$ mögliche Wege. Die Funktion mit der Gleichung $f(n) = 2^n$ ist eine Exponentialfunktion; man sagt deshalb: Der **Laufzeitaufwand** (das **Laufzeitverhalten**) ist **exponentiell** (bzw. ist von exponentieller Ordnung). Das starke Wachstum einer solchen Exponentialfunktion für große Werte von n erklärt den Anstieg des Laufzeitverhaltens in Abbildung 5.
Ein **exponentieller Laufzeitaufwand** sorgt bereits bei überschaubaren Problemstellungen dafür, dass der Programmablauf unpraktikabel lange dauert. Die beschriebene Funktion wächst so stark an, dass sich für $n = 12000$ (dies entspricht der Anzahl der Gemeinden in Deutschland, die Anzahl der Kreuzungen liegt weit höher) ein Funktionswert f(12000) von etwa $1{,}5 \cdot 10^{1806}$ für die Anzahl der Rechenoperationen ergibt. Die Anzahl der erforderlichen Rechneroperationen liegt also exorbitant höher als bei der eingangs beschriebenen Aquarius-Simulation. Die Rechenzeit eines solchen Routenplaners für eine einfache Route innerhalb Deutschlands läge weit über dem geschätzten Alter unseres Universums von 13,7 Milliarden Jahren, also $4{,}32 \cdot 10^{26}$ ns (vgl. Abbildung 15).

Routenplaner in der Realität

Von einem Routenplaner wird erwartet, dass er für ein reales Straßennetz innerhalb weniger Sekunden die optimale Route vorschlägt. Der Algorithmus von Dijkstra löst das Problem sehr viel effizienter als die Brute-Force-Suche. Das Grundprinzip dieses Algorithmus ist es, ausgehend vom Startknoten die verschiedenen weiterführenden Wege zu vergleichen. Zu jedem erreichbaren Ort wird dabei der kürzestmögliche Weg bestimmt und nur dieser weiterverfolgt. Die Anzahl der zu untersuchenden Wege lässt sich dadurch drastisch einschränken. Abbildung 7 vergleicht die Laufzeit für die Brute-Force-Suche mit der Suche des kürzesten Weges nach Dijkstra für eine wachsende Anzahl von Knoten. In dieser Gegenüberstellung erscheint es, als weise der Dijkstra-Algorithmus bei zunehmender Knotenzahl ein nahezu konstantes bzw. lineares Laufzeitverhalten auf. Für eine große Anzahl an Knoten ergibt sich jedoch eine Laufzeitkurve in Form einer Parabel, also ein **quadratisches Laufzeitverhalten** (Abbildung 8). Zum Weiterlesen 7 beschreibt, wie man dies auch aufgrund des Quellcodes begründen kann.

L7

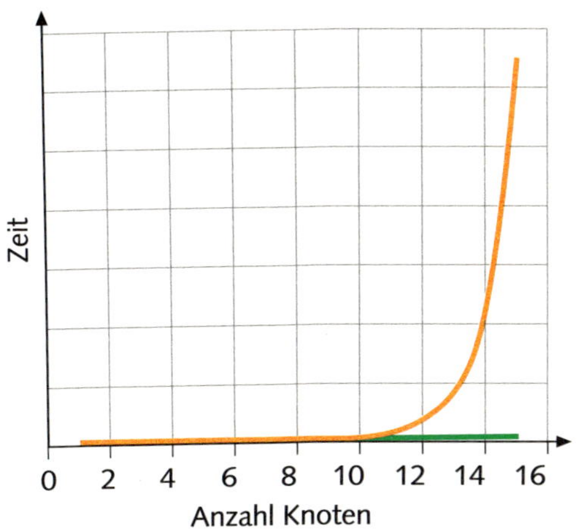

7 Brute Force- und Dijkstra-Algorithmus im Vergleich

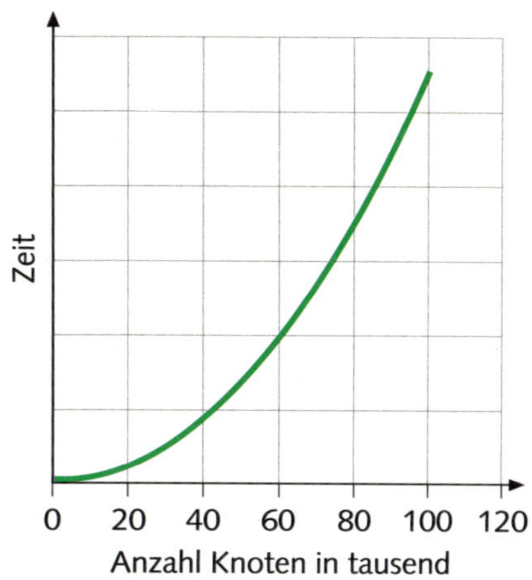

8 Laufzeit Dijkstra-Algorithmus

Das quadratische Laufzeitverhalten ist für die unpraktikabel lange Berechungsdauer eines schnellsten Weges bei großer Knotenzahl verantwortlich. Modelle des europäischen Straßennetzes verfügen typischerweise über mehrere 10 Mio. Knoten – die Berechnung mittels Dijkstra ist hier nicht mehr in sinnvollen Zeiten möglich! Deshalb wurde nach zusätzlichen Optimierungen des Dijkstra-Algorithmus gesucht.

Landau-Notation: $\mathcal{O}(n^2)$

Eine wesentliche Verbesserung ergibt sich insbesondere durch die Aufteilung des Verkehrsnetzes in verschiedene Hierarchieebenen (highway hierarchy). Auf der obersten Ebene werden nur die wichtigsten Verkehrsknotenpunkte durch Kanten verbunden. Nähert man sich dem Ziel, so wird – unter Umständen in mehreren Schritten – auf eine niedrigere Hierarchiestufe (z. B. Gemeindestraßen) gewechselt.

Abhängigkeit der Laufzeit von der Datenstruktur

Die richtige Wahl der Datenstruktur kann die Laufzeit einer Methode entscheidend beeinflussen. Das folgende Beispiel soll dies illustrieren.
Eine bestimmte Anzahl von Objekten soll in einer geeigneten Datenstruktur nach ihrem Schlüssel sortiert verwaltet werden.

Welche Datenstrukturen bieten sich dazu an? Welche davon ist am besten geeignet, wenn Objekte möglichst schnell gefunden werden sollen?

?

Zur Verwaltung der Datenelemente sind aus dem Vorjahr die Datenstrukturen Liste und geordneter Binärbaum vertraut. Der Binärbaum ist bei einer großen Anzahl von verwalteten Elementen vor allem dann haushoch überlegen, wenn man es schafft, ihn so zu organisieren, dass sich die Höhen der beiden Teilbäume an jeder Stelle um höchstens den Wert 1 unterscheiden. In diesem Fall spricht man von einem balancierten Baum.

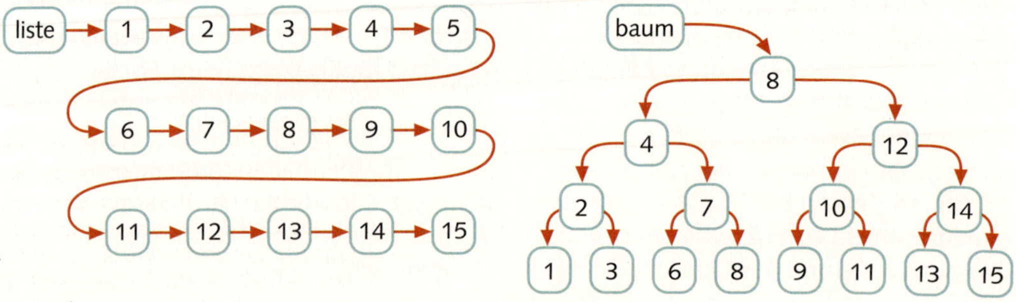

9 *Liste und geordneter Binärbaum mit je 15 Knoten*

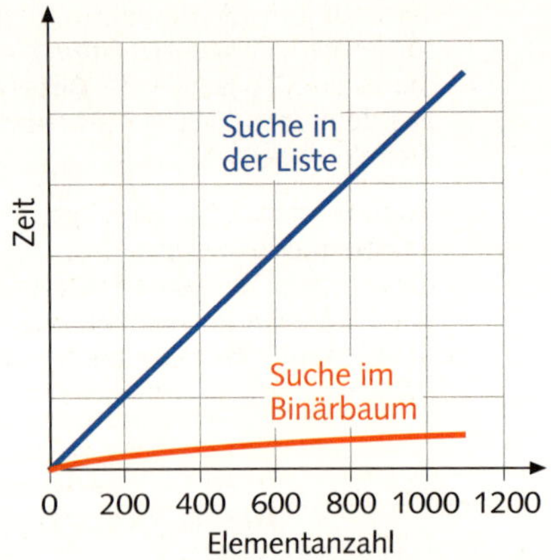

10 *Zeitaufwand der Suche in Abhängigkeit von der Anzahl der Elemente*

Ermittelt man die durchschnittliche Laufzeit für die Suche eines in Liste bzw. Baum enthaltenen Knotens, so ergibt sich etwa das Diagramm links.
Man erkennt, dass der Suchaufwand bei der Liste linear wächst. Dieses lineare Laufzeitverhalten entsteht, weil man bei einer Liste mit n Elementen im Mittel n:2 Listenelemente untersuchen muss, bis man das gewünschte Element gefunden hat. Der Zeitaufwand für jeden Schritt in der Suche ist etwa gleich groß. Dagegen erscheint die Suche im Binärbaum nach Abbildung 10 deutlich effizienter.

? Wie viele Vergleiche benötigt man beim Baum im ungünstigsten Fall?

Die maximal nötige Anzahl an Vergleichen ergibt sich aus der Anzahl z der Ebenen des Baumes. Die Laufzeit hängt dann linear von z ab. Wie kann man aber aus der Knotenanzahl die Höhe des balancierten Baumes bestimmen?
Ein balancierter Binärbaum mit vier Ebenen kann bis zu $2^4 - 1 = 15$ Knoten enthalten, allgemein bei n Ebenen sind dies $2^n - 1$ Knoten. Umgekehrt liefert $\log_2 n$ die Anzahl der Ebenen des Baumes bei gegebener Knotenzahl n, wenn man auf die nächstgrößere ganze Zahl aufrundet. Bei der Suche im balancierten Binärbaum ergibt sich deshalb ein **logarithmischer Laufzeitaufwand**.

Landau-Notation:
$\mathcal{O}(\log_2 n)$

Sortieren für Anfänger

Bisher wurde die Suche in sortierten Datenbeständen beschrieben. Häufig liegen Daten aber ungeordnet vor und müssen je nach Aufgabe erst nach bestimmten Attributen sortiert werden. So müssen die Schülerdaten einer Schulverwaltungssoftware nach Klassen und anschließend nach Namen sortiert werden, wenn eine Klassenliste gedruckt werden soll; will man dagegen die Anzahl der erforderlichen Schulbusse für bestimmte Wohnorte berechnen, so benötigt man eine Sortierung nach Gemeinden. Es gibt Schätzungen, wonach im kaufmännischen Bereich mehr als 20% der Rechenzeit für Sortiervorgänge aufgewendet wird. Die nun folgenden Algorithmen werden lediglich zur Analyse der Laufzeit eingeführt; ein detailliertes Verständnis ist nicht erforderlich.

Eine einfache und bekannte Variante, Daten eines Feldes zu sortieren, ist das Sortieren durch Auswahl, das am Beispiel von Spielkarten mit der sortierten Reihenfolge Unter – Ober – König – Ass illustriert werden soll:

unsortiertes Feld	sortiertes Feld	Beschreibung	Anzahl der Operationen
		Ausgangssituation Beginnend bei der ersten Karte, dem Herz Ober, wird das unsortierte Feld von n Elementen durchsucht. Dabei merkt man sich das jeweils kleinste Feldelement (zunächst den Ober, später den Unter) und vergleicht es mit dem aktuellen Feldelement. Also sind zur Bestimmung des Minimums n – 1 Vergleiche erforderlich. Nach dem ersten Durchlauf wird die so ermittelte kleinste Karte, also der Unter, aus dem unsortierten Feld entfernt und im Zielfeld abgelegt.	n – 1 Vergleiche (hier 3) 1 Transport ins sortierte Feld
		Auch beim zweiten Durchgang werden alle Feldelemente, einschließlich des freien Platzes, untersucht. Die leeren Feldelemente bleiben bei der Minimumsbestimmung aber unberücksichtigt. Der Ober als nunmehr kleinste Karte wird ins sortierte Feld transportiert.	n – 1 Vergleiche 1 Transport
		Der Vorgang wiederholt sich, bis schließlich das unsortierte Feld leer und das sortierte Feld komplett ist.	n – 1 Vergleiche 1 Transport
			n – 1 Vergleiche 1 Transport

Im Pseudocode hat der Algorithmus die Form:

```
zähle i von 0 bis feld.feldlänge–1
    kleinstes = 'größter möglicher Wert'
    zähle j von 0 bis feldlänge–1
          wenn feld[j] < kleinstes
          dann
                 kleinstes = feld[j]
          endewenn
    endezähle
    kleinstes aus feld entfernen und in zielfeld hinten einfügen
endezähle
```

Setzt man diesen Algorithmus am Rechner um und zeichnet das Laufzeitverhalten für zunehmende Anzahl von Elementen auf, so ergibt sich ein Diagramm wie in Abbildung 11.
Der dargestellte Graph hat die Form einer Parabel, was auf ein quadratisches Laufzeitverhalten hindeutet.

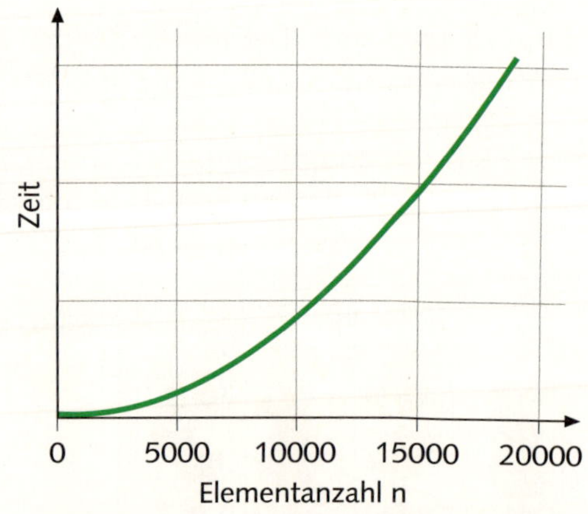

***11** Laufzeit beim Sortieren durch Auswahl*

? Wie lässt sich die Vermutung untermauern, dass ein quadratisches Laufzeitverhalten vorliegt?

Bei einer großen Anzahl n von Elementen ist das Durchsuchen des unsortierten Feldes nach dem Minimum bestimmend für das Laufzeitverhalten. Ein solcher Suchdurchlauf besteht aus n – 1 Vergleichen und dem Transport eines Feldelements, zusammen also n Operationen. Bis das unsortierte Feld komplett geleert ist, sind n solcher Durchläufe erforderlich. Insgesamt ergeben sich so $n \cdot n = n^2$ Operationen, also ein quadratischer Ausdruck für das Laufzeitverhalten.
Bemerkung:
In der Praxis lässt man die leeren Stellen bei der Minimumsuche häufig aus, wodurch sich die Zahl der Operationen in jedem Durchlauf um 1 erniedrigt. Es ergeben sich insgesamt $n + (n-1) + (n-2) + \ldots + 1 = (n+1) \cdot n:2 = (n^2 + n):2$ Operationen (das Produkt ergibt sich mithilfe der Gauß'schen Summenformel). Auch in diesem Fall liegt also weiterhin ein quadratisches Laufzeitverhalten vor.

Sortieren für Fortgeschrittene

Ein anderes bekanntes Sortierverfahren ist das Sortieren durch Einfügen. Es geht vor wie ein Kartenspieler, der einen unsortierten Kartenstapel vor sich hat und die Karten in seiner Hand einzeln einsortiert (vgl. Tabelle auf der nächsten Seite).
In Pseudocode-Notation ergibt sich der folgende Algorithmus:

```
zähle i von 0 bis feld.feldlänge–1
    k = i
    wiederhole solange (k > 0) und (feld[i] < zielfeld[k-1])
           zielfeld[k] = zielfeld[k-1]
           k = k-1
    endewiederhole
    zielfeld[k] = feld[i]
endezähle
```

Dabei kann es zu Laufzeiten kommen, die in der grafischen Darstellung in einem Bereich zwischen einer Parabel und einer Geraden liegen (siehe Abb. 12).

? Wie kann es zu unterschiedlichen Laufzeiten bei gleicher Elementzahl kommen?

Beim Sortieren durch Einfügen sind zwei Extremfälle zu unterscheiden:
- Im ersten Fall ist das gegebene Feld bereits sortiert. Die n Elemente werden der Reihe nach vom Ausgangsfeld genommen und nach nur einem Vergleich mit dem hintersten Element auf dem ersten freien Platz aufgenommen. In diesem günstigsten Fall (**Best Case**) wächst die Laufzeit deshalb linear.

unsortiertes Feld	sortiertes Feld	Beschreibung	Anzahl der Operationen
		Ausgangssituation	
		Die Elemente werden nacheinander in der Reihenfolge, in der sie stehen, aus dem unsortierten Feld entnommen und im sortierten Feld zunächst hinten eingefügt.	1 Transport
		Ist das einzufügende Element größer als das bisher hinterste Element im Zielfeld, so muss es nicht nach vorne rücken.	1 Vergleich 1 Transport
		Ist das einzufügende Element kleiner als die k bisherigen Elemente im Zielfeld, müssen diese Elemente um eins nach hinten rutschen, um Platz zu machen.	k Vergleiche k + 1 Transporte
		Allgemein durchsucht man das Zielfeld ausgehend vom hintersten besetzten Platz so lange, bis man ein kleineres Element gefunden hat. Die zuvor untersuchten größeren Elemente rücken einen Platz nach hinten, um dem einzufügenden Element Platz zu machen.	maximal: k Vergleiche k + 1 Transporte

- Im anderen Extremfall, dem **Worst Case**, ist das Ausgangsfeld genau falsch herum sortiert. Das erste Element wird einfach eingefügt. Beim Einfügen des zweiten Elements muss ein Element nach hinten gerückt werden, das macht mit dem Einfügen des neuen Elements insgesamt zwei Transporte. Danach müssen zwei Elemente verschoben werden (drei Transporte), beim letzten Element sind es n notwendige Transporte.
  Insgesamt sind also
  $1 + 2 + \ldots + n = n \cdot (n + 1):2 = \frac{1}{2}(n^2 + n)$ Verschiebungen notwendig. Der Term hängt quadratisch von n ab und erklärt somit das quadratische Laufzeitverhalten.

In allen anderen Fällen muss die Laufzeit zwischen den beiden Extremfällen liegen.

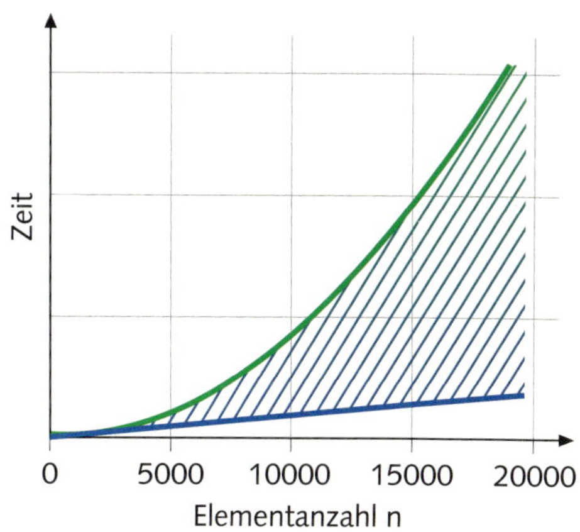

***12** Laufzeitbereich, abhängig von n*

* Sortieren für Profis

Es gibt Sortierverfahren mit sehr viel besserem Laufzeitverhalten als die beiden bisher beschriebenen. Ein solcher rekursiv arbeitender Sortieralgorithmus ist › **Mergesort**.
Die Grundidee besteht darin, das Feld rekursiv in der Mitte zu teilen (siehe Abbildung 13). Man teilt also zuerst das Feld und danach die entstandenen Teilfelder jeweils in der Mit-

› engl. to merge: verschmelzen
› engl. to sort: sortieren

te, bis schließlich nur noch Teilfelder der Länge 1 vorhanden sind. Die vorsortierten Teilfelder werden anschließend in der richtigen Reihenfolge zusammengesetzt, bis ein einziges sortiertes Feld entsteht.

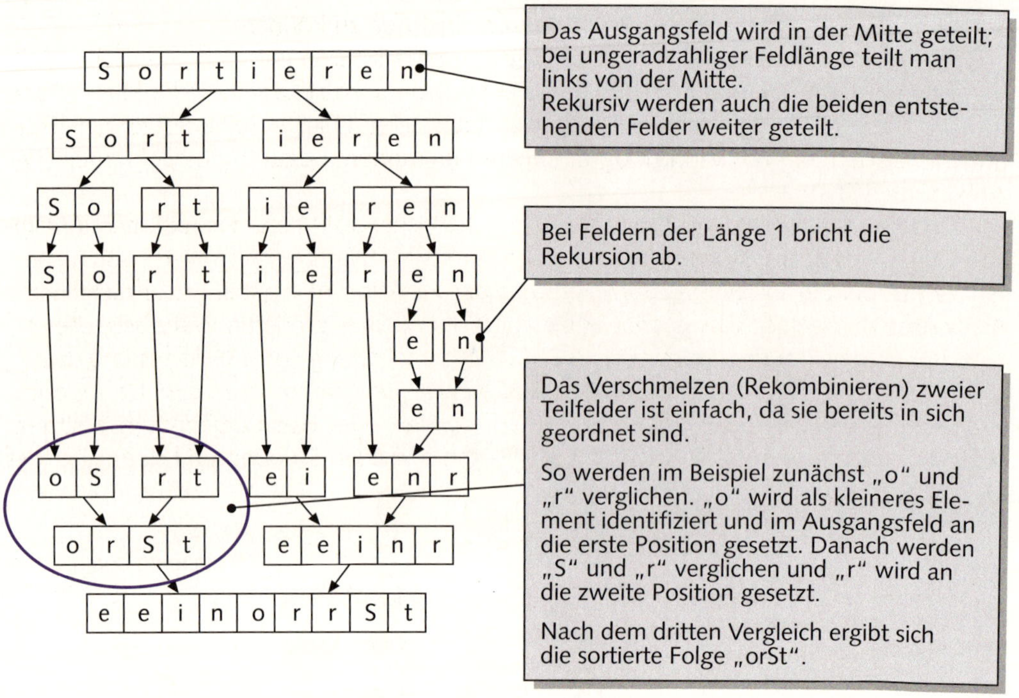

13 *Mergesort in Aktion*

Welche Funktion beschreibt das Laufzeitverhalten von Mergesort?

Landau-Notation: $\mathcal{O}(n \log_2 n)$ Der Vorfaktor 2 beeinflusst den qualitativen Verlauf des Graphen nicht.

Abbildung 13 zeigt, dass sowohl das Aufteilen als auch das Verschmelzen die Struktur eines Binärbaums haben. Beim Sortieren von acht Elementen sind somit $\log_2 8 = 3$ Schritte zum Zerlegen erforderlich; ebenso viele zum Rekombinieren (→ Faktor 2). In jedem Schritt werden höchstens acht Operationen durchgeführt, zum Beispiel das Aufspalten der Felder oder das Zusammenmischen in der richtigen Reihenfolge. Insgesamt lässt sich die Zahl der Operationen also abschätzen durch:
$2 \cdot 8 \cdot \log_2 8$ (allgemein: $2 \cdot n \cdot \log_2 n$).
Dieser Ausdruck wächst schwächer als jede Quadratfunktion.

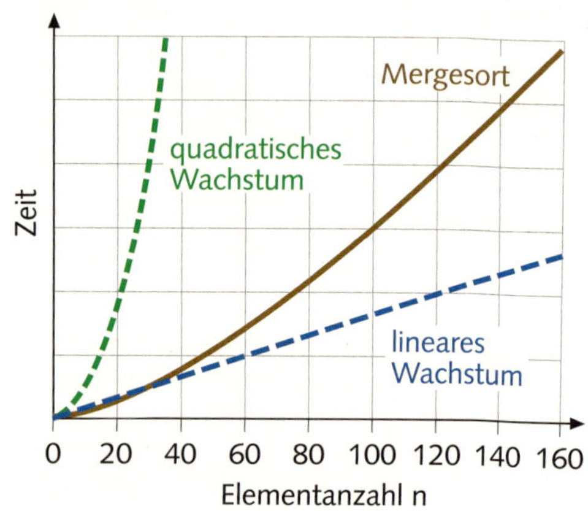

14 *Laufzeit von Mergesort im Vergleich*

Für unsortierte Felder hat Mergesort also im Prinzip ein wesentlich besseres Laufzeitverhalten für große Werte von n als die beiden zuvor beschriebenen Algorithmen. Der Nachteil dieses Algorithmus: Er benötigt beim Sortieren eines Feldes jeweils beim Aufteilen zusätzliche Felder und hat dadurch einen relativ großen Speicherbedarf.

Überblick

Wir haben gesehen, dass es oft mehrere Lösungen zu einem Problem gibt und sich der jeweilige Laufzeitaufwand drastisch unterscheiden kann. Meist genügt schon eine grobe Abschätzung, um die voraussichtliche Laufzeit eines bestimmten Problemumfangs nach Minuten, Stunden oder vielleicht Jahren einstufen zu können.
Zur grundsätzlichen Einschätzung von Algorithmen lässt sich mit mathematischen Mitteln zeigen, dass die Funktion n! für große Werte von n jede Exponentialfunktion „überholt". Unterhalb der Exponentialfunktion ordnen sich (in dieser Reihenfolge) ein: Quadratfunktionen, die Funktion n log n, lineare Funktionen, Logarithmusfunktionen (vgl. Abbildung 15).
Die Grafiken zeigen das Wachstumsverhalten der bisher diskutierten Funktionen. Am linken Diagramm ist bemerkenswert, dass sich bereits für relativ geringe Werte von n enorme Werte bei der Exponentialfunktion und der Funktion n! ergeben. (Die nichtlineare Skalierung an beiden Achsen erlaubt die Darstellung eines größeren Wertebereiches.)
Geht man von einer Prozessortaktung in der Größenordnung von 1 GHz aus und davon, dass pro Takt ein Berechnungsschritt vollzogen wird, so erkennt man, dass bei Algorithmen, deren Laufzeitaufwand von einer Exponential- oder Fakultätsfunktion bestimmt wird, bereits geringe Werte von n zu Laufzeiten zwischen Stunden und dem Alter des Weltalls führen können.

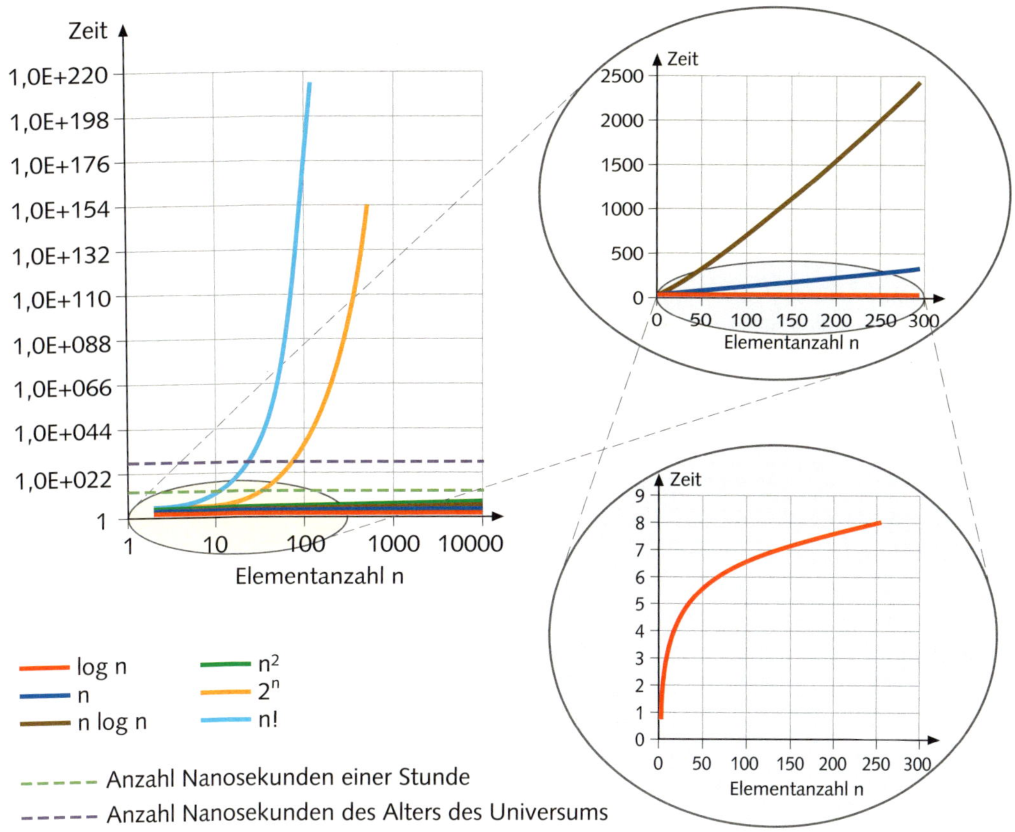

***15** Verlauf verschiedener Funktionen f(n)*

Hohe Laufzeit als Schutz vor Entschlüsselung

In Zeiten von Online-Banking und E-Commerce liest man regelmäßig von geknackten Passwörtern, mit deren Hilfe Konten leergeräumt und Waren auf fremde Rechnungen bestellt wurden. Die Täter agieren in der Regel vom Ausland aus und können nicht ermittelt bzw. belangt werden.

Die Ursache für die Schäden ist häufig ein unzureichendes Passwort. Oft benötigt man für die verschiedensten Zwecke von E-Mail über Bankgeschäfte bis zu Online-Warenhandel eine große Zahl von Passwörtern. Viele unbedarfte Nutzer machen es sich dabei einfach und verwenden das gleiche, einfach aufgebaute Passwort an verschiedenen Stellen.

Eine in vielen Fällen erfolgreiche Strategie zum Knacken solcher Passwörter ist der sogenannte Wörterbuchangriff. Die Einträge in solchen „Wörterbüchern" sind bekannte und häufig benutzte Passwörter. Man kann diese Passwortsammlungen einfach aus dem Internet beziehen. Sie können über 100000 Einträge enthalten, angefangen bei typischen Kosenamen für das Schoßhündchen bis zu Begriffen aus beliebten Fernsehserien. Eine Attacke, die Einträge des Wörterbuches der Reihe nach ausprobiert, kann bei der Verwendung eines Passworts aus einer solchen Sammlung innerhalb weniger Sekunden zum Erfolg führen.

Passwörter sollten aus diesem Grund nicht Wörterbuch-geeignet sein, sondern aus einer zufällig angeordneten Zeichenfolge bestehen. Bereits die Kombination von vier Buchstaben aus dem Alphabet von a bis z zu einem Wort ergibt mehr Möglichkeiten, als typische Wörterbücher an Einträgen enthalten, nämlich $26^4 = 456976$ mögliche Passwörter. Allerdings ist ein solches Passwort bei weitem noch nicht sicher. Eine Brute-Force-Attacke, die alle möglichen Buchstabenkombinationen testet, schafft zur Zeit der Drucklegung dieses Buches mit einem leistungsstarken PC bis zu 400 Millionen Angriffe pro Sekunde. Ein vierstelliges Passwort wäre damit in $456976/400000000 \text{ s} = 1{,}1 \text{ ms}$ geknackt. Die folgende Tabelle zeigt, wie lange es in Abhängigkeit von der Wortlänge höchstens dauert, bis eine Brute-Force-Attacke das Passwort geknackt hat.

Stellenzahl	mögliche Passwörter	Dauer in s	in min	in h	in d
1	26	0,000000065			
2	676	0,00000169			
3	17 576	0,00004394			
4	456 976	0,00114244			
5	11 881 376	0,02970344			
6	308 915 776	0,77228944	0,0129		
7	8 031 810 176	20,07	0,335		
8	$2{,}08827 \cdot 10^{11}$	522	8,70	0,145	
9	$5{,}4295 \cdot 10^{12}$	13573	226	3,77	0,157
10	$1{,}41167 \cdot 10^{14}$	352918	5881	98	4,08
11	$3{,}67034 \cdot 10^{15}$	9175861	152931	2549	106

Geht man davon aus, dass alle Passwörter mit gleicher Wahrscheinlichkeit gewählt werden, so wird der Angriff im Mittel schon nach der halben Zeit erfolgreich sein; aber auch der erste Angriff könnte zufällig das richtige Passwort liefern.

Die Wahrscheinlichkeit ist damit relativ hoch, dass selbst ein 11-stelliges Passwort in relativ kurzer Zeit geknackt wird. Zusätzliche Sicherheit erhält man, indem man das Alphabet, aus dem das Passwort erzeugt wird, durch Großbuchstaben (dann 26 + 26 = 52 Zeichen insgesamt), Ziffern (insgesamt dann 62 Zeichen) und Sonderzeichen ergänzt. Die folgende Tabelle zeigt, wie sich die Dauer für ein 11-stelliges Passwort dadurch verändert:

Zeichen	mögliche Passwörter	Dauer in Jahren
26 (einfaches Alphabet)	$3{,}67 \cdot 10^{15}$	0,291
52 (Groß- und Kleinbuchstaben)	$7{,}52 \cdot 10^{18}$	596
62 (zusätzlich Ziffern)	$5{,}20 \cdot 10^{19}$	4119
82 (zusätzlich 20 Sonderzeichen)	$1{,}13 \cdot 10^{21}$	89 519

Mit einem 11-stelligen Passwort, in dem man Sonderzeichen verwendet, hat man also gute Chancen, gegen Passwortattacken sicher zu sein. Wenn man das Passwort allerdings irgendwo herumliegen lässt, seine Daten über eine ungesicherte WLAN-Verbindung überträgt oder als Sicherheitsfrage bei Passwortverlust den allseits bekannten Geburtsnamen der Mutter hinterlegt, ist auch das beste Passwort wertlos!

Ein wichtiges Kriterium für die Qualität eines Programms ist die **Laufzeit**. Die Laufzeit hängt in der Regel von der Anzahl n der zu verarbeitenden Daten ab.

Der **Laufzeitaufwand** beschreibt, wie die Laufzeit von der Anzahl der Daten abhängt (linear, logarithmisch, quadratisch, exponentiell, ...). Besonders Algorithmen von exponentiellem oder höherem Aufwand erreichen bereits für geringe Werte von n unpraktikable Laufzeiten. Für die gleiche Problemstellung kann es Lösungen von unterschiedlichem Aufwand geben.
Auch die Art, wie die Daten vorliegen, kann zu unterschiedlichem Laufzeitverhalten führen (z. B. vorsortiert). Man unterscheidet dann zwischen **Best-Case-** und **Worst-Case-**Laufzeit.

Ein Verfahren, das systematisch alle Möglichkeiten ausprobiert, heißt **Brute-Force-Verfahren**. Ein geeignetes Passwort, bestehend aus einer hinreichenden Anzahl von Zeichen aus einem möglichst großen Zeichenvorrat, schützt durch den hohen Laufzeitaufwand einer Brute-Force-Attacke vor Entschlüsselung.

Aufgaben

1 Laufzeituntersuchung

Verwenden Sie bei der folgenden Aufgabe verschiedene selbst entwickelte Methoden.

a Entwickeln Sie eine Methode, die die Laufzeit einer bestimmten anderen Methode aus der Systemzeit ermittelt.
Testen Sie diese Methode wie im Abschnitt „Laufzeitmessung im Programm" beschrieben.

b Untersuchen Sie qualitativ das Laufzeitverhalten einer Methode nach dem Verfahren „Schritte zählen". Diskutieren Sie, wie man vorgehen muss, wenn innerhalb der Methode andere Methoden aufgerufen werden.

* 2 Superrechner und Monsterprogramme

Kurzpräsentation

Die Aufgabe eignet sich für eine arbeitsteilige Gruppenarbeit mit anschließender Kurzpräsentation.

a Informieren Sie sich über die Standorte von Supercomputern in Deutschland/weltweit, über ihre Geschwindigkeit und die Laufzeit und Forschungsergebnisse von dort laufenden Programmen.

b Recherchieren Sie nach der Definition von Problemen, die in bekannten Lösungen einen besonders hohen Laufzeitaufwand haben (mögliche Stichworte: Problem des Handlungsreisenden, Cliquenproblem, Rucksackproblem, Hamiltonkreisproblem, Erfüllbarkeitsproblem).

3 Routenplaner

a Machen Sie sich mit dem gegebenen Projekt „Routenplaner" vertraut.

b Entscheiden Sie sich für eines der beschriebenen Verfahren zur Laufzeitabschätzung. Wenden Sie das Verfahren auf den Routenplaner an, der nach dem Brute-Force-Verfahren arbeitet.
Testen Sie den Routenplaner auf den Laufzeitaufwand bei steigender Knotenzahl. Visualisieren Sie in einem Diagramm.

c Führen Sie die entsprechende Untersuchung unter Verwendung des Dijkstra-Algorithmus durch.

Kurzpräsentation

* d Der einfache Dijkstra-Algorithmus hat bei einem Straßennetz vom Umfang Europas eine zu hohe Laufzeit. Informieren Sie sich, wie der Algorithmus weiter optimiert werden kann (mögliche Stichworte: Highway Hierarchy, Fibonacci Heap, zweiseitige Annäherung).

4 Suche in Liste und Baum

a Machen Sie sich mit dem gegebenen Projekt „Suche" vertraut.

b Entscheiden Sie sich für eines der beschriebenen Verfahren zur Laufzeitabschätzung. Wenden Sie das Verfahren auf die Suche in der Liste und die Suche im Baum an.

c Testen Sie die Suche in der Liste auf den Laufzeitaufwand bei steigender Knotenzahl. Visualisieren Sie in einem Diagramm.

Kurzpräsentation

d Führen Sie entsprechende Messungen für die Suche im geordneten Binärbaum durch.

e Der Vergleich von Liste und Baum ergibt nur dann einen Sinn, wenn der Baum ausgeglichen und nicht zur Liste entartet ist. Informieren Sie sich, wie ein solcher balancierter Baum erzeugt werden kann (mögliches Stichwort: AVL-Baum).

5 Sortieren

a Machen Sie sich mit dem gegebenen Programm „VisualSort – Laufzeitmessung" vertraut.

b Testen Sie die im Buch vorgestellten Sortieralgorithmen auf den Laufzeitaufwand bei steigender Anzahl an Elementen. Visualisieren Sie in einem Diagramm.

* c Notieren Sie für die vorgestellten Sortieralgorithmen eine Pseudocode-Formulierung. Schätzen Sie auf dieser Grundlage das Zeitverhalten ab.

* d Informieren Sie sich anhand des Programms „VisualSort – Veranschaulichung" über den Algorithmus BozoSort. Wie arbeitet er? Welche Schwierigkeit besteht bei der Aufwandsabschätzung? Welche Best-Case-/Worst-Case-Grenzen gibt es?

Kurzpräsentation

* e Informieren Sie sich über weitere Sortieralgorithmen und erläutern Sie deren Arbeitsweise und Laufzeitverhalten an einem Beispiel.

Kurzpräsentation

6 Türme von Hanoi

Auf der Weltausstellung 1889 in Paris wurde das Spiel „Die Türme von Hanoi" vorgestellt. Wenn der Scheibenturm auf eine der anderen Säulen umgeschichtet werden soll, gelten die folgenden Regeln:

– Die Scheiben dürfen nur einzeln von einer Säule zu einer anderen transportiert werden.
– Es darf niemals eine Scheibe mit einem größeren Durchmesser auf eine Scheibe mit einem kleineren Durchmesser gelegt werden.

16 *Türme von Hanoi*

17 *Von drei auf vier*

a Skizzieren Sie auf Papier eine Lösung für zwei Scheiben und für drei Scheiben. Wie lässt sich die Lösung für drei Scheiben auf die Lösung für zwei Scheiben zurückführen?

b Wie lässt sich allgemein die Lösung für n Scheiben auf die Lösung für n – 1 Scheiben zurückführen?

c Der folgende rekursive Algorithmus löst das Problem für beliebige Turmhöhen:

Methode void SchiebeTurm (int hoehe, STAPEL vonStapel, STAPEL nachStapel, STAPEL freierStapel)

```
wenn (hoehe > 0)
dann
   SchiebeTurm(hoehe-1, vonStapel, freierStapel, nachStapel)
   nachStapel.VorneEinfuegen(vonStapel.AnfangEntfernen())
   SchiebeTurm(hoehe-1, freierStapel, nachStapel, vonStapel)
endewenn
```

Erklären Sie die Funktionsweise unter Zuhilfenahme von b).
Was passiert mit einem Stapel der Höhe 0 oder 1?

d Begründen Sie, weshalb bei der rekursiven Lösung aus c) der Laufzeitaufwand durch den Term 2^n bestimmt ist.

e Wie lange braucht die Lösung für 10 (20, 30, ..., 60) Scheiben, wenn die Lösung für fünf Scheiben 20 Sekunden dauert?

7 Und wie lange rechnen Sie?

Ein Algorithmus benötigt für die Bearbeitung bei $n = 100$ Elementen die Zeit $t = 0{,}1$ s.

a Wie lange benötigt er für 200, 300, …, 1000 Elemente, wenn der Laufzeitaufwand gemäß folgenden Termen zunimmt:
i) $\log_2 n$ ii) n iii) $n \cdot \log_2 n$ iv) 3^n v) $n!$
Hinweis: Tabellenkalkulation verwenden!

b Schätzen Sie ab, bei wie vielen Elementen der Algorithmus mit einer Laufzeitzunahme gemäß 3^n die folgende Laufzeit benötigt:
i) eine Stunde ii) einen Tag
iii) ein Jahrhundert iv) 13,7 Mrd. Jahre (Alter des Universums)

c Versuchen Sie zum Vergleich eine analoge Berechnung für einen Algorithmus mit logarithmischem Laufzeitaufwand ($\log_2 n$)!

8

8 Passwörter knacken

a Testen Sie das gegebene Programm zum Knacken von Passwörtern nach dem Brute-Force-Verfahren in Bezug auf die Laufzeit bei variabler Passwortlänge und unterschiedlichem Zeichenvorrat. Stellen Sie die Ergebnisse in geeigneten Diagrammen dar.

Kurzpräsentation

* b Informieren Sie sich über weitere Maßnahmen zum Passwortschutz.

* c Suchen Sie im Internet nach Passwort-Wörterbüchern. Untersuchen Sie die darin vorkommenden Begriffe.

*** 9 Laufzeitordnung anders**

L7

a Informieren Sie sich in „Zum Weiterlesen 7“, wie man aus dem Programmcode auf das Laufzeitverhalten eines Algorithmus schließen kann.

Überlegen Sie sich zu den folgenden Problemen eine Lösung in Grobstruktur als Pseudocode und schätzen Sie den Laufzeitaufwand ab:

b Eine Methode *IstPalindrom(String zeichenkette)* soll zu einer gegebenen Zeichenkette testen, ob die gegebene Zeichenkette von vorne wie hinten gelesen identisch ist (wie bei „RELIEFPFEILER“).

c Eine Methode *IstSymmetrisch(int[][])* soll zu einem gegebenen zweidimensionalen Feld (Länge beider Dimensionen identisch!) feststellen, ob es symmetrisch bezüglich einer der beiden Diagonalen ist.

10 Alles klar?

a Nennen Sie zwei Wege, um das Laufzeitverhalten einer Methode abschätzen zu können. Welche Schwierigkeiten gibt es dabei jeweils?

b Nennen Sie verschiedene Algorithmen mit ihrer jeweiligen Laufzeitordnung. Ordnen Sie nach steigendem Laufzeitaufwand.

c In welchem Fall muss zwischen Best-Case- und Worst-Case-Laufzeit unterschieden werden? Nennen Sie je ein Beispiel eines Algorithmus, bei dem die Unterscheidung (nicht) notwendig ist.

d Beschreiben Sie den Begriff Brute-Force-Verfahren an zwei Beispielen.

e Wie sollte ein sicheres Passwort aufgebaut sein?

14 Grenzen der Berechenbarkeit

Sie haben in den letzten Jahren zahlreiche Aufgabenstellungen behandelt, die im ersten Moment erschienen, als seien sie nicht zu bewältigen, und am Ende gab es doch eine verständliche Lösung. Dabei stellt sich nun die grundsätzliche Frage: Kann jedes formalisierte Problem auch mit einem Rechner gelöst werden, wenn man nur beliebig wartet? Wenn nein: Gibt es eine Möglichkeit, die Berechenbarkeit einer Lösung vorherzusagen?

Achill und die Schildkröte

Ein bekanntes Paradoxon des griechischen Philosophen Zenon von Elea handelt vom Wettkampf zwischen dem Rennläufer Achill und einer Schildkröte. Da Achill offensichtlich sehr viel schneller ist als die Schildkröte, gewährt er ihr 100 m Vorsprung. Achill läuft die 100 m in 10 Sekunden, die Schildkröte schafft in dieser Zeit – nicht schlecht für eine Schildkröte – 10 m.

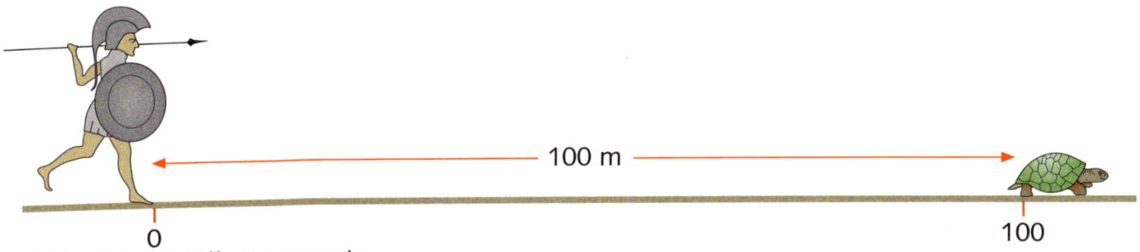

1 Noch ist Achill siegesgewiss ...

Wenn man sich nun fragt, nach welcher Zeit Achill die Schildkröte einholt, kann man sich an der Zenon'schen Argumentation orientieren: Nach 10 Sekunden hat Achill die ursprüngliche Position der Schildkröte erreicht. Die Schildkröte ist in dieser Zeit 10 m weiter gekommen.

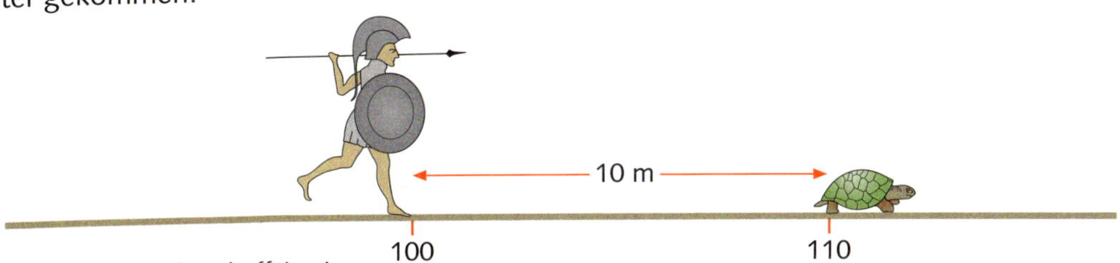

2 ... Achilles, du schaffst es! ...

Für diese Strecke benötigt Achill eine weitere Sekunde.

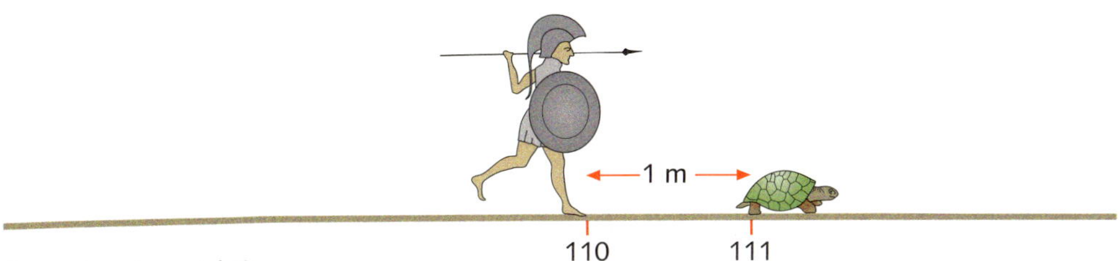

3 ... oder etwa nicht?

Achill hat die Schildkröte nach dieser Zeit aber wieder nicht eingeholt, da sie wiederum einen Meter zurückgelegt hat. Diese Überlegung kann man beliebig oft fortsetzen. Die Folge der Zeiten (10 s; 1 s; 0,1 s; ...) ist zwar unendlich lang, aber die Summe der Folgenglieder ergibt den endlichen Wert $11,\overline{1}$ s.

Man kann diese Überlegung nun mithilfe der Methode *Achill* überprüfen lassen, die die benötigte Zeit zum Einholen bei einem gegebenen Vorsprung bestimmt:

Achill(vorsprung, v_achill, v_schildkroete)

```
wenn vorsprung == 0
dann
   return 0
sonst
   zeit = vorsprung/v_achill
   return Achill(zeit * v_schildkroete, v_achill, v_schildkroete)+ zeit
endewenn
```

Der Vorsprung wird zwar beliebig klein, nimmt aber im Prinzip nie den Wert 0 an. Wenn doch, liegt das an der Unzulänglichkeit der Rechner, keine beliebig kleinen positiven reellen Zahlen darstellen zu können.
Dieses formalisierte Problem kann also – ebenso wie viele weitere – nicht durch den Rechner gelöst werden.

* Das Halteproblem

Sie haben in den letzten Jahren viele funktionierende Programme kennengelernt und entwickelt. Vielleicht war aber auch das eine oder andere darunter, das sich beim Test im Entwicklungsstadium „aufgehängt" hat, d. h. in eine Endlos-Wiederholung eingetreten ist, so wie beim Beispiel von Achill und der Schildkröte. Auch bei professioneller Software kommen solche Probleme immer wieder vor. Wenn schon nicht jedes formalisierte Problem gelöst werden kann, wäre es deshalb Gold wert, wenn es ein Testprogramm gäbe, das prüft, ob ein beliebiges Programm für alle möglichen Eingaben zu einem Ende kommt.

› Alan Mathison Turing (1912 – 1954), britischer Logiker, Mathematiker und Kryptoanalytiker

Im Jahr 1936 wurde dieses Problem von › Alan Turing als das sogenannte **Halteproblem** formuliert: Gibt es eine Methode, die für eine beliebige andere Methode bei gegebenen Eingabewerten feststellen kann, ob diese **terminiert**, d. h. nach endlich vielen Schritten zu einem Ende kommt?
Turing vermutete, dass es keine solche Methode *EndlichkeitTesten* gibt. Wie würde sie arbeiten, wenn es sie doch gäbe? Sie würde als Eingangsparameter die zu prüfende Methode (zum Beispiel als Zeichenkette) und die gewünschten Eingabewerte (ebenfalls als Zeichenkette) benötigen. Der Rückgabewert würde ein Wahrheitswert sein, je nachdem, ob die Kombination aus Methode und Eingabewerten terminiert:

`boolean EndlichkeitTesten(String methode, String eingabe)`

liefert:

wahr	falsch
falls der Aufruf von *methode* mit den Eingabewerten terminiert.	falls der Aufruf von *methode* mit den Eingabewerten nicht terminiert.

4 *Funktionsweise der gewünschten Methode EndlichkeitTesten*

Da Turing vermutete, dass es keine solche Methode gibt, musste er sich auch keine Gedanken darüber machen, wie die Methode arbeitet. Da *EndlichkeitTesten* universell, also für alle Methoden, funktionieren müsste, genügte Turing ein Widerspruch, um zu zeigen, dass die gewünschte Methode *EndlichkeitTesten* nicht existieren kann.

Ein solcher lässt sich mithilfe der folgenden Methode erzeugen:

void Gegenbeispiel(String methode)
solange EndlichkeitTesten(methode, methode) tue //keine Aktion endesolange

Nun kam Turing auf die Idee, der Methode *Gegenbeispiel* ihren eigenen Methodentext als Eingabewert zu übergeben:

```
Gegenbeispiel(
        "void Gegenbeispiel(String methode)
        {
           solange EndlichkeitTesten(methode, methode)
              tue   //keine Aktion
           endesolange
        )"
      )
```

gegenbeispiel_quelltext

Die Methode *Gegenbeispiel* wird also auf ihren eigenen Text angewendet. Zunächst wird nun bei Aufruf der Methode *Gegenbeispiel* in der ersten Zeile der Boole'sche Ausdruck *EndlichkeitTesten(methode, methode)* ausgewertet, angewandt auf den doppelt vorkommenden Eingabewert gegenbeispiel_quelltext .

Wenn *EndlichkeitTesten* das Halteproblem lösen würde, lieferte dies aber nach Abbildung 4 gerade wahr oder falsch als Antwort auf die Frage, ob der Aufruf *Gegenbeispiel(gegenbeispiel_quelltext)* terminiert oder nicht.

Diese beiden möglichen Werte werden nun einzeln betrachtet:

1. Man nimmt an, *EndlichkeitTesten(gegenbeispiel_quelltext, gegenbeispiel_quelltext)* liefert den Wert wahr, d. h. der Aufruf *Gegenbeispiel(gegenbeispiel_quelltext)* terminiert. Dann lässt sich für den Methodenrumpf von *Gegenbeispiel* notieren:
   ```
   solange wahr
       tue   //keine Aktion
   endesolange
   ```
   Da die Bedingung immer wahr ist, ergibt sich eine Endloswiederholung. Der Aufruf *Gegenbeispiel(gegenbeispiel_quelltext)* terminiert also entgegen der Annahme doch nicht und es ergibt sich ein Widerspruch.

2. Nimmt man dagegen an, *EndlichkeitTesten(gegenbeispiel_quelltext, gegenbeispiel_quelltext)* liefert falsch, so hieße das, der Aufruf *Gegenbeispiel(gegenbeispiel_quelltext)* terminiert nicht.
   Dann lässt sich für den Methodenrumpf von *Gegenbeispiel* notieren:
   ```
   solange falsch
       tue   //keine Aktion
   endesolange
   ```
   Da die Bedingung falsch ist, wird die Methode sofort beendet. Der Aufruf *Gegenbeispiel(gegenbeispiel_quelltext)* terminiert also entgegen der Annahme und wiederum ergibt sich ein Widerspruch.

Turing wies durch dieses eine Gegenbeispiel nach, dass es keine Methode geben kann, die eine beliebige Methode (ein Programm) auf Terminierung überprüft. Auch dieses formalisierbare Problem ist also nicht mit einem Rechner lösbar.

Bemerkung:
Auch wenn es keine allgemeingültige Methode *EndlichkeitTesten* gibt, ist es in vielen Einzelfällen mit einfachen Verfahren möglich, die Terminierung zu beweisen (vgl. Aufgabe 5).

* Das Entscheidungsproblem

› David Hilbert (1862 – 1943), deutscher Mathematiker

Bis ins letzte Jahrhundert haben Mathematiker geglaubt, dass jede mathematische Fragestellung exakt beantwortbar sei. So forderte › David Hilbert im Jahr 1922:
Das ist es aber, was ich verlange: es soll in mathematischen Angelegenheiten prinzipiell keine Zweifel, es soll keine Halbwahrheiten und auch nicht Wahrheiten von prinzipiell verschiedener Art geben können ...

Er präzisierte im Jahr 1928 diese Forderung im sogenannten Entscheidungsproblem:
Das Entscheidungsproblem ist gelöst, wenn man ein Verfahren kennt, das bei einem [beliebigen] vorgelegten logischen Ausdruck durch endlich viele Operationen die Entscheidung über die Allgemeingültigkeit bzw. Erfüllbarkeit erlaubt. Die Lösung des Entscheidungsproblems ist für die Theorie aller Gebiete, deren Sätze überhaupt einer logischen Entwickelbarkeit aus endlich vielen Axiomen fähig sind, von grundsätzlicher Wichtigkeit.
Mit anderen Worten: Gibt es eine Methode, mit der sich alle Aussagen einer formalen Sprache beweisen oder widerlegen lassen?
Eine Lösung dieses Problems hätte zur Folge gehabt, dass man ein Programm entwickeln könnte, das alle formalisierten Aussagen, und damit auch alle mathematischen Sätze, beweisen oder widerlegen könnte. Alan Turing erkannte, dass die Unentscheidbarkeit des Halteproblems auch das Entscheidungsproblem als nicht lösbar entlarvte.

Nicht jedes formalisierte Problem kann gelöst werden.
Das Halteproblem der Informatik lautet: Gibt es eine Methode, das für eine beliebige andere Methode bei gegebenen Eingabewerten feststellen kann, ob sie **terminiert**, d. h. nach endlich vielen Schritten zu einem Ende kommt?
Turing wies durch Widerspruch nach, dass es eine solche Methode nicht gibt.

Aufgaben

*** 1 Das Halteproblem**

Sicher saßen Sie schon einmal vor dem Rechner und wussten nicht genau, ob sich ein Programm nun „aufgehängt" hat oder ob es zur Beendigung der Berechnung noch Zeit benötigt.
Wie könnte man in diesem Fall vorgehen, wenn das Halteproblem doch lösbar wäre?

2 Die Collatz-Funktion

Von der folgenden – nach dem Mathematiker Lothar Collatz benannten – rekursiv definierten Funktion ist bis heute nicht bekannt, ob die Berechnung für alle natürlichen Zahlen terminiert.

nat Collatz(nat n)

```
wenn n == 1
dann
   return 1
sonst
   wenn n gerade
   dann
      return Collatz(n/2)
   sonst
      return Collatz(3n+1)
   endewenn
endewenn
```

a Berechnen Sie von Hand die Werte für die Eingaben $n = 1, 2$ und 3.
b Implementieren Sie die Funktion.
c Welches Ergebnis erhält man immer, wenn die Berechnung terminiert?
d Testen Sie die Funktion für verschiedene natürliche Zahlen.
e Ergänzen Sie die Methode so, dass die rekursiven Aufrufe protokolliert werden. Testen Sie und überprüfen Sie, ob eine Systematik zu erkennen ist.
* f Wie könnte man bei einer bestimmten Eingabe für n bestimmen, ob $Collatz(n) = 1$ gilt, wenn das Halteproblem lösbar wäre?

3 Die Goldbach'sche Vermutung

Nach dem Mathematiker Christian Goldbach (1690 – 1746) ist die folgende bekannte Vermutung benannt:
Jede gerade natürliche Zahl größer als zwei lässt sich als Summe zweier Primzahlen darstellen.
Die Behauptung ist bis heute nicht bewiesen oder widerlegt.

a Zeigen Sie von Hand, dass die Vermutung für die geraden Zahlen von 4 bis 14 richtig ist.
b Mithilfe der Funktion *IstPrim* (s. Seite 146) kann getestet werden, ob eine natürliche Zahl Primzahl ist. Erklären Sie die Funktionsweise, implementieren und testen Sie.
c Entwickeln Sie eine Methode *GoldbachTesten(nat n)*, die für eine einzelne gerade natürliche Zahl n testet, ob sie der Goldbachvermutung genügt, und die zugehörigen Primzahlen gegebenenfalls ausgibt. Testen Sie!
d Überlegen Sie, welche Laufzeitordnung die Methode *GoldbachTesten* hat. Überprüfen Sie Ihre Vermutung für große Eingabewerte.

```
boolean IstPrim(nat n)

wenn n == 2
dann
   return wahr
sonst
  boolean prim = wahr
  nat i = 2
  wiederhole solange prim und i < = Wurzel(n)
       wenn n modulo i == 0
       dann
           prim = falsch
       sonst
            i = i+1
       endewenn
   endewiederhole
   return prim
endewenn
```

e Begründen Sie, ob die Methoden aus b) und c) terminieren, also ob die Goldbach-Eigenschaft für jede gerade natürliche Zahl entscheidbar ist.

*** 4 Turing und der fleißige Biber**

a Rufen Sie das Matheprisma-Modul „Turingmaschine" der Uni Wuppertal auf und informieren Sie sich über das Prinzip einer solchen Maschine. Erproben Sie die beschriebenen Beispiele an der Modellmaschine.

b Informieren Sie sich über das Busy-Beaver-Problem. Experimentieren Sie an der Modellmaschine!

*** 5 Terminierungsbeweise**

Informieren Sie sich in geeigneten Büchern oder auf geeigneten Webseiten über einfache Terminierungsbeweise und stellen Sie einfache Beispiele zusammen.

6 Alles klar?

a Welche Arten von Problemen können von einem Programm auf einem Rechner gelöst werden, welche nicht?

b Gibt es für bestimmte Methoden die Möglichkeit, vorherzusagen, ob sie terminieren?

* c Beschreiben Sie das Halteproblem der Informatik und seine Lösung.

* d Beschreiben Sie grundsätzliche Möglichkeiten und Grenzen für künftige Informatiksysteme. Verwenden Sie zur Argumentation das Halteproblem.

6 Prozessorentwicklung und Auswirkung auf die Laufzeit

In den 1960er-Jahren wurden Prozessoren auf Basis der Vakuumröhren-Technologie gefertigt. In den frühen 1970er-Jahren gelang es, auf der Grundlage der Transistortechnik integrierte Schaltkreise (ICs) zu entwickeln, die nur einige Mikrometer groß waren, sodass viele solcher Schaltkreise auf einem Chip mit Abmessungen im Millimeterbereich Platz fanden. Daraus entwickelten sich die heute verbreiteten Mikroprozessoren.

L4

Die Tabelle zeigt einige ausgewählte Entwicklungsschritte für die Geschwindigkeit von Mikroprozessoren. Als Maßeinheit werden MIPS (Millionen Maschinenbefehle pro Sekunde) verwendet.

Jahr	Millionen Maschinenbefehle pro Sekunde (MIPS)
1971	0,02
1984	3
1993	10
1997	500
2000	3500
2009	76000

Zwischen den Prozessoren der ersten verbreiteten Rechner Mitte der 1980er-Jahre und denen aus dem Jahr 2009 gibt es also einen Unterschied in der Geschwindigkeit etwa vom Faktor 25000.

Das bedeutet allerdings nicht, dass die in Kapitel 13 beschriebenen Algorithmen das 25000-Fache an Daten in gleicher Zeit verarbeiten können. So kann ein Algorithmus von der Ordnung n^2 bei 100-facher Geschwindigkeit die $\sqrt{100} = 10$-fache Datenmenge in gleicher Zeit verarbeiten.

Die folgende Tabelle gibt einen Überblick über die Erhöhung der Anzahl der verarbeiteten Elemente bei gleicher Laufzeit. Bei exponentieller und höherer Ordnung fällt auf, dass der Fortschritt sich nur in geringem Maß auszahlt. Dagegen sind logarithmische Algorithmen hocheffizient.

Ordnung	bearbeitete Elementzahl bei x-facher Geschwindigkeit und gleicher Zeit		Beispiel
	x = 100	x = 25000	
$\log_2 n$	$2^{100} \cdot n$	$2^{25000} \cdot n$	Suche im geordneten Binärbaum
n	$100 \cdot n$	$25000 \cdot n$	Suche in der Liste
n^2	$\sqrt{100} \cdot n = 10 \cdot n$	$\sqrt{25000} \cdot n = 158 \cdot n$	einfache Sortieralgorithmen
2^n	$\log_2 (100n) = n + 6{,}6$	$\log_2 (25000n) = n + 14$	Wegesuche, Türme von Hanoi

7 Laufzeitanalyse am Programmcode

Das Laufzeitverhalten von Algorithmen kann nicht nur experimentell ermittelt, sondern auch aufgrund der Analyse des Programmtextes analysiert werden.

Das Verfahren untersucht die Bestandteile des Algorithmus und überprüft, inwieweit sie von der Anzahl der Elemente (z. B. Anzahl der Knoten eines Graphen bei der Wegesuche) abhängen. Teile des Codes beanspruchen eine feste (Höchst-)Zeit, egal wie viele Knoten der Graph aufweist. Wird eine bestimmte Sequenz von Anweisungen (mit Zeitbedarf t) für alle n Knoten im Rahmen einer Wiederholung ausgeführt, so ergibt sich die Gesamtzeit aus dem Produkt $n \cdot t$. Bei zwei geschachtelten Wiederholungen für alle Knoten ergibt sich dann ein quadratisches Laufzeitverhalten.

Am Beispiel des in Kapitel 13 behandelten Dijkstra-Algorithmus für einen Graphen mit n Knoten soll dies veranschaulicht werden. Ein genaues Verständnis der Semantik des Codes ist für die Analyse des Laufzeitverhaltens nicht notwendig.

Methode KuerzesterWeg(String startKnoten, String zielKnoten)

```
int startNummer = KnotenNummer(startKnoten)
int zielNummer = KnotenNummer(zielKnoten)
int knotenNummer
int neueDistanz

// Vorbereitung
zähle k von 0 bis n-1
    besucht[k] = false
    distanz[k] = 'größte Ganzzahl'
endezähle
distanz[startNummer] = 0
kommtVon[startNummer] = startNummer

// Wiederhole, bis alle Knoten besucht sind.
zähle k von 0 bis n-1

    //Suche des unbesuchten Knotens mit der minimalen Distanz zum aktiven
    int minPos = 0
    int minWert = 'größte Ganzzahl'

    zähle k von 0 bis n—1
          wenn (nicht besucht[k]) und (minWert > distanz[k])
          dann
                minWert = distanz[k]
                minPos = k
          endewenn
    endezähle
    // der unbesuchte Knoten mit der minimalen Distanz wird zum aktiven
    knotenNummer = minPos
    besucht[knotenNummer] = true

    // für alle Abzweigungen vom aktiven Knoten zu unbesuchten Knoten
    zähle abzweigNummer von 0 bis n-1
          wenn (matrix[knotenNummer][abzweigNummer] > 0) und
                                  (nicht besucht[abzweigNummer])
          dann

                // die Distanz über den aktiven Knoten berechnen
                neueDistanz = distanz[knotenNummer] +
                                  matrix[knotenNummer][abzweigNummer]

                // wenn diese Distanz kleiner ist als die bisher kleinste
                wenn (neueDistanz < distanz[abzweigNummer])
                dann
                      //Distanz anpassen
                      distanz[abzweigNummer] = neueDistanz
                      // günstige Richtung anpassen
                      kommtVon[abzweigNummer] = knotenNummer
                endewenn
          endewenn
    endezähle
endezähle
```

```
// Fertig! Die Entfernung ausgeben
Konsole ausgeben mit Zeilenvorschub: "Entfernung: " + distanz[zielNummer]

// Den Pfad des kürzesten Weges rückwärts, beim Ziel beginnend, ausgeben
String pfad = ""
knotenNummer = zielNummer
wiederhole solange (knotenNummer != StartNummer)
    pfad = knoten[knotenNummer].BezeichnungGeben() + " " + pfad
    knotenNummer = kommtVon[k]
endewiederhole
pfad = knoten[startNummer].BezeichnungGeben() + " " + pfad
Konsole ausgeben mit Zeilenvorschub: "Weg: " + pfad
```

t_8 (Konsole ausgeben … bis knotenNummer = zielNummer)

$n \cdot$ t_9 (wiederhole solange … endewiederhole)

t_{10} (pfad = knoten[startNummer] … Konsole ausgeben mit Zeilenvorschub: "Weg: " + pfad)

Höchstens n Knoten werden hier durchlaufen. $n \cdot t_9$ liefert eine Abschätzung nach oben.

Zur Abschätzung der Laufzeit dient somit die Funktion mit der Gleichung:

$$\text{Gesamtzeit}(n) = n^2 \cdot (t_5 + t_7) + n \cdot (t_2 + t_4 + t_6 + t_9) + (t_1 + t_3 + t_8 + t_{10})$$

Aus den Grenzwertbetrachtungen der Mathematik ist bekannt, dass der Term mit der höchsten Potenz von n für große Werte von n dominiert. Da der zugehörige Exponent die Zahl 2 ist, ergibt sich ein quadratisches Laufzeitverhalten.

Die Untersuchung wird aufwendiger, aber nicht schwieriger, wenn innerhalb der Methode Aufrufe von anderen Methoden erfolgen, deren Laufzeiten selbst wieder von der Anzahl der Elemente abhängen. Ähnlich verhält es sich bei rekursiven Methodenaufrufen. Das Laufzeitverhalten kann auch von mehreren Größen abhängen, bei einem Algorithmus auf einem Graphen beispielsweise von der Kantenanzahl zusätzlich zur Knotenzahl.

Werkzeugkasten

1 Kommunikation mit TCP/IP

Grundstruktur der Java-Klassen

Die Basisklasse für den Aufbau von Programmverbindungen über den TCP/IP-Protokollstack ist in Java die Klasse Socket, die aus dem Paket java.net importiert werden muss. Sie verwaltet die Verbindung und stellt für die Nutzung je einen Ausgabestrom (java.io.OutputStream) und einen Eingabestrom (java.io.InputStream) zur Verfügung.
5 Diese byteorientierten Ströme sind Folgen von uninterpretierten minimalen Informationseinheiten, den sogenannten Bytes. Auf ihnen lassen sich dann über die Klassen des Pakets java.io Ströme interpretierter Daten aufbauen (z. B. Zeichenfolgen, die in Unicode kodiert sind, oder andere strukturierte Datenströme). Damit kann die Darstellungsschicht (Schicht 6) des ISO/OSI-Protokollstacks umgesetzt werden.

6 In Kapitel 6 wird das asymmetrische Verhalten von Client und Server (aktiver Aufbau der Verbindung vs. warten auf Verbindungswunsch) allein durch die Methoden *Anbinden* und *Warten* der Klasse SOCKET umgesetzt. In Java gibt es wegen der besseren Übersicht dafür im Paket java.net zusätzlich die Klasse ServerSocket. Objekte dieser Klasse implementieren das Warten auf eine Verbindung und liefern für jeden eintreffenden Verbindungswunsch ein Objekt der Klasse Socket zur Verwaltung dieser Verbindung.

Typischer Client

Zum Verbindungsaufbau wird der Server angerufen. Das kann aus verschiedenen Gründen, zum Beispiel falsche Adresse oder Server-Überlastung, schief gehen. In Java wird für die Behandlung solcher Ausnahmesituationen das Konzept des › exception handling verwendet. Der zu überwachende Teil wird mit dem Schlüsselwort `try` gekennzeichnet. Mit catch(<Parameter vom Typ der zu behandelnden Ausnahme>) werden die Programmteile geklammert, die beim Auftreten dieser Ausnahme ausgeführt werden sollen.

› engl. exception handling: Ausnahmebehandlung

```
Socket sneu;
InputStream in;
OutputStream out;
try {
    sneu = new Socket(<Servername>, <Serverport>);
    out = sneu.getOutputStream();
    in = sneu.getInputStream();
    <Jetzt geht die Arbeit los!>
    sneu.close();
}
catch (UnknownHostException e) {
    System.out.println("Server nicht gefunden!");
    System.exit(-1);
}
catch (IOException e) {
    e.printStackTrace();
    System.out.println("Server antwortet nicht!");
    System.exit(-1);
}
```

Der Servername ist ein String, der den Namen des Serverrechners (DNS-Name) oder die IP-Adresse enthält. Die Ein-/Ausgabeströme werden durch *anrufSocket.getInputStream()* bzw. *anrufSocket.getOutputStream()* bereitgestellt.

Typische Serverstruktur

Die zentrale Methode des Servers wartet in der Regel einfach auf Anrufe:

```
ServerSocket server;
try    //Ausnahmesituationen müssen behandelt werden
{
    server = new ServerSocket(<zu überwachender Port>);
    do
    {
        Socket anrufSocket = server.accept();
        <Bearbeiten des Auftrags, in der Regel in einem eigenen Thread>
    } while (<Bedingung für das Beenden des Serverprogramms>)
}
catch (Exception e)
{
    <eventuell Fehlermeldung>
}
server.close();
```

Der angenommene Auftrag wird in der Regel in einem eigenen Thread bearbeitet, um sofort wieder den nächsten Auftrag annehmen zu können.

Die Klasse ServerSocket

ServerSocket hat folgende wichtige Methoden:

ServerSocket(int port)	Erzeugt einen ServerSocket, der am angegebenen Port auf Verbindungswünsche wartet.
Socket accept()	Wartet blockierend auf einen Verbindungswunsch. Das zurückgegebene Objekt ist der Socket für die neue Verbindung.
void close()	Schließt den ServerSocket.

Die Klasse Socket

Socket hat folgende wichtige Methoden:

Socket (String host, int port)	Erzeugt einen Socket, der mit „host" auf „port" Verbindung aufnehmen will. „host" kann einen Rechnernamen oder eine IP-Adresse enthalten.
void close()	Schließt die Verbindung.
InputStream getInputStream()	Liefert den Eingabestrom.
OutputStream getOutputStream()	Liefert den Ausgabestrom.

Datenströme

Die Klassen des Pakets java.io stellen Objekte für verschiedenste Arten von Datenströmen bereit. Objekte der Klasse OutputStream schreiben einen uninterpretierten Bytestrom.

close()	Schließt den Ausgabestrom.
flush()	Erzwingt, dass alle ausgegebenen Zeichen auch wirklich gesendet werden. Der IP-Layer hält die Ausgabe sonst unter Umständen so lange zurück, bis ein neues IP-Paket gefüllt ist.
write(byte[] b)	Schreibt die Bytes in b.
write(int b)	Schreibt das Byte (Wert: 0 .. 255) auf den Ausgabestrom.

Objekte der Klasse InputStream lesen einen uninterpretierten Bytestrom:

close()	Schließt den Eingabestrom.
int available()	Gibt an, wie viele Bytes aktuell im Rechner angekommen sind und daher ohne zu warten gelesen werden können.
read(byte[] b)	Liest Bytes nach b.
int read()	Liest ein Byte (Wert: 0 .. 255) aus dem Eingabestrom.

Um mit zeilenorientierten Zeichenströmen arbeiten zu können, bieten sich die Klassen PrintWriter für die Ausgabe (analog zu System.out) und BufferedReader an. Das Lesen ist damit zeichen- oder zeilenweise möglich:

```
PrintWriter out = new PrintWriter(socket.getOutputStream());
BufferedReader in = new BufferedReader(new
                             InputStreamReader(socket.getInputStream()));
```

Für Ströme gemischter Daten (Ganz- und Kommazahlen, Zeichen usw.) sind die Klassen DataInputStream und DataOutputStream konzipiert:

```
DataOutputStream out = new DataOutputStream(socket.getOutputStream());
DataInputStream in = new DataInputStream(socket.getInputStream());
```

Zur Übertragung ganzer Objekte werden die Klassen ObjectInputStream und ObjectOutputStream verwendet:

```
ObjectOutputStream out = new ObjectOutputStream(socket.
                                    getOutputStream());
ObjectInputStream in = new ObjectInputStream(socket.getInputStream());
```

Kommunikation in Python

Grundsätzlich läuft der Kommunikationsaufbau in Python genauso ab wie oben beschrieben. Da aber die Klasse ServerSocket nicht zur Verfügung steht, muss das „lauschende" Socketobjekt erst auf seine Aufgabe vorbereitet werden.

Server:

```
import socket
#socket als Internetverbindungssocket anlegen.
s = socket.socket(socket.AF_INET, socket.SOCK_STREAM)
# An den zu überwachenden Port (auf dem lokalen Rechner) binden
s.bind(('', <zu überwachender Port>))
# auf eine verbindung warten
s.listen(1)
while <Bedingung für das Beenden des Servers>):
    conn.addr = s.accept()
    # mit dem Socket conn kann jetzt gearbeitet werden.
    <Bearbeiten des Auftrags>
s.close()
```

Client:

```
import socket
s = socket.socket(socket.AF_INET, socket.SOCK_STREAM)
s.connect((<Servername>, <Serverport>))
<Jetzt geht die Arbeit los>
s.close()
```

2 Threads

Threads in Java

Klassen für Thread-Objekte müssen von der Klasse Thread erben und die Methode *run* überschreiben. Die Ausführung startet, wenn die Methode *start* aufgerufen wird. Nach dem Ablauf der Methode *run* wird der Thread aus der Verwaltung entfernt und kann nicht mehr neu gestartet werden.

Klasse für eigene Threads:

```
class MEINTHREAD extends Thread
{
    ...
    public void run()
    {
        <Hier wird die Arbeit erledigt.>
    }
    ...
}
```

Anlegen und Starten:

```
new MEINTHREAD().start();
```

Bei einem Server, der die verschiedenen Aufträge der Klienten in je einem eigenen Thread abarbeitet, könnte die Klasse für den Thread dann wie folgt konkretisiert werden (der oben beschriebene Rahmen ist fett hervorgehoben):

```
class CLIENTTHREAD extends Thread
{
    private OutputStream out;    // Datenströme für die Kommunikation
    private InputStream in;
    private Socket socket;

    CLIENTTHREAD(Socket so) throws IOException
    {                      // Im Konstruktor wird die Verbindung übergeben
        socket = so;
        out = so.getOutputStream();
        out.flush();
        in = so.getInputStream());
    }

    public void run()
    {
        do
        {
            <Abarbeiten der Aufträge des Klienten>
        }
        while (! <Endebedingung>);
        try
        {
            socket.close();
        }
        catch (Exception e)
        {
```

```
            // nichts zu tun
        }
    }
}
```

Instanzierung und Start eines Threads für einen Client erfolgt dann beim Server in der Wiederholung, in der auf Anrufe gewartet wird.

```
void AnrufAnnahme()
{
    try
    {
        ServerSocket server = new ServerSocket(34000);
        while (true)
        {
            Socket anruf = server.accept();
            new CLIENTTHREAD(anruf).start();
        }
    }
    catch (Exception e)
    {
        e.printStackTrace();
    }
}
```

Threads in Python

Klassen für Thread-Objekte müssen von der Klasse Thread erben und die Methode *run* überschreiben. Die Klasse Thread wird aus dem Modul threading importiert. Die Ausführung startet, wenn die Methode *start* aufgerufen wird. Nach dem Ablauf der Methode *run* wird der Thread aus der Verwaltung entfernt und kann nicht mehr neu gestartet werden.

```
from threading import Thread

class MEINTHREAD(Thread):
    ...
    def run(self):
      <Hier wird die Arbeit erledigt.>
```

Anlegen und Starten:

```
MEINTHREAD().start()
```

3 Monitore

Monitore in Java

Java setzt das Monitorkonzept auf Objektebene ohne Einschränkungen um. Dabei können ganze Methoden(gruppen) zu Monitoren erklärt werden.
Alle Methoden eines Objekts, deren Vereinbarung mit dem Schlüsselwort synchronized beginnt, bilden zusammen einen Monitor. Das bedeutet, dass im unten angegebenen Beispiel zu einer bestimmten Zeit nur maximal eine der beiden Methoden *Einzahlen* und *Abheben* des Kontos konto1 ausgeführt werden kann; dadurch kann es nicht zu den typischen Fehlern kommen, dass zwei Threads gleichzeitig den Kontostand neu berech-

nen, obwohl einer das Ergebnis des anderen benötigen würde. Es ist aber durchaus möglich, dass ein anderer Thread gleichzeitig das Konto konto2 bearbeitet.

```
class KONTO
{
    private int kontoStand;
    KONTO()
    {
        kontoStand = 0;
    }
    synchronized void Einzahlen(int betrag)
    {
        kontoStand = kontoStand + betrag;
    }
    synchronized void Abheben(int betrag)
    {
        if (kontoStand >= betrag)
        {
            kontoStand = kontoStand - betrag;
        }
    }
}
...
KONTO konto1 = new KONTO();
KONTO konto2 = new KONTO();
```

Kommunikationsmethoden

Die Kommunikationsmethoden *Warten* und *Benachrichtigen* sind unter den Namen *wait* und *notify* in der Klasse Object implementiert. Da jede Klasse automatisch von Object erbt, stehen sie ohne weitere Maßnahme zur Verfügung.

In vielen Anwendungen, z. B. dem Erzeuger-Verbraucher-Problem mit mehreren Erzeugern und Verbrauchern, sind diese beiden Methoden noch nicht ausreichend. Da *notify* immer genau einen wartenden Thread benachrichtigt, kann es sein, dass ein Erzeuger eine Kiste ablegt, der durch *notify* benachrichtigte Thread aber wieder ein Erzeuger ist, also nichts tun kann. Er könnte selbst wieder *notify* aufrufen, in der Hoffnung, dass irgendwann einmal ein Verbraucher geweckt wird. Um sicherzustellen, dass wirklich ein Thread geweckt wird, der weiterarbeiten kann, gibt es die Methode *notifyAll*. Sie weckt alle auf einen Monitor wartenden Thread der Reihe nach, sodass im Fall Erzeuger-Verbraucher auch mit Gewissheit ein Verbraucher geweckt wird (falls überhaupt ein Verbraucher wartet).

Synchronisation in Python

Python kennt keine echten Monitore, sondern stellt mit einer Weiterentwicklung des Semaphorprinzips, den sogenannten Bedingungsobjekten, nur einen Mechanismus zur Verfügung, mit dessen Hilfe der Anwender Monitorbereiche klammern kann.

Referenzen auf Bedingungsobjekte erhält man als Rückgabewert der Methode *Condition()*, die aus dem Modul threading importiert werden muss. Bedingungsobjekte haben folgende Methoden:

acquire	Betritt den Monitorbereich und sperrt ihn für andere Threads.
release	Gibt den Monitorbereich wieder frei.

Alle mit *acquire* bis *release* geklammerten Anweisungsfolgen bilden für ein bestimmtes Bedingungsobjekt zusammen einen Monitor. Das bedeutet, dass im unten angegebenen Beispiel nur jeweils eine der beiden Methoden *Einzahlen* und *Abheben* des Kontos konto1 ausgeführt werden kann; dadurch kann es nicht zu den typischen Fehlern kommen, dass zwei Threads gleichzeitig den Kontostand neu berechnen, obwohl einer das Ergebnis des anderen benötigen würde. Es ist aber durchaus möglich, dass ein anderer Thread gleichzeitig das Konto konto2 bearbeitet.

```
import threading
class KONTO:
    def __init__ (self):
        self.kontoStand = 0
        self.monitorKontrolle = threading.Condition()
    def Einzahlen(self,betrag):
        self.monitorKontrolle.acquire()
        self.kontoStand = self.kontoStand + betrag
        self.monitorKontrolle.release()
    def Abheben(self,betrag):
        self.monitorKontrolle.acquire()
        if self.kontoStand >= betrag:
            self.kontoStand = self.kontoStand - betrag
        self.kontoStand = self.kontoStand + betrag
        self.monitorKontrolle.release()
...
konto1 = KONTO()
konto2 = KONTO()
```

Außerdem implementieren die Bedingungsobjekte auch die unter Java beschriebenen Methoden *wait*, *notify* und *notifyAll* mit genau der dort angegebenen Bedeutung.

4 Assembler-Simulationssoftware

Übersicht

Das Programm umfasst einen Emulator für eine einfache CPU sowie den zugehörigen Arbeitsspeicher, einen Editor zur Eingabe von Programmen in Maschinensprache sowie eine Assembliermethode zum Übersetzen der lesbaren Programmdarstellung in die von der Maschine benötigte Zahldarstellung.

1 Die Startfenster

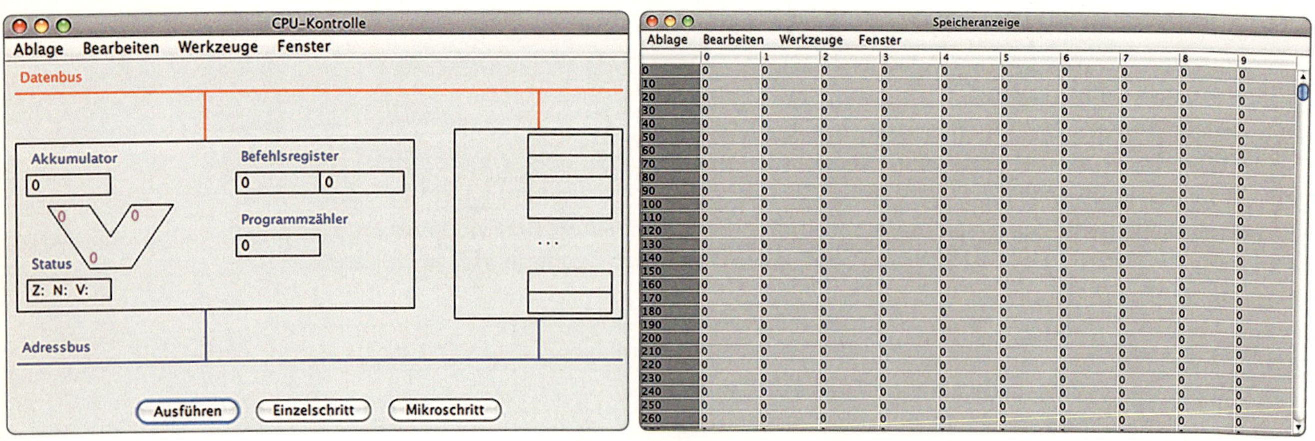

Beim Start erscheinen zunächst zwei Fenster, das Bedienfenster für die CPU und das Fenster für die Speicheranzeige (Abbildung 1). Mit dem Menüpunkt Ablage → neu kann nun ein neues Editorfenster zur Eingabe eines Maschinenprogramms angelegt werden; mit Ablage → Öffnen wird eine bestehende Datei geöffnet und in einem neuen Editorfenster angezeigt (Abbildung 2). Mehrere Editorfenster können gleichzeitig geöffnet sein.

Mit den Menüpunkt Werkzeuge → Assemblieren eines Editorfenster wird der Inhalt des Fensters assembliert und in den Arbeitsspeicher geladen; das Programm ist fertig zur Ausführung.

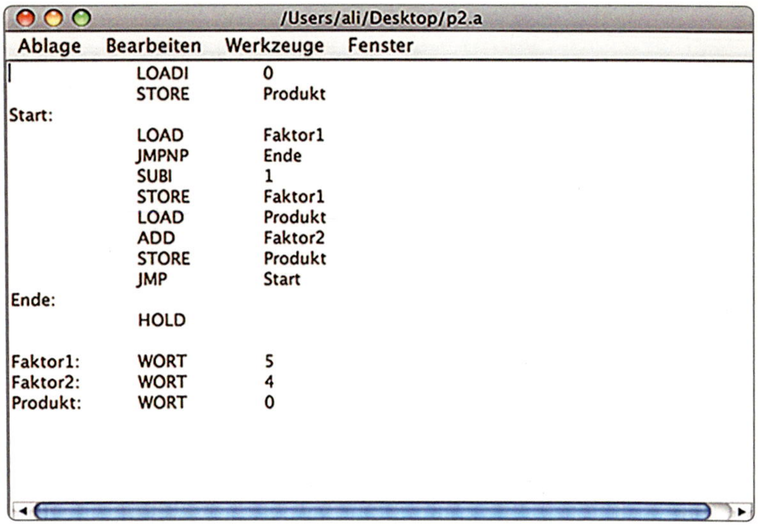

2 *Ein Editorfenster*

Programmeingabe

Für die Programmeingabe stehen beliebig viele Editorfenster mit typischen Funktionalitäten (Neu, Öffnen, Speichern, Auswählen, Zwischenablage) zur Verfügung. Das Fenster-Menü erlaubt ein schnelles Umschalten zwischen den Fenstern.

Die Möglichkeiten des Assemblers sind etwas umfangreicher als in Kapitel 11 beschrieben. Um das mühsame Berechnen der benötigten Programm- oder Datenadressen zu umgehen, wird mit Marken gearbeitet. Marken sind beliebige Namen, die am Anfang einer Zeile stehen und mit einem Doppelpunkt abgeschlossen werden; sie repräsentieren den Wert des Programmzählers am Beginn der Zeile. Marken können im Adressteil von Befehlen anstelle der Speicheradresse angegeben werden. Abbildung 2 zeigt die Verwendung von Marken sowohl zur Bezeichnung von Programmadressen (Start, Ende) als auch von Datenadressen (Faktor1, Faktor2, Produkt). Marken können allein in einer Zeile stehen oder direkt von einem Befehl gefolgt sein. 11

Der Pseudobefehl WORT dient zur Organisation der Datenablage und reserviert genau eine 16-Bit-Speicherzelle. Als Adressteil hat der Befehl den Wert, mit dem diese Speicherzelle vorbesetzt werden soll. In Abbildung 2 erhält z. B. die Speicherzelle mit der Marke Faktor1 den Wert 5.

Die Syntax des Assemblers lautet in EBNF:

```
Programm    = {Zeile} .
Zeile       = [Markenvereinbarung] [Befehl] .
Markenvereinbarung  = Marke ":" .
Marke       = "A" .. "Z" | "a" .. "z"
              { "A" .. "Z" | "a" .. "z" | "0" .. "9" | "_" | "$" } .
Befehl      = Operation Adresse .
Operation = "HOLD" | "RESET" | "ADD" | "SUB" | "MUL" | "DIV"" |
              "MOD" | "CMP" | "LOAD" | "STORE" | "JMPP" | "JMPNN" |
              "JMPN" | "JMPNP" | "JMPZ" | "JMPNZ" | "JMP" | "ADDI"" |
              "SUBI" | "MULI" | "DIVI" | "MODI" | "CMPI" | "LOADI" |
              "WORT" .
Adresse     = Marke | Zahl .
Zahl        = "0" .. "9" { "0" .. "9" } .
```

Übersetzen

Mit dem Menüpunkt Werkzeuge → Assemblieren eines Editorfensters wird ein eingegebenes Programm übersetzt. Verläuft die Übersetzung erfolgreich, steht das Ergebnis im Speicher der Maschine zur Ausführung bereit. Im Fehlerfall wird der erste aufgetretene Fehler im Editorfenster markiert; in der Statuszeile wird eine Fehlermeldung angezeigt.

Ausführen

11 Im Fenster CPU-Kontrolle wird die Ausführung eines Programms im Speicher gesteuert. Die Darstellung der CPU im Fenster ist in Kapitel 11 ausführlich beschrieben. Die drei Knöpfe unterhalb der CPU-Darstellung haben folgende Bedeutung:

Ausführen	Das Programm wird ausgeführt, bis der Befehl HOLD erreicht wird.
Einzelschritt	Es wird genau ein Befehl ausgeführt. Damit können Programme schrittweise getestet werden.
Mikroschritt	Es wird ein Teilschritt eines Befehls ausgeführt. Damit lassen sich die Phasen eines Befehls sichtbar machen.

Für das reine Testen und Ausführen von Programmen kann die detaillierte Darstellung der CPU über den Menüpunkt Werkzeuge → Einfache Darstellung durch eine vereinfachte Darstellung (Abbildung 3) ersetzt werden. Hier steht die Funktion „Mikroschritt" nicht mehr zur Verfügung.

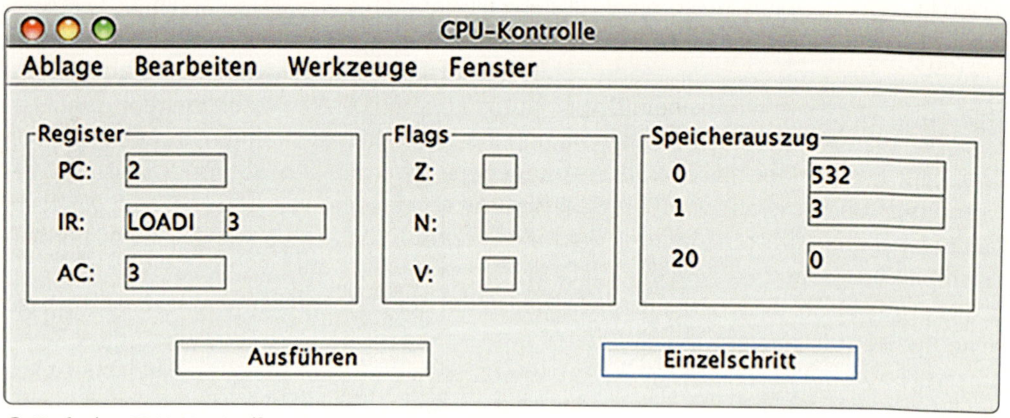

3 *Einfache CPU-Kontrolle*

Links

(1) http://www.denic.de/domainrichtlinien.html
(2) http://www.swisseduc.ch/informatik/exorciser/download.html
(3) http://www.atocc.de
(4) http://www.matheprisma.de/Module/Turing
(5) http://www.matheprisma.de/Module/Lmayer
(6) www.schule.bayern.de/karol
(7) www.schule.bayern.de/bluejprojekte → Assembler-Simulationssoftware
(8) www.schule.bayern.de/bluejprojekte